最初からそう教えて
くれればいいのに！

TCP/IPの
ツボとコツがゼッタイにわかる本

豊沢 聡 ● 著

秀和システム

は じ め に

インターネットの必要性は、今さら説明の必要もないでしょう。インターネットなしでは、企業活動もコミュニケーションもエンターテイメントライフもままなりません。

当然なことですが、便利で必要不可欠なインターネットの裏には、それを管理・運用するエンジニアがいます。ネットワーク関連のエンジニアなのでネットワークエンジニアと呼ばれます。

彼・彼女らが天井にWi-Fiを貼り付け、ネットワーク機器を設定し、クラウドリソースを準備し、サーバアプリケーションを保守し、利用者からの質問や苦情に対応してくれるからこそ、インターネットは動いています。しかし、経験豊かなエンジニアを専任で置く余裕がなければ、多少詳しそうだとの理由で慣れない手に委ねられることもあります。あるいは、少しかじったくらいなのに、いきなりそんな部署に配属されることもままあります。

本書ではそうした悩める新米管理者や初学者を主たる読者と想定し、インターネットの基盤であるTCP/IP技術を説明します。また、知識と技能を広げたいというエンジニアのため、これら技術の背後にある詳細にも紙面の許す限り解説を加えます。

しかし、TCP/IPは1冊の本に収まるほどコンパクトではありません。そこで本書では、ホームネットワークや職場環境で実際に触れられる範囲のトピックだけを扱います。その代わり、触れられる範囲については、ネットワークコマンドやパケットキャプチャツールを用いた実演も用意しました。それらの場面では、読む手を休め、自分のコンピュータで実地に試してください（大丈夫、壊れたりはしません）。データの流れ、要求と応答の対応、プロトコルスタックの関係など直接では見ることのできない概念が、座学だけよりも身近に感じられるでしょう。

本書が楽しいネットワーキングへの第1歩となる手助けになれば幸いです。

2023年1月

豊沢 聡

本書の環境とコマンド

　TCP/IPは標準技術なので、利用環境は問いません。通信関連の設定項目はOSを問わず基本に変わりはありませんし、ネットワークコマンドの名称もおおむね共通しています。ただし、コマンドオプションが異なる、あるいは特定の機能が備わっていないなど、OSによって微妙に用法が異なるものもあります。期待通りの動作が得られないときは、設定パネルやコマンドの詳細を検索、確認してください。

　本書では主に次のツールを利用します（アルファベット順）。

・電卓（calc）－16進数値を10進数などに変換するツール（Windowsのみ。付録D）。

・curl－コマンドライン指向のHTTPクライアント（付録C）。

・ipconfig/ifconfig－IPアドレスなどホストのTCP/IP設定を確認・変更するコマンド。

・nslookup－ドメイン名解決をするコマンド。

・ping－宛先への到達性を確認するコマンド。

・route－デバイスのルーティングテーブルを管理するコマンド。

・Wireshark－パケットキャプチャのための事実上の業界標準ツール（付録A）。

　使い方はその都度説明しますが、操作オプションの多いツールは付録（6ページ参照）にまとめました。Wiresharkはデフォルトでは用意されていないのでインストールが必要です。方法は付録Aを参照してください。これ以外はコマンドプロンプト／コンソールからそのまま実行できます。

　MD5ダイジェストを生成するなど、込み入った計算ではPythonも併用します。Pythonをインストールしていなければ、オンライン環境が利用できます。検索すればいろいろ候補が挙がりますが、Python本家のサイトなら、トップページ（https://www.python.org/）でプロンプトのアイコンをクリックすればインタラクティブモードが開始します（画面1）。

▼ **画面1**　Python.orgのオンラインインタラクティブ環境

> トップページに埋め込まれた
> プロンプトをクリックすれば、
> Pythonのインタラクティブ環境
> （REPL）がスタートする

　本書では、要所要所でWindowsあるいはLinuxのコマンドの実行例を示します。実行コマンドの前にあるC:\temp>（Windows）、PS C:\temp>（Windows Power Shell）、$（Linux）はコマンドプロンプトなのでこれらは打鍵しません。追加説明が必要なところでは、緑色文字でコメントを加える、あるいは出力の注目箇所をハイライトしてあります。

　Pythonの実行例には目立つように「Python」タブを加えてあります。いずれもインタラクティブモードからの実行で、そのコマンドプロンプトは>>>です。

TCP/IPの仕様について

　TCP/IPの技術仕様書の大半は、IETF（Intenet Engineering Task Force）が公開している**RFC**（Request For Comments）と呼ばれる仕様書に記述されています。RFCは通番方式で、1969年のRFC 1から2023年1月現在で最新の**RFC 9343**まで発行されています。たとえば、IPv4の仕様はRFC 791という1981年発行の791番目のRFCに記述されています。

　本書では、仕様を紹介するときに関連するRFCを示しています。さわりだけをかいつまんで説明しているので、詳細はそれらRFCを参照してください。RFCはすべて無償で次のURLで公開されています。

　　https://www.rfc-editor.org/

　TCP/IPで用いられる各種の定数（番号）はIANA（Internet Assigned Numbers Authority）が管理、公開しています。たとえば、IPのバージョンのリストが掲載されています。すべての定数を本書で紹介するのは現実的ではないので、定数を参照するときはIANAのページも併せて示しています。IANAのメインページは次のURLからアクセスできます。

　　https://www.iana.org/

　どちらも利用方法は付録Eに示しました。

　リンク層技術であるイーサネット（IEEE 802.3）および無線LAN（IEEE 802.11）はIEEE（Institute of Electrical and Electronics Engineers）という別組織が開発、管理しています。IEEEのサイトから仕様書は入手できますが、膨大にして詳細なものなので、ネットワークインタフェースカードの開発でもしていなければ、参照する必要はありません。

　付録は、本書を開いたまま参照できるよう、また参考文献のURLをたどりやすいよう、本書のサポートページでPDFファイルを提供しています。当社ホームページから本書サポートページへ移動し、ダウンロードしてください。

　　https://www.shuwasystem.co.jp/

付録の目次は次の通りです。

最初からそう教えてくれればいいのに！

TCP/IP のツボとコツが ゼッタイにわかる本

Contents

第2章　データリンク

第3章　IPアドレス

第4章　アドレスの対応付け

第5章　IP

第6章　ICMP

第7章　トランスポート層とUDP

第8章 TCP

第10章　ドメイン名システム

第11章　電子メール

第12章　WebサービスとHTTP

Column

第 **1** 章

ネットワークの構成

TCP/IPネットワークには多くの技術が積み込まれています。本書ではこれを順に説明していきますが、その前に、その基本であるパケット方式と複数のプロトコル（通信規約）の関係をおおまかに示します。題材は、どの家庭にもあるホームネットワークです。

1-1 ホームネットワークと インターネット

ホームネットワークの構成要素

　家にある通信系のデバイスは、いずれもホームネットワークに接続しています。PC、スマートフォンなどの携帯端末、プリンタやスキャナ、ゲームマシン、ビデオや音楽を収容したメディアサーバなどです。これらがホームネットワークを介して相互に接続されているからこそ、携帯端末はメディアサーバのビデオを再生でき、PCは資料をプリントできます。

　「ネットワークに接続する」と言ったとき、これらデバイスは「無線LANルータ」と呼ばれる取りまとめ装置に集約されています（図1）。部屋の片隅に置かれた、ネットワークサービスプロバイダから買ったり借用したりした小箱がそれです。

図1　ホームネットワーク

PC　　　　プリンタ

メディアサーバ　無線LANルータ　インターネット

ゲームマシン　　携帯端末

複数の通信デバイスが無線LANルータに集約されることでホームネットワークは形成される。そして、ルータの先にはインターネットが広がっている

　無線LANルータの先にはインターネットがあります。通信デバイスはホームネットワークにつながることで、インターネットともつながっています。SNSでメッセージを交換したり、メールを送受したりできるのは、ホームネットワークがインターネットとつながり、その一部となっているからです。

　ネットワークに接続した通信可能なデバイスは**ホスト**（host）と総称されます。PCや携帯端末だけでなく、プリンタなど受け身な装置もネットワークでつながっているのでホストです。インターネットの向こうにあるWebサーバやビデオサーバもホストです。無線LANルー

タもホストの1つです。

　これらホストの物理的な接続には、有線ならイーサネット、無線ならIEEE 802.11（Wi-Fi）という通信規格が用いられます。これらは第2章で説明します。

ローカルエリアネットワークとインターネット

　ホームネットワークのように、近隣同士のホストを接続したネットワークを**ローカルエリアネットワーク**（Local Area Network）と言います。局所的（ローカル）な範囲（エリア）に限定されたネットワークという意味です。短く**LAN**と呼ばれます。

　LANはそれぞれ独立に構成されます。しかし、それらをつないで「ネットワークのネットワーク」を形成すれば、通信のできる相手が増し、利便性が高まります。接続のない路線でも沿線住人のニーズは賄えますが、路線と路線を乗換駅でつないでより大きな電車網を構成できれば、より広い地域を往来できて便利になるのと同じ理屈です。

　ネットワークが互いに接続しあい、1つの巨大なネットワークとなったものが**インターネット**（Internet）です（図2）。

図2　ローカルネットワークの相互結合で形成されるインターネット

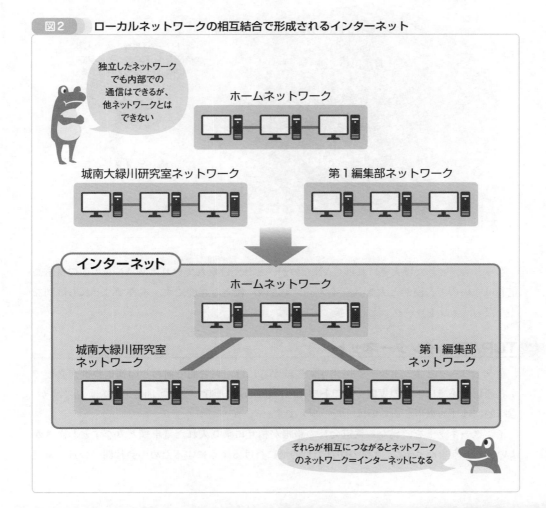

独立したネットワークでも内部での通信はできるが、他ネットワークとはできない

ホームネットワーク

城南大緑川研究室ネットワーク

第1編集部ネットワーク

インターネット

ホームネットワーク

城南大緑川研究室ネットワーク

第1編集部ネットワーク

それらが相互につながるとネットワークのネットワーク＝インターネットになる

ネットワークとネットワークを接続する装置が、図1の無線LANルータです。この装置は複数の機能を持った複合機で、ネットワーク間接続を担当するのは名称末尾にある**ルータ**（router）です。ホームネットワークでは通信量がそれほど多くはないので小型汎用複合機で事足りますが、インターネットの要所には高機能の専用ルータが配置されます。電車網で言えば、ルータは路線と路線をつなぐ中継駅です。ルータの機能は第5章で説明します。

ネットワークのいろいろな呼び名

自宅や研究室など小さなグループのネットワークをLANと呼ぶと述べましたが、呼称は規模によって変わります。最も小さい局所的なものがLAN、それよりも大きく、大学のキャンパスくらいに広がったものが**CAN**（Campus Area Network）、そして地理的に離れている（東京と京都と仙台とか）ホストやLANを内包した広域のネットワークが**WAN**（Wide Area Network）です（図3）。もちろん、これらすべてを内包するのがインターネットです。

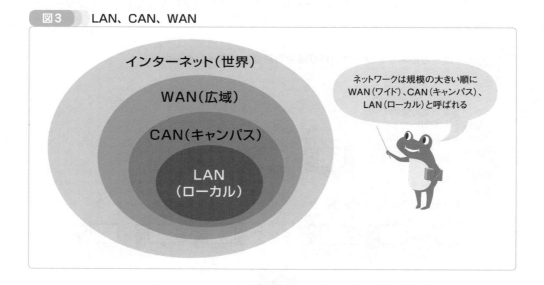

図3　LAN、CAN、WAN

インターネット（世界）
WAN（広域）
CAN（キャンパス）
LAN（ローカル）

ネットワークは規模の大きい順にWAN（ワイド）、CAN（キャンパス）、LAN（ローカル）と呼ばれる

もっとも、どれだけ大きければCANなのか、どれだけ離れていればWANなのかの厳密な定義はないので、漠然と大きさをイメージするのに使える程度です。本書ではどれも区別なくただの「ネットワーク」として扱っています。

TCP/IP＝インターネット

ネットワークとネットワークを相互に接続するには、両者間で何らかの通信規則が必要です。通信関係では、この規則を**プロトコル**（protocol）と呼びます。聞き慣れない語ですが、意味的には「約束事」あるいは「ルール」です。

インターネットを、異なる鉄道会社の路線が相互に乗り入れた電車網とみなすとわかりがよいでしょう。たとえば、1枚の切符で目的地に行けるようにするための会社間の合意、乗り

換える方法、紛らわしくない路線名や駅名の名付け方など、いろいろな約束事が必要なことがわかります。ネットワーク間通信も同じです。

インターネットで用いられる通信規則が**TCP/IP**です。斜線で2語を組み合わせていることからわかるように、この語は狭義にはTCPとIPという2つのプロトコルを指します（それぞれ第8章と第5章）。広義には、インターネットで用いられるプロトコルおよび技術全般を意味します。逆に言えば、TCP/IPにのっとって相互に接続されたネットワークの集合体がインターネットです（TCP/IP以外の技術で構成したネットワークも存在しますが、それはインターネットとは呼ばない）。通信可能なデバイスがホストだと先に述べましたが、これも逆で、TCP/IPを使って通信できるデバイスがホストです。

● ホストを識別するにはIPアドレスを使う

プロトコルで重要なものの1つが**アドレッシング**（addressing）、つまり通信相手をどのように誤りなく指定するかの方法です。端的にはホストを示す何らかの**識別子**（identifier）です。

識別子とはまた硬い言葉ですが、もとの英語からわかるように、学籍番号や社員番号などのIDです。同じ番号が異なる対象に付けられると正しく識別できなくなるので、識別子に重複があってはなりません。インターネット全体を通じて、番号とホストは1対1に対応させます。こうした要求からTCP/IPに用意されたのが**IPアドレス**（IP address）です。

ホームネットワーク、そしてそこからインターネットへとつながっているあなたのデバイスにもこのIPアドレスが割り当てられています。画面1に示すのは、iPhoneの［設定］のものです。4つの数字がドット . で連結された192.168.1.74がそれです。

▼**画面1　ホームネットワークに接続した携帯デバイスのIPアドレス（iPhone）**

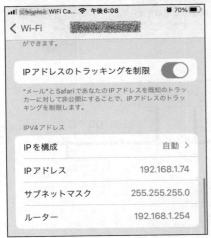

自分では設定した覚えがなくても、インターネットと通信できるデバイス（ホスト）にはIPアドレスが必ず割り当てられている

もっとも、そんなものを設定した覚えは誰にもないでしょう。TCP/IPには、手軽にインターネットに接続できるように自動でIPアドレスを設定するメカニズムも備わっているからです。そうしたメカニズムがあるので、駅やカフェの公衆Wi-Fiにも（使用許諾やメールアドレスの

登録などサービス提供元から求められる情報は別として）自動で接続できるのです。この自動設定機構は第9章で説明します。

　ホストを識別するIPアドレスには、電話番号の110番のような特殊な番号もあります。単なる番号ではあってもいろいろなトピックが含まれているので、IPアドレスはそれだけで1章を割いて第3章で説明します。

どうやって宛先に到達するか

　IPアドレスの4つの数字の前半は、ネットワークの所在を示します（ホストはネットワークに属しているからこそ、インターネットにつながっていることを思い出してください）。電話の先頭数桁が市外局番を指すのと同じ塩梅です。画面1の例では、192.168.1の部分がネットワークを示します。

　通信データは送信元のホストを発すると、ネットワークからネットワークへ、ネットワーク接続機のルータで乗り換えながら宛先ホストへと向かいます。この要領は、電車の乗り換えに似ています（図4）。

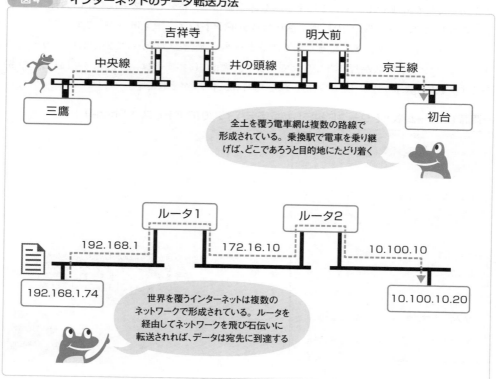

図4　インターネットのデータ転送方法

乗客は路線を乗り継いで目的地に向かいます。このとき、どの駅で何線に乗り換えればよいかの細かい道順を知っている必要はありません。乗換駅で駅員さんが教えてくれるからです。三鷹駅の駅員さんは、中央線に乗って吉祥寺で降りろと指示してくれます。吉祥寺の駅員さんは井の頭線で明大前へ行け、明大前の駅員さんは京王線に乗れば最終目的地の初台だと教えてくれます。

インターネットも同様です。ホスト192.168.1.74を発したデータはネットワーク194.168.1を通ってルータ1に到達します。ルータ1はデータをネットワーク172.16.10を介してルータ2へ送ります。そしてルータ2が10.100.10を介して宛先ホストの10.100.10.20にデータを届けます。このようにルータを介してデータを飛び石伝いに申し送ることを**ルーティング**（routing）と言います。道順の話なので**経路制御**と訳されます。

当然ながら、路線網／インターネットがどのように相互接続されているかがわかっていないと、駅員さん／ルータは乗客／データを適切な方向に送り出すことができません。そこで、ルータは別のルータとネットワーク情報を交換することで、ネットワーク路線図を構築します。これには**ルーティングプロトコル**（routing protocol）と呼ばれるプロトコルを用います。ルーティングプロトコルの設定と運用は上位のネットワークエンジニアの仕事なので、本書の範囲を超えています。IPの説明をする第5章で軽く触れるにとどめます。

番号では不便なので名前を使う

通信相手はすべてIPアドレスから指定します。Webサービスを提供するホストも、SNSを運用するシステムも、すべてIPアドレスからアクセスします。

もっとも、192.168.1.74のような数字のかたまりなど指定したことはないでしょう。たいてい、www.shuwasystem.co.jpのような文字列を打鍵するなりクリックするはずです。それでも通信が成立するのは、こうした文字列からIPアドレスが調べられるからです。この文字形式の識別子を**ドメイン名**（domain name）、そしてドメイン名からIPアドレスを調べるメカニズムを**ドメイン名システム**（Domain Name System）、略して**DNS**と言います。

ドメイン名とIPアドレスの関係は、名称と番号をあらかじめ紐付けておき、前者が入力されたら後者を用いるという点で、携帯の電話帳の氏名と電話番号の関係と同じです。異なるのは、ドメイン名＝IPアドレスのデータベースがインターネット上に分散して管理されており、必要に応じて通信を介して問い合わせるところです。

ドメイン名からIPアドレスを調べる様子を図5に示します。たとえば、www.shuwasystem.co.jpをクリックすると、ホストはインターネット上のサーバ（DNSサーバ）にその名称を問い合わせます（図5①）。サーバは対応するIPアドレスを教えてくれるので（図5②）、ホスト（のブラウザ）はIPアドレスを使って目的のWebサーバにアクセスします（図5③）。この手続きは自動なので、意識する必要すらありません。

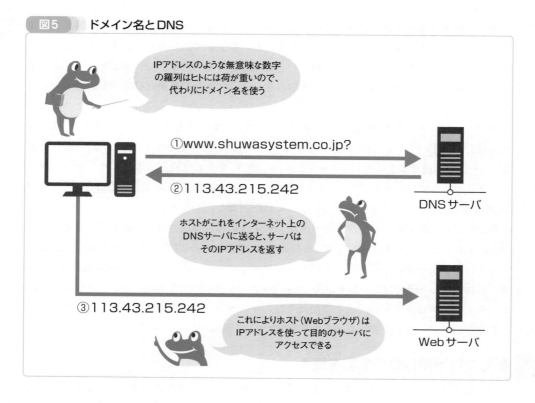

図5　ドメイン名とDNS

IPアドレスのような無意味な数字の羅列はヒトには荷が重いので、代わりにドメイン名を使う

①www.shuwasystem.co.jp?

②113.43.215.242

DNSサーバ

ホストがこれをインターネット上のDNSサーバに送ると、サーバはそのIPアドレスを返す

③113.43.215.242

これによりホスト（Webブラウザ）はIPアドレスを使って目的のサーバにアクセスできる

Webサーバ

　　　ドメイン名／DNSは第10章で説明します。

● アプリケーションの識別にはポート番号を使う

　　IPアドレスあるいはドメイン名があれば、インターネット上のホストの所在を特定できます。しかし、これだけではまだ足りません。通信をしたいのはホストそのものではなく、ユーザにサービスを提供するホスト上のアプリケーションだからです。アプリケーション間の通信には、ホスト上で動作する複数のアプリケーションを特定する手段が必要です。

　　そこで、個々のホスト上でアプリケーションに割り振る番号（数値）を用意することになりました。これを**ポート番号**（port number）と言います。図6では、左側のホストのミュージックプレーヤがポート番号43532番を、右側のホストのミュージックサーバが80番を用いて通信しています。どちらのホストでも複数のアプリケーションが動作していますが、ポート番号があるので他と間違えることはありません。郵便で言えば、ホスト識別子のIPアドレスが住所に、アプリケーション識別子のポート番号が氏名に相当します。

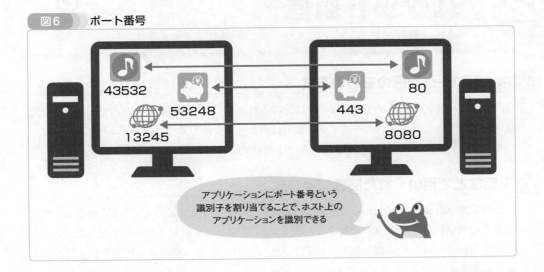

図6 ポート番号

アプリケーションにポート番号という
識別子を割り当てることで、ホスト上の
アプリケーションを識別できる

ポート番号を規定するのが**TCP**あるいは**UDP**と呼ばれるプロトコルです。2つある（実
はもっとある）のは、必要に応じて使い分けるようになっているからです。TCPは第8章で、
UDPは第7章でそれぞれ説明します。

 なぜ「雲」?

　模式的にインターネットを描くとき、しばしば図1のように雲の絵が用いられます。その
起源には諸説ありますが、大気中に浮かぶ水滴や氷という粒状な物質が遠目にはひとかたま
りに映るところが、ホストやネットワークという要素が連係して1つの機能を達成している
のに似ているからというのが、最も近いと思われます。電話会社が各種のデータサービスを
広範囲に始めた80年代に、その通信網を雲で描いたというのも有力な説です。
　クラウドコンピューティングの「クラウド」は後発なので、その語はインターネットの絵
がもとです。「雲」については、Googleの素晴らしい紹介ビデオ（2015年）があるので、
YouTubeで「Google actual cloud platform」から検索してください。

1-2 パケット通信

ネットワーク通信の2つの方式

ネットワーク通信の方式は大きく2つに分けられます。1つは回線交換方式で、古典的な電話ネットワークで用いられる方式です。他方はパケット交換方式で、コンピュータネットワークで用いられます。当然、TCP/IPもパケット交換式のネットワークシステムです。

電話などで用いられた回線交換方式

回線交換（circuit switched）方式は、ネットワークを介して通信をする2台のホストの間に専用の通信路（専用回線）を設ける方法です。「回線」は英語で「サーキット」で、この名が示す周回型の競技用道路と同じく他者が入ってこないので、利用者は邪魔されずに好きなように使えます。

専用回線は端的にはホストAとBをつなぐ電線ですが、複数のホストを相互につなぐには膨大な数の配線を必要とします。仮に5,000万台のホストを1組ずつ個別に接続するとしたら、その組み合わせは100兆本の電線です。それだけの敷設は想像を絶しますし、1台のホストから5,000万本のケーブルを這わせるのは現実的ではありません。

そこで、図1に示すようにそれぞれのホストを交換機につなぎます。これなら、必要な電線はホストの数と同じです。

交換機には電灯のオンオフに使うのと同じようなスイッチが入っており、これがホストから横方向に出ている電線を連結します。回線交換の「交換」部分の英語「スイッチ」はここから来ています。この図では、左手のBの横線と右手のcの横線の上にある縦線を押し付けることで電気的に両者をつなぎ、B−c間の回線を確立します。

図1　回線交換

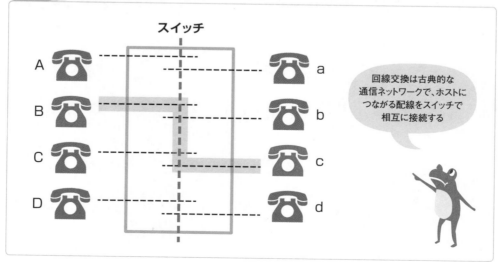

回線交換が優れているのは、いったん回線が確立したら、利用者がその回線を占有できるところです。途切れたり遅れたりしないなど、回線品質も保証されます。

欠点は、誰かが使用している間は利用できないことです。図のように縦棒のスイッチ（バー）が1本しかなければ、いちどきに利用できるのは8台のうちの1組だけです。回線使用中のB－cが沈黙していたとしても、何も流れない回線が無駄に占有されるだけで、その隙をついて他が回線を確保することはできません。スイッチの数を増やせば同時に通信できる組を増やせますが、コストの問題もあり、たいていは常時運用で十分と思われるだけしか用意されません。これでは、ピーク時の「ただいま回線が混みあっています」は原理的に不可避です。

コンピュータネットワークで用いられるパケット交換方式

パケット交換（packet switching）方式には、通信ペアに用意される「専用」の回線はありません。図2に示すように、1本の太いパイプが全ホストで共有されており、パイプが空いていればデータを送信できます。回線交換が線路なら、パケット交換は道路です。

図2　パケット交換

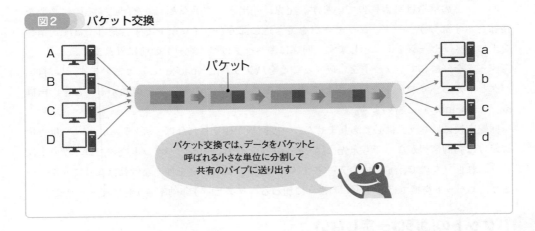

パケット交換では、発信元はデータを細かく分割し、その細切れ単位で送信します。受信した側では、これらをつなぎ合わせることでもとのデータを再構成します。こうしたデータの断片を**パケット**（packet）と呼びます。

もちろん、どれかのホストがパケットを送信している間は他は共有パイプを使えません（自動車と同じで衝突します）。しかし、データが細切れになっているので、パケットの合間に自分のパケットを割り込ませる余地はあります。パケットがどう流れるかは第2章で説明します。

パケット交換のメリットはネットワーク敷設コストの安さです。スイッチのような大がかりな装置は不要で、（限界は当然あるにしても）設備を追加することなく何台でもホストを接続できます。また、回線交換よりも構造が簡単なので、メンテナンスも容易です。

デメリットは、データの分割と再構成に手間がかかるところです。加えて、混雑しているときは割り込めるタイミングを待たなければなりません。なかなか割り込めずにちまちまとしかパケットを送信できなければ、トータルでの伝送速度は低下します。

パケットはヘッダとペイロードからなる

パケットは、**ヘッダ**（header）と**ペイロード**（payload）の2部構成です（図3）。ヘッダには宛先などの制御情報を、ペイロードには断片化したデータを書き込みます。

図3　パケットの構造

パケットの構造は葉書に似ています。宛先、差出人、切手など葉書を配送するのに必要な情報を示す部分がヘッダ、メッセージを書き込む部分がペイロードです。葉書では配送情報を上に、メッセージを下に示します。同様に、ヘッダはペイロードの前に置きます。

データを分解してパケットを生成することを**パケット化**（packetize）と言います。反対に、パケットからペイロードを取り出して結合することでもとのデータを復元することを、**再構成**（reassembly）と言います。

回線交換にはヘッダは必要ありません。一度回線が確立されれば、流し込んだデータは専用線だけに制御情報がなくても宛先に届くからです。これに対し、パケット交換ではパケットはそれぞれ独立なので、すべてのデータ（ペイロード）にヘッダを加えなければなりません。つまり、パケット交換では必ず重しのように加わるヘッダという非効率さが付いてまわります。

パケットの順序は一定しない

パケットの再構成ではペイロードの順序は重要です。パケット化は1冊の本をページ単位に分けて送るような操作なので、受け取り側でもとのページ順序を無視してくっつけてしまうと、読めたものにはなりません。

パケットの受信順に再構成すればよいと考えるかもしれませんが、パケット交換では、送信順通りに受信できるとは限りません。これは、ラリーのように順にスタートした車が、ゴールでは到着順序が異なるのと同じです。図4にそんな様子を示します。送信元のホストAはオリジナルのデータを4分割して1、2、3、4の順で送ったものの、受信先のホストbでは1、3、2、4の順で受け取っています。

図4 不規則なパケットの到着順序

A 💻 4 → 2 → 3 → 1 → → 💻 b

送信データ 4 3 2 1

パケットは送った順に届くとは限らない
ので、受信先で順番を正しく入れ替え
て再構成しなければならない

4 2 3 1
4 3 2 1

入れ替えて
再構築

1
2
3
4
5
6
7
8
9
10
11
12

　このような順序狂いに対処するには、送信元ではパケットに番号を加え、受信先では番号から並び替える機能が必要になります。通常、こうした機能はパケット交換システムそのものには備わっていません。TCP/IPでは、第8章で説明するTCPがこの役割を果たします。

パケットの呼称

　パケットは意味的には「小包」で、細切れにしたデータの単位の総称です。複数のプロトコルが混じったときに同じ名称を繰り返すと紛らわしいため、プロトコル単位の呼称も用意されています（表1）。3列目の「層名」は次節で説明します。

▼**表1** プロトコル別のパケットの呼称

プロトコル	パケット名	層名
イーサネット	フレーム（frame）	リンク層
IP	データグラム（datagram）	インターネット層
UDP	データグラム（datagram）	トランスポート層
TCP	セグメント（segment）	トランスポート層
アプリケーション（各種）	メッセージ（message）	アプリケーション層

　大半のアプリケーションは正確にはパケット方式ではありませんが、パケットと共に説明するときは「メッセージ」と呼ぶことで、パケットも含む「データ」という総称と区別します。

1-3 プロトコル階層化

無数のプロトコルを整理する

TCP/IPはいくつものプロトコルで構成されています。複数に分かれているのは、これらプロトコルを1つにまとめてしまうと複雑になりすぎ、理解するのも、作成するのも、維持するのも困難になるからです。

TCP/IPに属するプロトコルは機能別に分類され、それらが階層的に組織化されています。この組織構造を**プロトコル階層**（protocol hierarchy）、それぞれの分類を**層**（layer）と言います。分類で括られたプロトコルが、図1のように層状に4段で積み重ねられるからです。

図1 プロトコル階層化

プロトコル階層	説 明
アプリケーション層	▶ アプリケーション間のメッセージ交換の方法
トランスポート層	▶ アプリケーションの識別とアプリケーションへのサービス
インターネット層	▶ ネットワーク間の通信
リンク層	▶ 物理的な媒体で構成されたローカルネットワーク

無数にあるTCP/IPプロトコルは4階層に分けられる

リンク層

送受されるデータは、ケーブルや無線などの媒体（メディア）を介して、電流や電波の形に変調されて伝わります。このとき用いられるコネクタの形状、データ変調方式、データの搬送プロトコルが**リンク層**（Link layer）に属します。ローカルネットワークは、このリンク層プロトコルで構築されます。1-1節の図1では、デバイスを無線LANルータに接続するイーサネットやWi-Fiがこれに相当します。

リンク層プロトコルは第2章で、その上位のインターネット層との連携手段であるARPは第4章で説明します。

●インターネット層

リンク層は個々のネットワークを構築しますが、ネットワークのネットワークは形成できません。**インターネット層**（Internet layer）はネットワーク間通信を担当します。1-1節の画面1のIPアドレス、図4のルーティングがこれに相当します。具体的なプロトコルはIP（Internet Protocol）です。

インターネット層はインターネットでも重要なトピックなので、数章に分けて説明します。具体的には第3章でIPアドレスを、第5章でプロトコルとしてのIPを、第6章はIPのエラー制御手段であるICMPを、第9章でホームネットワークのような私的なネットワークの構成方法をそれぞれ扱います。

●トランスポート層

インターネット層はホストの間の通信機能を提供しますが、それらの上で動作するアプリケーションの間の通信はサポートしていません。1-1節のポート番号が提供するアプリケーション識別機能は、この**トランスポート層**（Transport layer）が担当します。トランスポート層はまた、アプリケーションが通信をしやすいように各種のサービスを提供します。

この層には、主としてTCPとUDPという2つのプロトコルがあります。UDPは第7章で、TCPは第8章でそれぞれ説明します。

●アプリケーション層

インターネットで送受されるデータを利用するのは、最終的にはメールやWebなどのサービスをユーザに提供するアプリケーションです。サービス内容に応じてそれぞれ異なるプロトコルが用いられるので、非常に多岐にわたります。

本書では第10章でDNSを、最もポピュラーなアプリケーションであるメールとWebをそれぞれ第11章と第12章で説明します。

● プロトコル階層間のインタラクション

　各層のプロトコルは1つ上の層から受け取ったデータを処理し、これを1つ下の層に引き渡すというように、直接接している層とのみデータを交換します（図2）。

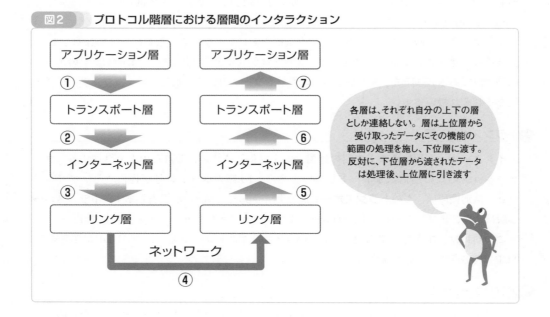

図2　プロトコル階層における層間のインタラクション

各層は、それぞれ自分の上下の層としか連絡しない。層は上位層から受け取ったデータにその機能の範囲の処理を施し、下位層に渡す。反対に、下位層から渡されたデータは処理後、上位層に引き渡す

　データの流れを順を追って確認します。

　最も上位のアプリケーション層プロトコルが最初にメッセージを生成します。Webブラウザならユーザ指定のページをサーバに要求する命令を含んだメッセージで、Webサーバなら要求されたページを記述したメッセージです。アプリケーション層プロトコルはこのメッセージを1つ下のトランスポート層プロトコルに引き渡します（図2①）。

　トランスポート層プロトコルは受け取ったメッセージに加工を施し、次のインターネット層プロトコルに引き渡します（図2②）。インターネット層プロトコルも同様に処理をした上で、次のリンク層に引き渡します（図2③）。このリンク層プロトコルがネットワークにパケットを転送します（図2④）。

　ネットワークを介して転送されていったパケットは、宛先のリンク層プロトコルが受け取ります。リンク層プロトコルは受信パケットを加工して、上位のインターネット層に引き渡します（図2⑤）。そして、インターネット層はトランスポート層に（図2⑥）、トランスポート層はアプリケーション層に（図2⑦）それぞれ引き渡します。

● パケットのカプセル化

　パケット通信の観点から見たとき、図2の各層の処理はデータのパケット化に他なりません。つまり、トランスポート層がアプリケーション層のメッセージを処理すると言ったとき（図2①）、それはそのメッセージをペイロード、トランスポート層プロトコルの制御情報をヘッダとしたパケットを生成する操作です。このパケット化はそれぞれの層で行われるので、最終的に送信されるパケットは、パケットのパケットのパケットのように、上位層を内側に収容した入れ子になります。

　パケットの入れ子の関係を図3に模式的に示します。

図3 　入れ子のパケット化

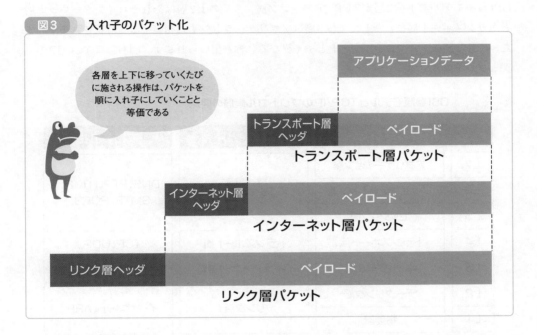

　逆に、受信側のトランスポート層が加工を加えたデータをアプリケーション層に引き渡すと言ったとき（図2⑦）、それはパケットからペイロードを取り出す操作です。

　この入れ子の操作で重要なのは、送信側のパケットが水平方向で相対する同じ位置の層の受信側と同じものとなるところです。そのため、各層は上下の層で何が用いられても、あたかもそれらが存在しないかのように水平方向での直接通信を行っているかのように振る舞うことができます。これにより、1つの層のプロトコルを、他を考慮することなく別のものに置き換えられます。たとえば、トランスポート層をTCPからUDPに、あるいはリンク層をイーサネットからWi-Fiに容易に入れ替えることができます。

● OSI参照モデル

プロトコル階層化には、国際的な標準化機関であるISOが勧告している7層構造もあります。これを**OSI参照モデル**（OSI Reference Model）と言います。OSIは**Open System Interconnect**の略で、「開放型システム間相互接続」という訳が付けられていますが、「このオープン（公開仕様）なモデルにのっとっていれば、異なるメーカーの機器でも層単位で入れ替えることが可能になる」ように策定された国際標準です。

OSI参照モデルでは7層構造が採用されています。TCP/IPとは直接的には関係がないため、どの層がどの層と対応するかには議論の余地があります。しかし、一般には図4に示すように、OSI参照モデルの下位2層がTCP/IPのリンク層に、その上2層はそれぞれインターネット層とトランスポート層に、そして上位3層はアプリケーション層に相当すると解釈されます。また、OSI参照モデルでは、TCP/IPとやや異なる名称が用いられます。図右側はTCP/IPの主要なプロトコルです。

| 図4 | OSI参照モデルとTCP/IPのプロトコル階層の関係 |

	OSI参照モデル	TCP/IP	プロトコル
L7	アプリケーション層	アプリケーション層	DNS、FTP、HTTP、SMTP、POP3…
L6	プレゼンテーション層		
L5	セッション層		
L4	トランスポート層	トランスポート層	TCP、UDP…
L3	ネットワーク層	インターネット層	ICMP、IP…
L2	データリンク層	リンク層	イーサネット、ARP…
L1	物理層		

OSI参照モデルとTCP/IPの階層は別物なのでどの層とどの層が対応するかは微妙である。この図は、参考程度と考えるべきである

インターネットで用いられるのは（ほとんど）TCP/IPだけなので、本来的にはOSI参照モデルの入り込む隙はありません。しかし、階層構造の考え方を学ぶには最適であること、またネットワーク機器がどの層の機能を有しているかを端的に説明するときに層番号から「L2」や「L3」と呼べて簡便であることから、名称だけは非常に頻繁に用いられます（Lは層のlayerのL）。たとえば、1-1節の無線LANルータは単に複合機と呼ぶよりは、無線機能はL1、LAN機能はL2、ルータ機能はL3と分類した方がわかりやすくなります。

以下、本書ではプロトコルを説明するときは、このOSI参照モデル＋TCP/IP階層の図から、それが階層上のどこに位置するかを示します。

1-4 まとめ

　本章では本書の導入として、ホームネットワークを題材にTCP/IPネットワークの概略を、そしてこれに属するプロトコルの階層構造およびパケット構成を説明しました。重要な点は次の通りです。

> **ポイント**
>
> ・インターネットを構成するTCP/IPは、各種プロトコルの集合体です。
> ・インターネットでは、データはパケットと呼ばれる断片化された小さなかたまりに載せて送受されます。
> ・パケットはアドレスなどの制御情報を載せたヘッダとデータを乗せたペイロードの2部構成です。
> ・インターネットのプロトコルは、4層構造の階層でまとめられています。

　詳細は、順次説明していきます。

第 2 章

データリンク

ネットワークには、パケットをデジタル電気信号として流す物理的な電線や電波などのメディアとそれをコントロールするメカニズムが必要です。本章では、こうした物理的な基盤を提供するリンク層技術を説明します。

2-1 リンク層プロトコル

● リンク層はL2

1-3節で触れたように、TCP/IPの4階層モデルの最下層に位置する**リンク層**（Link layer）に属する一群の通信プロトコルや規格は、図1に示すようにOSI参照モデルでは下から1番目と2番目に位置します。

OSI参照モデル上のリンク層プロトコルの位置

OSI参照モデル		TCP/IP	プロトコル
L7	アプリケーション層	アプリケーション層	DNS、FTP、HTTP、SMTP、POP3…
L6	プレゼンテーション層		
L5	セッション層		
L4	トランスポート層	トランスポート層	TCP、UDP…
L3	ネットワーク層	インターネット層	ICMP、IP…
L2	データリンク層	リンク層	イーサネット、ARP…
L1	物理層		

TCP/IPでは物理層にはほとんどタッチしないため、第2層に着目して「L2」とだけ呼ぶことが多い

OSI参照モデルの**物理層**（Physical layer）はケーブル、コネクタ、電気信号、無線周波数など、データを搬送する電気に関係したものです。複合機である無線LANルータ（1-1節）の「無線」の部分がここに相当します。ハードウェア系ネットワークエンジニア以外はあまり触れないトピックなので、本章でも2-3節でケーブルの規格に触れるだけです。TCP/IPの仕様書でも、この層が話題になることはあまりありません。

データリンク層（Data link layer）は電気信号に載せるデジタルデータの形式や通信方法を規定するもので、無線LANルータでは「LAN」の部分がここに相当します。これらプロトコルはOSI階層の2番目に位置するので、「Layer 2」あるいは略して**L2**（エル ツー）と略称されます。

本章では、有線のイーサネットと無線LANを扱います。

フレームには上限サイズがある

リンク層のパケットは**フレーム**（frame）と呼ばれます。図2のように連続した電気信号の一部を「額縁」で括り、その範囲内のデータ（ビット）をパケットとするからです。

図2 フレーム

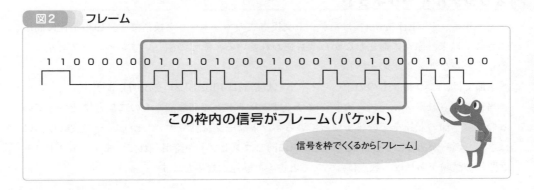

フレームペイロードには**MTU**と言うサイズ制限があります。最大転送単位（Maximum Transfer Unit）の略ですが、たいてい「エム ティー ユー」で済ませます。

送信データがMTUよりも大きければ、最大重量以上の荷物を複数口に分けるのと同じ要領で分割します。図3では、送信データ5000バイトに対しMTUが1500バイトなので、1500バイト3口と500バイト1口に分けてペイロードに収容しています。

図3 データの分割とパケット化

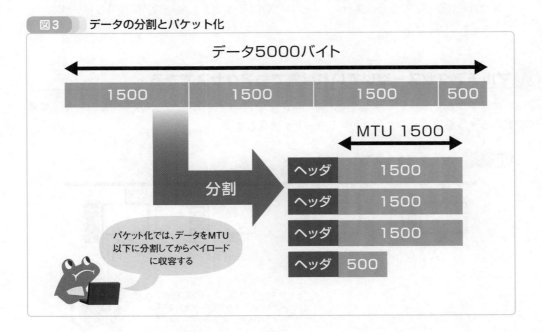

MTUは使用するリンク層技術によって異なります。本章で扱うイーサネット（IEEE 802.3）と無線LAN（IEEE 802.11）のMTUはそれぞれ1500バイト、2304バイトです。

2-2 イーサネット

オリジナルイーサネット

イーサネット（Ethernet）はパケット交換方式のネットワーク技術です。1980年代に商用化されて以来、徐々に進化しながら今も使われている、流転の激しいコンピュータ業界には珍しく長寿なテクノロジーです。

本節では、この40年もののイーサネット（規格名は10BASE2）を説明します。

当初考案されたメカニズムの多くは今ではよりモダンで高機能なものに置き換えられているので、本節の記述をそのまま使っているネットワークは稀です。しかし、その設計手法には学ぶところがあり、今も新機能のどこかに同じコンセプトが流用されています。ネットワーク関係の試験があれば、数点は「ちょっと古い」話題が登場します。

コラム イーサ (ether) の語源

おおもとのネタは、ギリシア神話に登場する大気の神様のアイテール（aether）です。この語は時を経て、物理学では光を媒介する仮想的な物質に、化学では揮発性の高い有機化合物にそれぞれ流用されました。イーサネットの開発者は、建物をケーブルで満たすことでパケットを媒介するシステムにはこの名がベストだ、と流用の流用をしました。

イマジネーションをかきたてやすいのか、マジックポイントの回復薬や冒険者の名前にも使われています。しかし、ネットワーク技術者にとっては、「イーサ」はやはりイーサネットです。

マルチアクセス−空いていれば誰でもアクセスできる

オリジナルのイーサネットでは、図1に示すように1本の共有ケーブルを用意し、そこに複数のホストを接続することでネットワークを構成します。

図1 マルチアクセス型のイーサネット

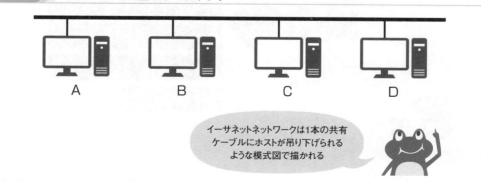

イーサネットネットワークは1本の共有ケーブルにホストが吊り下げられるような模式図で描かれる

　祭り提灯のようにホストがぶら下がった絵柄で描かれるのは、物理的な配線がまさにこのような格好だったからです。今ではスイッチングハブ（2-4節）と呼ばれる装置を中心に放射状に接続されたり、無線LAN（2-5節）ではもとより線がなかったりしますが、それでもネットワーク図は今もこのように描かれることがほとんどです。

　ホストは、他が使用していなければ共有ケーブルを介して通信できます。他が利用しているときは利用を控えます。複数のホストが平等に共有リソースにアクセスしてよい通信メカニズムなので、これを**マルチアクセス**（multi-access）方式と言います。

　イーサネットは先生のいない、しかしマナーのよい生徒が着座した教室のように運用されます。生徒は、話したくなれば自由に声をあげますが、別の生徒が話をしていたら、その邪魔をしないように黙っています。教室が静かになれば、その隙を衝いて話し始めます。話者を指名したり、他者を遮る生徒を抑えたりする先生はいないので、生徒は自律的に話してよいときと黙っているときを判断します。

　このクラスルーム型通信メカニズムを以下、技術的な用語から説明していきます。

⬤ ブロードキャストー皆に聞こえるように大声で話す

　イーサネットは**ブロードキャスト**（broadcast）型の通信メカニズムを採用しています。「放送」という語が示すように、これは不特定多数にメッセージを発信する方法です。

　ここでは、ホストAがホストCにメッセージを届けたいとします（図2）。このとき、ホストAはメッセージを乗せたフレームを共有ケーブルに送り出します。共有ケーブルなので、すべてのホストがこのフレームを見ることができます。しかし、フレームヘッダにはこれを受け取ってほしいホストCのアドレスが書き込まれているので、受け取るのはCだけです（アドレスの詳細は2-6節）。他は宛先が自分でないので無視します。

図2 イーサネットのブロードキャスト型通信

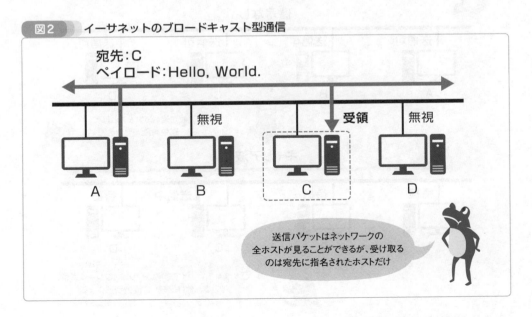

これは、教室で「Cさん、昼ご飯を一緒に食べましょう」と叫ぶことと同じです。マナーのよい他の生徒は関係ないので無視します。話を受けるのはCさんだけです。うるさく思えるかもしれませんが、この方法はとてもシンプルです。必要なのは自分の名前を認識する能力とマナーのよさだけです。

● キャリア検出−他者が話しているときは黙る

複数の会話が同時に飛び交うと言葉が混ざって聞き取れなくなるので、話してよいのは誰もしゃべっていないときだけです。

イーサネットに換言すれば、他ホストがフレームを送信している間はフレーム送信を控えます。送信中かは、フレームを搬送するキャリア波（搬送波）が電線を流れていることからわかります（図3の上図）。キャリアから使用状況を確認するので、この送信可能性確認の手続きのことを**キャリア検出**（carrier sensing）と言います。

図3	キャリア検出を用いたネットワーク可用状態の確認

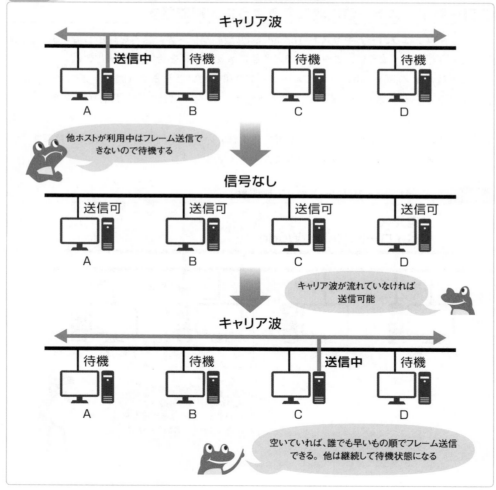

空けば、送信可能です（図3の中図）。優先順位を付ける中央制御のメカニズムはないので、早い者勝ちです（図3の下図）。先生がいないのは、ブロードキャスト方式と事情は同じで、シンプルで故障に強くなるからです（先生に頼っていると、いないときは収拾がつかない）。

衝突―同時に叫んでしまった

　共有ケーブルの空きを検出した複数のホストが、ほとんど同じタイミングでフレームを送信することもあります。たとえば、図4に示すように、ホストAとDが同時にフレームを送信してしまうケースです。そうしたことがあると、共有ケーブルの中で2つの信号がぶつかって混信してしまうため、フレームが壊れます。

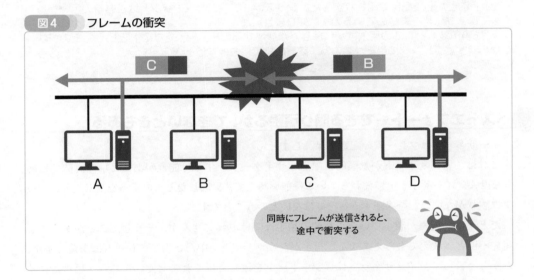

図4　フレームの衝突

同時にフレームが送信されると、途中で衝突する

　この現象を**衝突**（collision）、または英語のままカタカナで**コリジョン**と言います。
　衝突というと自動車事故のように不吉で避けるべきものに聞こえますが、イーサネットでは当たり前に発生する現象です。教室で複数が同時に声を出すことがよくあるように、気まずいだけで、困ることはありません。衝突を検出したら、一瞬黙り、タイミングを見計らって再送すればよいだけです。

衝突検出―衝突があったら皆にあやまってから再度試みる

　衝突は、電気信号の重なりによって生じる振幅の異常などから知ることができます。これを**衝突検出**（collision detection）と言います。衝突を検出したホストは**ジャム信号**（jam signal）と呼ばれる妨害信号を発することで、他のホストに衝突の発生を伝えます。
　衝突が発生したら、送信を試みたホストは一定時間待ってから再送をします。「一歩下がってやり直す」という意味で、これを**バックオフ**（back-off）と言います。このとき、図4のホストAとDが同じだけ待って再送すると再び衝突するだけなので、**待機時間**（バックオフタイム）はランダムに選択されます。それでも再び衝突したら、待機時間を増やして再再送を

試みます（具体的には2の再送回数ぶんの累乗の待機時間を用います）。

　失敗するたびに待ち時間を増やすというテクニックは、混雑解消にも有効です。フレーム送信が同時に発生するということは、それだけ利用者が多いことを意味します。衝突が起こるたびに待ち時間が増えれば、それだけ他のホストに送信のタイミングを譲ることができます。結果、全員がスローダウンするものの、機会平等の原則は守られます。

コラム　なぜ「ジャム」？

　ジャム信号の「ジャム」は、語源的には砂糖と共に加熱濃縮した果物と同じです。最初は扉に何か挟まって閉まらない状態を指す語でしたが、それが「ぎゅうぎゅう押し込んで（煮た）」ことから食品に転用されました。ジャズの「ジャムセッション」はこちらの意味から来ています（何を煮詰めているのかは知りませんが）。
　「妨害電波」としての用法は、「（扉などが機能するのを）邪魔をする」というもとの意味からです。プリンタに用紙が詰まる、銃器が排莢に失敗するときの「ジャム」もこちらの意味です。

● ベストエフォート—できる限り頑張るが、できないときもある

　イーサネットはフレームの配送を保証しません。

　これは、イーサネットが意図的に配送をサボタージュする可能性があるという意味ではありません。イーサネットに備わっている機能を超えて、失敗したときの手当を講じたり、データに誤りがないことを保証するわけではないということです。

　たとえば、宛先が誤っていたら目的の相手は受け取れませんが、そうしたことがあっても宛先不明とは教えてもらえません。相手がシャットダウン中だと当然フレームは未達ですが、だからと言って、イーサネットはビジートーンを流してはくれません。送ろうと思ったタイミングでいつも誰かが使っていてまったく通信ができなくても、順番を回してくれるわけでもありません。受信先が受け取り通知を返すメカニズムは備わっていないので、送信元は意図した相手にデータが受け取られたかを知ることはできません。

　やれることはやるが、100%配送を保証するわけではないこうした通信方式を**ベストエフォート**（best effort）と言います。

　送信元と宛先のエンドツーエンドの間での配送保証には他の通信メカニズム、具体的にはTCP（第8章）を必要とします。

CSMA/CD － 以上をまとめると

以上で説明したイーサネット通信方式は、短くまとめて **CSMA/CD** 方式と呼ばれます。次に、それぞれのアルファベットの意味を示します。

CS：キャリア検出 (Carrier Sensing)

キャリア波の有無から通信可能かを判断します。教室で言えば、「話をしたくなったら、まず先に耳をそばだてて確認しよう。誰も話をしていないなら、話してよい」です。

MA：マルチアクセス方式 (Multi-Access)

共有ケーブルにはすべてのホストが平等にアクセスできます。優先順位や発話順序をコントロールする「先生」はいません。教室はみんなのもので、誰でも（マナーを守って）話をする権利があります。

CD：衝突検出 (Collision Detection)

フレームの同時送出で発生する衝突が検出されたら、ジャム信号を送信することで全員に通知します。つまり、同時発話でまずい思いをしたら、ごめんと言って、しばらく待って再トライします。

イーサネット標準規格

標準規格

　イーサネットはデジタル電気信号を送受するシステムなので、ケーブルとそれに付随するアダプタやコネクタなどが必要です。そして、これら物理的な構成要素は、互換性を確保し、効率よく量産できるように標準規格化されています。

　イーサネットの標準化母体は **IEEE** です。米国電気電子学会（Institute of Electrical and Electronics Engineers）の略で、米国の電気・情報の技術者および研究者の学術団体です。フルの名称で呼ばれることはほとんどなく、たいてい「アイ トリプル イー」と呼ばれます。

　いわゆる学会ですが、標準化活動も活発に行っており、本章のトピックであるイーサネットや無線 LAN 以外にも多くの標準規格を策定しています。有名なところでは浮動小数点数の IEEE 754、Unix 標準の IEEE 1003 があります。

イーサネット規格

　2-2 節で説明したオリジナルのイーサネットの規格番号は **IEEE 802.3** です。「はちまるにてん さん」と読みます。

　オリジナルの規格以来、伝送速度を 10 Mbps から 400 Gbps にまで高速化した、ケーブルの素材を 1 本の同軸ケーブルから光ファイバケーブルにまで広げたなど、新機能が追加されてきました。これら機能追加は、規格書としてはオリジナルへの付録として扱われます。

　新機能を説明する仕様書は、オリジナルの 802.3 に 1、2 文字のアルファベットを加えて区別されます。改定があったときは、旧版と区別できるように 4 桁の発行年も加わります。1999 年に正式採用となったギガビットイーサネットを例に、規格名の構造を示します（図1）。

> **図1**　IEEE 802.3シリーズの規格番号フォーマット
>
> # IEEE 802.3 ab - 1999
>
> 正式採用年
> 付録識別子
> イーサネット標準規格番号

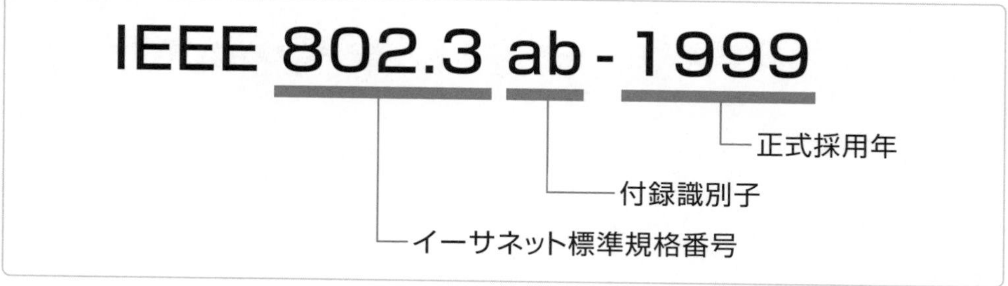

　規格番号のリストは次に示す Wikipedia の IEEE 802.3 のページから調べられます。

```
https://ja.wikipedia.org/wiki/IEEE_802.3
```

同じIEEEが標準化している無線LANの仕様は**IEEE 802.11**で、アルファベットを付加することで新機能を示す規格番号の形式も同じです。これら番号は無線LANルータの化粧箱の裏や横に示されているので、見かけたことがあると思います。

メディア規格

IEEEはイーサネット規格を作成すると、そこで用いられるメディア（通信路の媒体）に短い規格名を付けます。たとえば、1 Gbpsの伝送速度を持つ**ツイストペアケーブル**（後述）のシステムは「1000BASE-T」です。規格名は図2に示すように伝送速度、伝送方式、メディア種別で構成されています。

図2 イーサネットメディア規格名

最初の数字は伝送速度で、単位はMbpsです。図の1000は1000 Mbps、つまり1秒間に1億ビットを送受できる容量があることを示します。昨今の規格はギガ単位なので、40Gのように「G」の付いたものが増えています。また、2.5GBASE-Tのように小数点を含んだパターンもあります。

伝送方式は、ベースバンド方式を示す「BASE」かブロードバンド方式の「BROAD」のどちらかです。もっとも、後者は黎明期にちらほら見られた程度なので、今ではほとんど見る機会はありません。すべて大文字です。

最後のメディア種別は、使用するケーブル（同軸、ツイストペアケーブル、光ファイバ、銅線など）の種類を短く示します。表1に主だったものを示します。

▼表1 イーサネットメディア種別

メディア種別	メディア
5	オリジナルの太い同軸ケーブル。5は最大到達距離500 mから来ている。
2	オリジナルと同時期に登場した細い同軸ケーブル（アナログテレビでアンテナに接続するのと同じもの）。2は最大到達距離185 mから来ている。
T	ツイストペアケーブル（後述）。
F	光ファイバ。
SX	短波長光ファイバ。
LX	長波長光ファイバ。

5と2は歴史的なものなため、間にハイフンが入らない（10BASE5であって10BASE-5では

ない）、これらだけ到達距離が示されているなど、他と異なります。Xとだけあるもの（たとえば1000BASE-X）は、SXとLXのどちらかのように、Xを含むメディア種別をすべて指すときに用いられます。

当然ながら、伝送速度、伝送方法、メディア種別の組み合わせには制約があります。たとえば同軸ケーブル（BASE5）で10 Gbpsも出せるわけはないので、10GBASE5は存在しません。

コラム メガ、ギガ、テラ

MやGなどの接頭語（metric prefix）は、通信関係ではM（メガ）は10^6（100万）、G（ギガ）は10^9（10億）で、10の累乗です。イーサネットには近いうちにT（テラ）の規格も登場しますが、1 Tbsは1秒間に10^{12}（1兆）ビットを転送します。これに対し、メモリやハードディスクではメガやギガを1024単位（2の累乗）として使うので、混用には気を付ける必要があります。

単位については、小文字でbがビットを、大文字でBがバイト（8ビット）を示します。もっとも、通信速度を示すときにBはほとんど使いません。

最近（2022年11月）、10^{27}のR（ロナ）と10^{30}のQ（クエタ）が登場しました。データ容量は10^{24}のYotta（ヨタ）でも足りないのではと言われるのに比べると、ネットワークの高速化の方がペースが遅いようです。

●ツイストペアケーブル

1000BASE-Tなど末尾に「T」のあるメディア規格では、媒体に**ツイストペアケーブル**（twisted pair cable）を用います。電機店などで販売されている、いわゆる「インターネットケーブル」がこれです。

ツイストペアと名付けられたのは、ビニール皮膜に収容された8本の細線（中身は銅）を2本ずつ組にして撚り（twist）合わせているからです（写真1）。撚り合わせているのは、近接する他の細線に流れる電流から発生する磁場の干渉を少なくするためです。撚りが少ないものもあれば（後述のカテゴリ番号が小さい）多い（番号が大きい）ものもあります。

▼写真1　ツイストペアケーブル（細線）

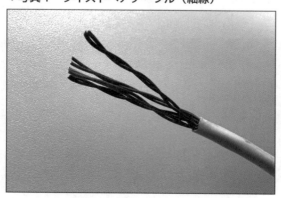

ツイストペアケーブルはその名の通り、外側の皮膜の内側の細線が組になって撚られている

ツイストペアケーブルにはUnshielded Twisted Pair（シールドなし）とSheilded Twisted Pair（シールドあり）の2タイプがあり、それぞれ**UTP**、**STP**と略されます。シールドは、ビニール皮膜の下の対線のまわりを覆う金属箔です。一般に用いられているのはUTPです。STPは高価なため、より高い電磁遮蔽性（対ノイズ性能が高い）が必要な工場や実験室など場面を限って用いられます。

ツイストペアケーブルには、撚りの多さなど品質に応じたカテゴリ番号があります。番号が大きいほど、同じ番号でもアルファベットが加わっているものほど高品質です。1000BASE-Tなど一般的な環境で用いられるのはカテゴリ5e、Categoryを短く縮めて**CAT 5e**と呼ばれるものです。それ以前の番号（CAT 5も含めて）は古いメディア規格用、6以上は5GBASE-T以上の高速通信用です。上位互換なので、昨今ではCAT 6Aも普通に使われています。ケーブル価格の差に比べると、将来起こりえるケーブルの差し替えのコストの方がよほど高いので、今購入するならCAT 6Aがお勧めです。

カテゴリはケーブルを見ただけでは判別できません。そのため、カテゴリ情報は（よいケーブルなら）写真2に示すようにしばしば本体に印字されています。

▼写真2　ツイストペアケーブル（外側）

写真はエレコム株式会社の「Laneed」シリーズ

昨今のツイストペアケーブルはCAT 5e、6、6Aのいずれか。将来の混乱を避けるため、写真のようにカテゴリが明記されたものがお勧め

　写真中「CAT.5E」がカテゴリを示します。その左の「EIA/TIA-568A」はツイストペアケーブルの仕様を定める規格番号です。

　ツイストペアケーブルには送信用（TD）と受信用（RD）の細線が別々に用意されている

ので、フレームの送受信を同時に行えます。これを**全二重**（full duplex）と言います。これに対し、オリジナルのイーサネットのように通信路が1本しかない構成では、送信と受信は入れ違いに行わなければなりません。これを半二重（half duplex）と言います。

取り扱い上の注意

　ケーブルを荒っぽく扱うと、流れる電流に悪影響を及ぼします。たとえば、無理にねじると、内部の細線の撚りに影響を与え、その結果いらぬ電磁干渉が発生します。前出のEIA/TIAが規格化しているネットワーク敷設ガイドラインは次のように述べています。

> ・ 曲げすぎない。最小曲げ半径はケーブル外径の8倍程度です。つまり、ケーブルの直径が5mmなら、半径4cm以上曲げてはいけません。
> ・ 押さえつけない。結束バンドで複数のケーブルを束ねたりはよくやりますが、多少動くくらいに緩く縛るように。
> ・ 引っ張らない。
> ・ 内部の細線の撚りを戻さない。ケーブル先端に自力でRJ45コネクタを付けることがあっても、撚りは先端から13 mm以上は戻さないように。
> ・ 電気機器の近くを這わせない。

コネクタ

　ツイストペアケーブルの両端に接続されたコネクタの規格は**RJ45**です。写真3ではやや見にくいですが、透明なケーシングなら8本の電極や細線が覗けます。

▼写真3　RJ45コネクタ

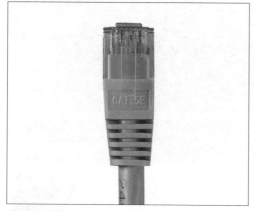

写真は株式会社バッファローの「BL5EN50BL」

　RJは「登録済みジャック」（Registered Jack）の略で、米国の電話業界が定める規格名です。コネクタにはオス（差す方）とメス（差される方）がありますが、ジャックは後者を指します。オス側はプラグ（plug）です。

ツイストペアケーブルをRJ45コネクタに接続する作業は、細線をそれぞれのピンにあてがうだけでとくに技能は必要でないと思われがちですが、自作は避けるべきです。素人手作りのときどき断線するケーブルほど、トラブルシューティングの難しいものはありません。

ツイストペアケーブルそのものを、コネクタの規格名から**RJ45ケーブル**と呼んだりすることがあります。技術的には不正確ですが、たいていはわかってもらえます。

100BASE-TXと1000BASE-T

PCなどユーザが直接利用するホストを接続するのは、現在ではツイストペアケーブルを用いた100BASE-TXあるいは1000BASE-Tです。過去に盛隆を極めた10BASE-Tはまず存在でしないでしょう（日本の官公庁にはあるかもしれません）。

100BASE-TX、規格番号で言うところのIEEE 802.3uは、カテゴリ5（CAT 5）またはそれ以上の品質のツイストペアケーブルを用いた、通信速度が100 Mbpsのイーサネットシステムです。ツイストペアケーブルには8本の細線が含まれていますが、そのうちの4本しか使いません。ケーブルの端から端までの全長は100 m以内という制約があります。少なくはなってきましたが、古い設備の残るところではまだ見かけるかもしれません。

1000BASE-T、規格名でIEEE 802.3abは、カテゴリ5e（CAT 5e）またはそれ以上のツイストペアケーブルを用いた通信速度が1 Gbpsのイーサネットシステムです。ツイストペアケーブルの8本の細線すべてが利用されます。ケーブルの端から端までの全長が100 m以内という制約がある点は、100BASE-TXと同じです。今利用されているイーサネットと言ったら、これです。

これよりも高速なものだと10GBASE-Tになりますが、機器がまだ高価であること、ケーブルにCAT 6Aを必要とするために施設のケーブル張り替えが必要になるなどの理由もあり、まだそれほどは普及していません。10GBASE-Tのあとから登場した2.5GBASE-TはケーブルがCAT 5eあるいはCAT 6でもよいため、利用者も増えているようです。

2-4 イーサネット機器

多様なハードウェア

イーサネットを構成するハードウェアは、日々進歩しています。出たばかりの1980年代にはポピュラーだった機器も、規格上は存在はしますが、今ではほとんど見かけません。たとえば、2-2節のオリジナルイーサネットで用いる共有ケーブルは、色が黄色のものが大半だったために「イエローケーブル」と呼ばれて愛されてきましたが（正式名称は10BASE5）、今では、実物を見られるのは博物館くらいです。逆に、最新機器は光ファイバケーブルを使いますが、超高速度を必要とするデータセンタなど特殊な場所でしか見かけません。

本節で取り上げるのは身の回りにある、一般の電機店に並んでいるものだけです。

ネットワークインタフェースカード（NIC）

ホストをネットワークに物理的に接続する装置である**ネットワークインタフェースカード**（Network Interface Card）は、しばしば**NIC**と略されます。「ニック」と読みます。他にもLANカード、ネットワークカード、ネットワークアダプタなどの呼び名があります。

拡張カードとしての形状は写真1のような感じですが、小型デバイスではワンチップ化されているので、このようなカードはほとんど見ません。しかし、カード外側のパネルにあるRJ45の差し込み口にツイストペアケーブルを差し込むという点では、どれも同じです。

▼写真1　NIC（ネットワークインタフェースカード）

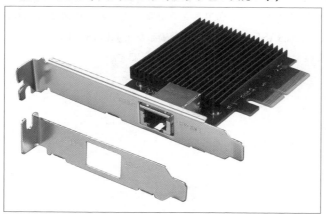

ノートPCなど小型デバイスではワンチップ化されているので、このような形の「カード」とは縁遠くなった

写真は株式会社バッファローの「LGY-PCIE-MG2」

無線LANのようにケーブルを必要としないデバイスでも（代わりにアンテナが内蔵されている）、ネットワークに接続するデバイスはNICと呼ばれます。

1台に複数のNICは今では普通

　昨今のコンピュータには、複数のNICが搭載されています。複数の異なるネットワーク技術に対応するためで、一般的なノートPCならイーサネット、無線LAN、Bluetoothが付いています。

　Windowsでは、搭載されたNICのリストをPowerShellのget-netadapterから確認できます。横に長いので、オリジナルの出力を省略しています。

```
PS C:\temp> get-netadapter Enter

Name           InterfaceDescription            if Status       MacAddress         LinkSpeed
----           --------------------            -- ------       ----------         ---------
VMware 1       VMware Virtual Ethernet Adapter 19 Up           00-50-56-C0-00-01  100 Mbps
VMware 8       VMware Virtual Ethernet Adapter 12 Up           00-50-56-C0-00-08  100 Mbps
Bluetooth      Bluetooth Device                10 Disconnected 8C-C6-81-12-34-56    3 Mbps
Wi-Fi          Intel(R) Wi-Fi 6 AX201 160MHz    7 Up           8C-C6-81-78-9A-BC  867 Mbps
イーサネット    Realtek PCIe GbE Family Ctrller   4 Disconnected 00-2B-67-01-02-03    0 bps
```

　これによれば、筆者のPCには5つのNICが搭載されています。最初の2点は仮想化ソフトウェアのVMwareがソフトウェアで作成した仮想NICなので、物理的には存在しません。

　末尾の列のLinkSpeedは、そのNICの通信速度です（イーサネットが0 bpsなのは未使用だから）。このデータは、5-2節でルーティングのメトリックを説明するときに参照します。

スイッチングハブ

　スイッチングハブ（switching hub）は単体でイーサネットネットワークを構成する装置で、外見的には、写真2に示すようにツイストペアケーブルのRJ45プラグを差し込む口を正面に並べた小箱です。差し込み口が**ポート**（port）で、家庭用なら4～8個程度、オフィスなど業務用なら16～24個くらいが付いています。

▼写真2　スイッチングハブ

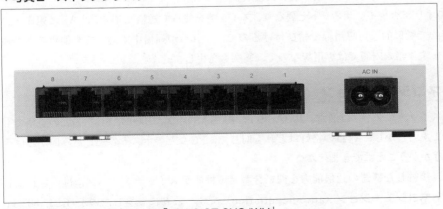

写真は株式会社バッファローの「LSW6-GT-8NS/WH」

　ホームネットワークに設置された無線LANルータも同じような構成になっていますが（2-5節の写真1）、無線LANルータの「LAN」部分がこれです。内部にスイッチングハブが収容されていると考えればよいでしょう。

　スイッチングハブの箱の中には、図1のようにスイッチが入っています。これが送信元と宛先を回線交換（1-2節の図1）のように結び付けます。

図1　スイッチングハブ内部

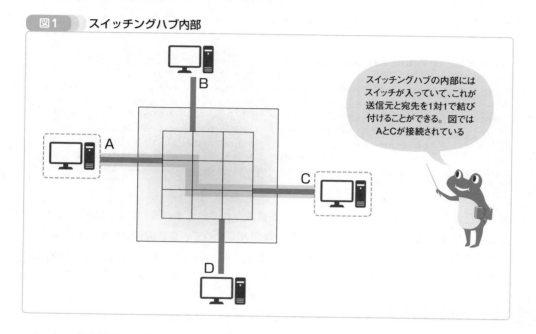

スイッチングハブの内部にはスイッチが入っていて、これが送信元と宛先を1対1で結び付けることができる。図ではAとCが接続されている

　名称にある**ハブ**は車輪軸のことで、ツイストペアケーブルが車輪のスポークのように中心から放射状に伸び、その先にホストが接続される接続形態を示しています。☆のような恰好なので、**スター**（star）型接続とも言います。対して、2-2節の図1の祭り提灯のような形態は**バス**（bus）型接続と言います。乗合バスだからです。接続形態がスター状でも、ネットワーク図を描くときは伝統的にバス型が使われます。

　2-2節のオリジナルイーサネットと異なり、スイッチを使って送信元（図ではA）と宛先（C）を（一時的で疑似的な）専用線で結び付けるので、それらが通信中であっても他ホストも通信ができます。箱の内側では専用線なので、衝突も発生しません。

● オートネゴシエーション

　昨今のスイッチングハブは通常、10BASE-T、100BASE-TX、1000BASE-Tのどの規格でも利用できます。しかし、RJ45の格好はどれも同じで、PCなどのホストの差し込み口からはその規格をうかがうことはできません。

　そこで、接続した機器の通信能力を問い合わせる機能がスイッチングハブに付与されました。**オートネゴシエーション**（auto-negotiation）です。最初に登場したのがIEEE 802.3u-

1995だったので、しばしば802.3uとして参照されます。

　オートネゴシエーションは、たとえば100BASE-Tまでしかサポートしていないネットワークインタフェースを搭載したちょっと古いホストAと1000BASE-Tまで使える新しいホストBの間の通信では、遅い方に合わせて100BASE-Tを用いるよう調整します。これ以外にも全二重通信ができるかも確認します。

　オートネゴシエーションはスイッチングハブあるいはホストの起動時、あるいはホストが接続されたときに行われます。一度決定された能力は、その接続が生きている間は変更されません。

● Auto MDI/MDI-X

　2-3節では説明しませんでしたが、10BASE-Tと100BASE-TXでは、ツイストペアケーブルには図2のように**ストレート**（straight）と**クロス**（crossover）の2種類があります。

図2 ストレートとクロスのケーブル

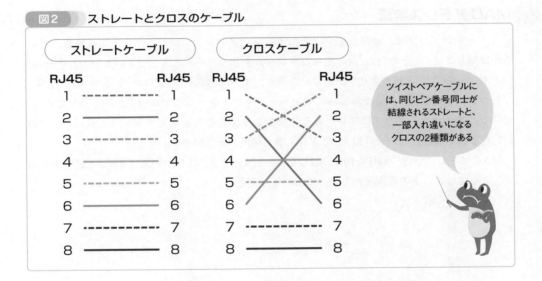

　これは線の両端の接続状態を示す言葉で、配線が両端で同じものをストレートケーブルと言います。たとえば、一方のRJ45の1番ピンに接続されている細線が、他方の1番ピンに結び付いています。これに対し、クロスケーブルは一方の1番ピンの細線が他方の3番ピンに接続されているように内部で細線が交差（クロス）しています。

　2種類の配線があるのは、プラグが差し込まれる側の配線が異なるからです。PCなどホストは1番2番ピンを送信に、3番6番を受信に使います。こちらをMDI機器（Medium Dependent Interface）と言います。反対に、スイッチは3番6番を送信に、1番2番を受信に使い、こちらはMDI-X機器（MDI-Cross）です。PCとスイッチをつげるときは、PCの1番の送信をスイッチの1番の受信につなげばよいので、ストレートケーブルを使います。スイッチ間あるいはPC間のときは、1番の送信を3番の受信に接続しなければならないので、クロ

スを使います。

　問題は、本来はストレートケーブルを使わなければならない場面でクロスを使ってしまう、あるいはその反対にしてしまうミスが出てしまうことです。ケーブルを見ても、ストレートかクロスかの区別はつきません（RJ45のプラスチックが透明なら、目を凝らせば細線のオレンジや青の色の並びから判断できますが、そこまでくると職人芸です）。

　そこで、ケーブル接続時に細線（ピン）の極性を自動判定する機能がスイッチングハブに加えられました。これをAuto MDI/MDI-Xと言います。中身は送受をランダムに切り替え、通信がうまくいったときのパターンを利用するというシンプルですが効果的な方法です。

　1000BASE-Tでは送受の組を考える必要がなくなったので、ストレートケーブルだけを用いればよくなりました。昨今のスイッチングハブにはたいていAuto MDI/MDI-Xが備わっているので、クロスケーブルは不要です。紛らわしいので誰も触れない奥にしまっておくとよいでしょう。

MACアドレス学習

　スイッチングハブは、初期状態ではどのホスト（アドレス）がどのポートに接続されているかは知りません。そのため、受け取ったフレームをどのポートに流してよいかわかりません。仕方がないので、2-2節のオリジナルに立ち戻り、すべてのポートにブロードキャストします。

　しかし、専用回線が用意できるのにブロードキャストをするのでは効率がよくありません。そこで、スイッチングハブはフレームを受信するたびにその送信元アドレスとポート番号の対応を学習します。これを「MACアドレス学習機能」と言います。

　MACアドレス学習の動作を図3に示します。MACアドレスについては2-6節で説明するので、ここではホストの識別子だと思っておいてください。

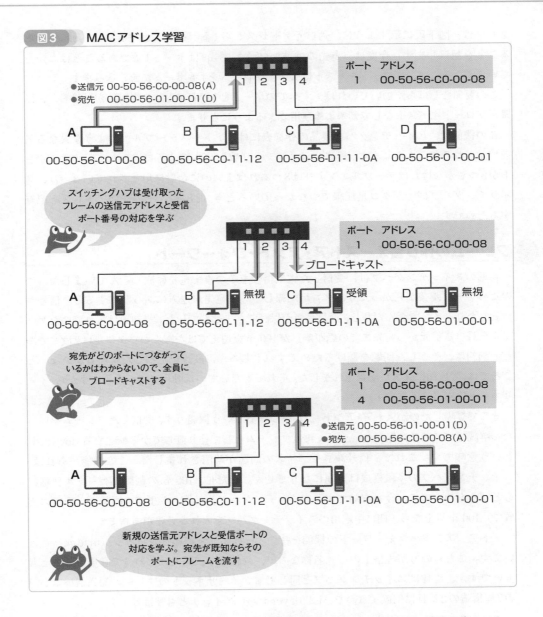

図3 MACアドレス学習

何も知らない状態でホストAからフレームを受け取ったスイッチングハブは、そのフレームヘッダの送信元MACアドレスとそれが流入してきたポートに番号を対応付けて記憶します（フレーム構成は2-7節で説明します）。図上段では、1番ポート＝00-50-56-C0-00-08であることを表（MACアドレステーブル）に書き込んでいます。

受け取ったものの、宛先00-50-56-01-00-01がどこのポートかがわかりません。そこで、図中段に示すようにブロードキャストします。オリジナルのイーサネットと同じ要領なので、宛先のホストDはこれを受領し、その他は無視します。

今度はホストDがホストAに宛ててフレームを送信します。これを受け取ったスイッチン

グハブは、図下段に示すように、送信元アドレスから4番ポート＝00-50-56-01-00-01であることを記録します。今度は、宛先の00-50-56-C0-00-08はポート1番であることはわかっています。そこで、ブロードキャストはせず、フレームを1番ポートに流し込みます。

　この要領でしばらく動いていれば、すべてのポートとMACアドレスの対応が付けられ、以降、ブロードキャストなしで効率よく運用できるようになります。

　この機能は、スイッチングハブ製品の仕様表には「アドレステーブル」のような異なる名前で示されることもあります。そこには「エントリ数2,000」のように書かれています。ポートが8つしかなければテーブルエントリは8つあればよいのに余計に用意されているのは、スイッチングハブ同士がタコ足配線でつながっているとき（2-8節）、その先のアドレスも記録するためです。

● フレームの作り替え－ストア・アンド・フォーワード

　初期のスイッチングハブは、受信した電気信号をそのまま宛先に流し込んでいました。このためケーブル長が長かったり、タコ足配線していて宛先が遠方にあったりすると、信号が減衰したりノイズで歪んだりし、通信品質が保証できませんでした。当初設けられていたケーブル全長（送信元から宛先までの総距離）が100 mを超えてはならない、タコ足は2段までなどの制約は、そうした問題を避けるためです（もちろん、段数を把握した管理者がいないところでは、野放図にタコ足配線されました。それでもたいていは動作していたのですから、イーサネットは本当に優秀です）。

　そこで登場したのが**ストア・アンド・フォーワード**という機能です。受信したフレームをいったん解読してメモリに保存(store)し、再度フレームとして作り直してから転送する(forward)という意味です。これで、信号減衰やノイズの問題が解消されました。この機能があれば、スイッチングハブの多段構成は問題になりません。ただし、100 mの制限はケーブル仕様にもとづくものなので、今も有効です。スイッチングハブからホストまでの距離が（配線の実質で）100 m以上なら、間に中継用のスイッチングハブを入れる必要があります。

　ストア・アンド・フォーワードの機能を持つイーサネット機器を**ブリッジ**（bridge）と言います。こちらの方が規格上の正式名称なので、教科書や試験ではこの名で登場することも多いですが、実体はスイッチングハブと同じです。イーサネットのフレーム配送機構はOSIの7層構造の2番目に位置するので、L2（layer two）スイッチとも呼ばれます。

モニタリングのためのポートミラーリング

　共有ケーブルを用いるオリジナルのイーサネットには便利なところもありました。それは、そのケーブルだけですべての通信（トラフィック）をモニタリングできたところです。モニタリングはネットワークの品質管理に欠かせない作業です。しかし、スイッチングハブのように内部で1対1通信ができるようになると、ケーブルを覗くだけでは全体像をつかむのが困難になりました。

　そこで、受信したフレームすべてをコピーして特定のポートに転送する機能が加わりました（図4）。これを**ポートミラーリング**（port mirroring）と言います。鏡に映したようにコピーをするので、ミラーリングです。コピーなので、通常のデータ転送には影響を与えません。コピーを転送する先のポートを**ミラーポート**と言い、ネットワークアナライザなどの解析機器や記録用のシステムを接続します。

図4　**ポートミラーリング**

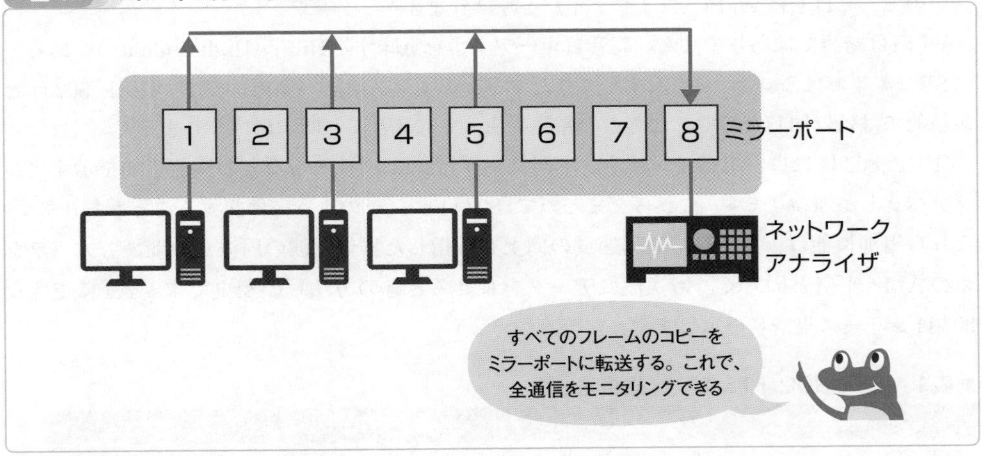

ミラーポート
ネットワークアナライザ

すべてのフレームのコピーをミラーポートに転送する。これで、全通信をモニタリングできる

2-5 無線LAN

ステーションとアクセスポイント

　PCやルータなどネットワークに接続する（IPアドレスを持つ）デバイスを、一般にホストと呼びます。無線LANでは、無線を送受する機器をとくに**ステーション**（station）、スイッチングハブと同じく電気信号を集積する装置を**アクセスポイント**（access point）、略してAPと言います。無線LANのマニュアルはしばしば「親機」としています。以下、本節ではこれらの用語を用います。

無線LANの規格－IEEE 802.11

　無線LANの規格は**IEEE 802.11**で定められています。「はちまるに　てん　いちいち」では長いので、しばしば**Wi-Fi**（ワイファイ）と呼ばれます。

　Wi-Fiは略語ではありません。高音質オーディオを意味するHi-Fi（High Fidelity）、あるいはSF（英語ではSci-Fi）から派生してきたマーケティング用語（商標）です。IEEE 802.11と規格的にはほぼ同じなので、どちらの名称を使ってもほとんど問題にはなりません。

　IEEE 802.11には、有線イーサネット同様、うしろにaやbやgなどの機能追加を示すアルファベットが加わります。これらをまとめて「802.11a/b/g」のように併記することもあります。これら追加機能は、主として通信速度の向上を目指した無線電波の周波数や変調方式（ラジオのAMやFMと同じく、搬送波にデータを乗せるときの方法）の変更です。表1に主要な802.11シリーズ規格名を示します。

▼**表1　IEEE 802.11シリーズ規格名一覧**

規格名	通信速度（Mbps）	周波数帯（GHz）	世代
IEEE 802.11a	54	5	
IEEE 802.11b	11	2.4	
IEEE 802.11g	54	2.4	
IEEE 802.11n	600	2.4、5	4
IEEE 802.11ac	6900	5	5
IEEE 802.11ax	9600	2.4、5	6

　周波数が高い方が単位時間内に多くの情報を載せられるので、ビット単位での通信速度は速くなります。その代わり、電波が曲がりにくいため、見通しがよくないと電波が伝わらないというデメリットがあります。そのため、扉があったり部屋が入り組んだりした家屋内では、通信速度は遅くとも、低い周波数を使います。なお、低い周波数の2.4 GHzは電子レンジと同じ周波数なので、チンをしていると干渉されるデメリットもあります。

　IEEE 802.11acなどでは覚えにくいこともあり、規格名の代わりに表1の4列目で示した世代番号で呼ぶことも増えました。たとえば、IEEE 802.11acは第5世代です。

使用中の規格の確認

　昨今の無線LANインタフェースは複数の規格に対応しています。実際に使用するのはどれか1つですが、無線なので、何を使っているかは見えません。

　Windows 10なら、[設定] → [ネットワークとインターネット] → [Wi-Fi] → [ハードウェアのプロパティ] から調べられます。画面1では [プロトコル] 欄にあるように規格はIEEE 802.11acで、周波数は [ネットワーク帯域] に示されているように5 GHzです。

▼**画面1**　WindowsのWi-Fi設定

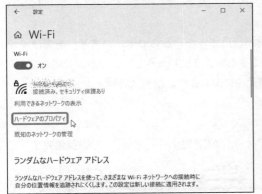

　無線ルータに備わっている各種設定のためのWebインタフェースからも確認できます（アクセスアドレスはマニュアルを参照してください）。製品によって表示場所は異ります。画面2に筆者の使用しているHuaweiの製品の画面を示します。

▼**画面2**　無線LANルータの設定画面から使用周波数を調べる

Overview > Connected Devices

Name	IP Address	MAC Address	Interface	
name unavailable	192.168.	BC:51:FE	2.4G	Manage Internet Access
pomerol	192.168.	D4:D2:52	5G	Manage Internet Access
chambertin	192.168.	8C:C6:81	5G	Manage Internet Access

　これによれば、上段の名無しステーションが2.4 GHzを、下2段のステーションが5 GHzをそれぞれ使用していることがわかります。名前からステーションが判別できなければ、MACアドレス（2-6節）から対応付けます。

CSMA/CA －衝突はなるべく起こさない

　オリジナルのイーサネットはCSMA/CD方式、つまり誰も通信中でなければ共有ケーブルにブロードキャストを放つというやり方で目的の宛先と通信ができると説明しました（2-2節）。しかし、2-4節で紹介したスイッチングハブの登場以来、衝突は発生しなくなり、ブロードキャストも必要でなくなったとも述べました。

　無線LANでは、この旧式なCSMA/CD方式が一部復活します。なぜなら、空気を分割したりスイッチングしたりする方法はないので、メディアは根源的にマルチアクセス（MA）だからです。一部というのは、最後の衝突検出（CD）が衝突回避（CA：Collision Avoidance）に変わったからです。

　回避になったのは、空気中で発生した衝突が検出できないからです。つまり、衝突はマルチアクセスの宿命であっても、できるだけ起こさないようにしようというのが設計理念です。

　無線LANの衝突回避メカニズムを図1に模式的に示します。横軸は時間です。

図1　CSMA/CA

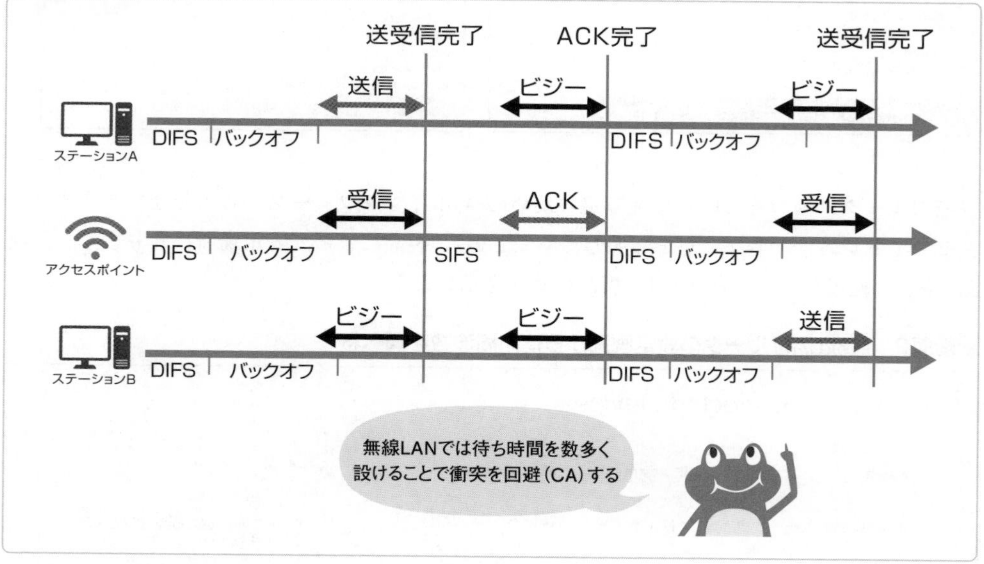

無線LANでは待ち時間を数多く設けることで衝突を回避（CA）する

　最初、すべてのステーションは待機状態にあります。この待機時間をDIFSと言います。DCF InterFrame Spaceの略で、DCF（分散型協調機能）は衝突回避方法を示す用語です。InterFrame Spaceは**フレーム間隔**という意味で、フレームとフレームの間に必ず挟まなければならないゆとりです。DIFSはどのステーションでも同じ時間です。

　DIFSに加え、各ステーションはバックオフ時間のぶんだけ待機します。このバックオフはオリジナルイーサネットと同じで、各自ランダムに設定します。そして、時間が切れたらキャリア検出をし、誰も使っていないようならフレームを送信します。図ではバックオフタイムが最も短かったステーションAがフレームを送出します。その間、キャリア波を検出した他

のステーションはビジー状態に入ります。

　受信先（図のアクセスポイント）はフレームをすべて受信したら、中身をチェックします。これは、フレームに含まれているチェックデジットから行います（フレーム構造は2-7節で説明します）。

　正しく受信できたら、SIFSだけ待ってから受領確認応答のACK（Acknowldgement）を送信します。これにより、送信元はフレームが衝突なく相手に受け取られたことを知ります。SIFSの先頭のSはShort、末尾3文字はDIFSと同じで、これはDIFSよりは短いフレーム間隔という意味です。短く取ってあるのは、ACKを他のフレームよりも先に送れるようにするための措置です。

　フレームが壊れていたら、受信先はACKを送信しません。一定時間内にACKを受け取れなかった送信元は、衝突が発生したものとしてフレームを再送します。この要領はイーサネットと同じです。

　あとは最初に戻って、DIFSの待機から再開します。

　無線LANは、多数の待機時間とACKの返信のため、伝送効率はイーサネットほど高くはありません。昨今の無線LANは802.11axのように理論値では10 Gbpsレベルの高速を誇りますが、思ったほど早く感じないのはそのせいもあります。

無線LANルータは複合機

　製品としての無線LAN装置は、たいてい「無線LANルータ」あるいは「Wi-Fiルータ」として販売されています。格好はいろいろありますが、背面にいろいろな差し込み口があるのはどれも同じです（写真1）。

▼写真1　無線LANルータ

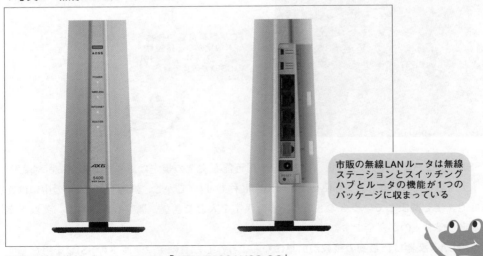

市販の無線LANルータは無線ステーションとスイッチングハブとルータの機能が1つのパッケージに収まっている

写真は株式会社バッファローの「WSR-5400AX6S-CG」

　商品名に「ルータ」が入っているのは、主機能がアクセスポイントであっても、他ネットワークと接続するためのルータ機能（5-1節）も加わっているからです。また、2-4節のスイッチングハブの機能もあり、写真では4ポートが用意されています（右側）。USBコネクタからメモリやディスクを差すことで、ネットワークドライブとしても利用できる製品もあります（写真にはない）。つまり、一般的な無線LANルータはアクセスポイント（無線装置）、ルータ（IP機器）、スイッチングハブ（イーサネット機器）、ネットワークドライブの機能も加わった複合機です。

SSID

　隣家が近ければ、複数の無線LANがオーバーラップして存在します。その中から目的のネットワークにアクセスできるよう、アクセスポイントには名前を与えます。これが**SSID**（Service Set Identifier）です。PCや携帯電話には、アクセス可能な（無線電波を感受できる）SSIDを一覧する無線LAN（あるいはWi-Fi）設定があります（画面3）。

▼**画面3　SSID一覧（Windows 10）**

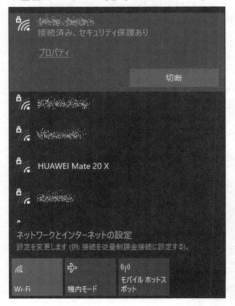

PCや携帯電話の無線LAN設定から、接続可能なアクセスポイントのSSIDが確認できる

　SSIDは32バイトで記述され、仕様上は使用可能な文字の規定はありません（0x00などのバイナリも可）。UTF-8文字も使えます（漢字名称も可）。しかし、無線LAN機器の中には使用可能文字を制限しているものもあり、また漢字を入力できない機器もあるので、英数文字に限定しておくのが安全です。

　無線LAN機器は、最初の接続が簡単になるよう、しばしばデフォルトのSSIDを用意しています。図でHUAWEIとあるのがその例です。当然、あとから変更するのはおおいによいことですが、変な名称は避けるべきです。近所の人が見ています。

2-6 MACアドレス

MACアドレスの表記

通信には、それぞれのプロトコル固有の識別子が必要です。イーサネットではこれは**MAC アドレス**です。メディアアクセス制御（Media Access Control）の略です。このアドレスはイーサネット（IEEE 802.3）、無線LAN（IEEE 802.11）、Bluetooth（IEEE 802.15.1）で共通して用いられます。

MACアドレスは48桁の2進数で表現されます。たとえば、次の0と1のビットの羅列です。

```
000000000101000001010110110000000000000000001000
```

0と1しか使えないコンピュータには都合がよいのでしょうが、これを入力してくれと言われたら、ヒトならまず間違えます。あなたと連絡を取りたいのでMACアドレスを教えてくださいと言われても、口頭ではどこで息継ぎしてよいかもわかりません。聞いた方だって、書き取るのが大変です。

そこで、ヒトが扱うときは、次に示すように8桁ずつ区切ることにしました。8桁区切りなのは、コンピュータは2進数を8つまとめ、8ビット／1バイト単位で処理するからです。

```
00000000 01010000 01010110 11000000 00000000 00001000
```

この表記はあくまでヒト用で、イーサネットに電気信号として流れるときは（2-1節の図2）、間にスペースは入りません。相変わらず連続した0と1の羅列として扱われます。

続いて、バイト単位に16進数で表現します（Windowsの電卓を用いた変換方法は付録Dを参照）。英文字部分の大文字小文字は問いません。

```
00 50 56 C0 00 08
```

区切り文字には標準文書ではハイフン-が用いられますが、コロン:もしばしば用いられます。したがって、次の2つのMACアドレスは同じホストを指しています。

```
00-50-56-C0-00-08          ←ハイフン区切り
00:50:56:C0:00:08          ←コロン区切り
```

　インターネットなど電気通信関係では、8ビットのかたまりはオクテット（octet）と呼ばれます。その昔、1バイトというビットのまとまりの定義が、7ビットだったり8ビットだったりと統一が取れていなかったので、正確を期して別の用語を用いたのです。本書ではバイト表記で統一しています。

　聞き慣れない語ですが、楽器演奏者の数を示すカルテット（4名）やクィンテット（5名）と同じ呼び方で、8名がオクテットです。クラシック音楽では八重奏曲ですが、それほど作例はありません。

● MACアドレスの付与

　MACアドレスは、ネットワークインタフェースカード（NIC）の製造時に重複がないように刻印されます。

　そういう点では製品のシリアル番号と同じですが、複数の製造業者をまたいでも同じ番号がないことを保証しなければなりません。そこで、IEEEがMACアドレスの上位24ビット（3バイト）を製造業者に割り当てます。この部分をOUI（Organizationally Unique Identifier）と言います。訳せば「組織単位で重複のない識別子」という意味で、「オー ユー アイ」と読みます。

　OUIを受け取った製造業者は残りの24ビットを製造したNICに刻印します。この部分をNIC固有（NIC Specific）と言います。

　MACアドレスの形式を図1に示します。図の下の先頭バイトの詳細はあとで説明します。

図1　MACアドレスフォーマット

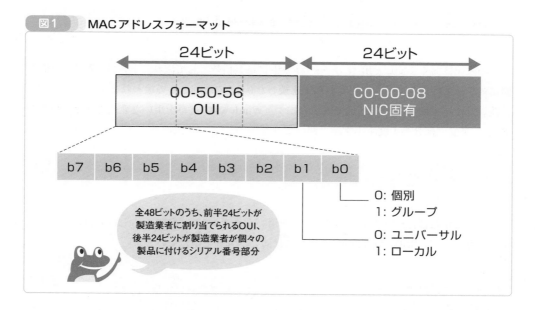

　MACアドレスは、ハードウェアという物理的な機器に焼き入れられたという意味で**物理アドレス**あるいは**ハードウェアアドレス**とも呼ばれます。

付与されているのがNICであり、PCや携帯端末のようなデバイスそのものではないというのは重要なポイントです。というのも、NICを修理交換すれば、本体もその設定も前と同じでも、MACアドレスが変わることを意味するからです。そのため、交換のタイミングでこれまで通信できていた相手と通信ができなくなります。MACアドレス変更への対処方法は第4章で説明します。

NIC単位なので、デバイスには複数のMACアドレスがあるのが昨今では通例です。たとえば、PCにイーサネットカード、Wi-Fiカード、Bluetoothチップがあれば、最低でも3つのMACアドレスがあります。SIM2枚差しの携帯電話に電話番号が2つあるのと同じ塩梅です。

MACアドレスを調べる

自機のMACアドレスはWindowsなら`ipconfig`コマンドから調べられます。`ipconfig`はデフォルトでは簡略表示モードなので、`/all`オプションを加えることでMACアドレスも表示させます。

以下に実行例を示します。ネットワークインタフェースの数だけ出力があって長くなるので、1つだけを示します。

```
C:\temp>ipconfig/all Enter
 ︙
イーサネット アダプター VMware Network Adapter VMnet8:

   接続固有の DNS サフィックス . . . . .:
   説明. . . . . . . . . . . . . . .: VMware Virtual Ethernet Adapter for VMnet8
   物理アドレス. . . . . . . . . . . .: 00-50-56-C0-00-08
   DHCP 有効 . . . . . . . . . . . .: はい
   自動構成有効. . . . . . . . . . . .: はい
   リンクローカル IPv6 アドレス. . . . .: fe80::8527:7e75:32de:71ee%12(優先)
   IPv4 アドレス . . . . . . . . . .: 192.168.239.1(優先)
   サブネット マスク . . . . . . . . .: 255.255.255.0
   リース取得. . . . . . . . . . . .: 2022年9月14日 7:45:43
   リースの有効期限. . . . . . . . . .: 2022年9月14日 20:30:42
   デフォルト ゲートウェイ . . . . . .:
   DHCP サーバー . . . . . . . . . .: 192.168.239.254
   DHCPv6 IAID . . . . . . . . . . .: 704663638
   DHCPv6 クライアント DUID. . . . . .: 00-01-00-01-26-8F-00-99-00-2B-67-B7-46-A5
   DNS サーバー. . . . . . . . . . .: fec0:0:0:ffff::1%1
                                      fec0:0:0:ffff::2%1
                                      fec0:0:0:ffff::3%1
   プライマリ WINS サーバー. . . . . .: 192.168.239.2
   NetBIOS over TCP/IP . . . . . . .: 有効
 ︙
```

「物理アドレス」とある行の値がMACアドレスです。

Unixなら`ifconfig`です。こちらもいくつか出てくるので、上記と同じアダプタ（インタフェース）だけを抜粋します。

```
$ ifconfig Enter
  ⋮
eth3: flags=4163<UP,BROADCAST,RUNNING,MULTICAST>  mtu 1500
        inet 192.168.239.1  netmask 255.255.255.0  broadcast 192.168.239.255
        inet6 fe80::8527:7e75:32de:71ee  prefixlen 64  scopeid 0xfd<compat,link,site,host>
        ether 00:50:56:c0:00:08  (Ethernet)
        RX packets 0  bytes 0 (0.0 B)
        RX errors 0  dropped 0  overruns 0  frame 0
        TX packets 0  bytes 0 (0.0 B)
        TX errors 0  dropped 0 overruns 0  carrier 0  collisions 0
  ⋮
```

上から4行目、「ether」とある行がそれです。

iPhone/iPadなら、［設定］→［一般］→［情報］から調べられます。画面1のスクリーンショットは筆者のiPhoneのもので、ここから、Wi-FiとBluetoothのどちらにもMACアドレスがあることがわかります。

▼**画面1　iPhoneのMACアドレス**

BluetoothのMACアドレス

Bluetooth（規格はIEEE 802.15.1）のデバイスも識別子にMACアドレスを利用します。蛇足ですが、Windows 10での調べ方を示します。

まず［コントロールパネル］から［デバイスとプリンター］を選択し、目的のデバイス（ここではヘッドフォンのSony WH-1000XM3）のプロパティウィンドウを開きます（画面2）。4つ目の［Bluetooth］タブを選択すると表示される、［一意の識別子］欄の見慣れた6バイトの

数字がそれです。

▼**画面2　BluetoothデバイスのMACアドレス**

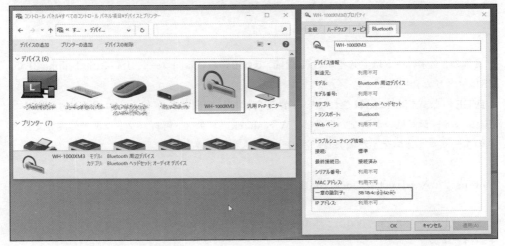

　後述の方法でOUIを調べると、38-18-4Cは確かにソニーが取得しています。

● OUIを調べる

　IEEEが割り当てたOUIがどの製造業者に割り当てられたかは、次にURLを示すIEEEのページから調べられます。

```
https://standards-oui.ieee.org/
```

　ページの先頭部分を画面3に示します。公開できる全OUIのリストなので、かなり大きなものです（今チェックしたところ約32,000エントリありました）。

▼**画面3　IEEEのOUIリスト**

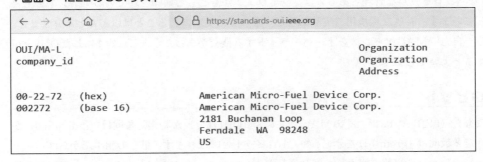

　検索機能はないので、Webブラウザの検索から目的のOUIを探します。画面2に示したiPhoneのインタフェースカードはWi-FiもBluetoothもOUIが90-8C-43で、次の通りです。

```
90-8C-43   (hex)        Apple, Inc.
908C43     (base 16)    Apple, Inc.
                        1 Infinite Loop
                        Cupertino  CA  95014
                        US
```

　最後の2文字コードはドメイン名（10-2節）でも用いられる国コード（ISO 3166-1 alpha-2）で、USはアメリカ合衆国です。

　IEEEの公式情報に記載されている製造会社は、公開許可が与えられたもののみです。IEEEのページで見つからない場合は、Wireshark（パケット解析ソフトウェアの開発元）とそのユーザコミュニティが編纂した次のサイトも利用できます。

```
https://www.wireshark.org/tools/oui-lookup.html
```

　今確認したところ約47,000エントリあったので、IEEEのそれよりも充実していると言ってよいでしょう。

U/Lビット

　MACアドレスのフォーマットに話を戻します。図1の下部に先頭1バイトのビット構成を示しましたが、その中でも下位2ビットには意味が付与されています。

　右から2番目のb1はアドレスの管理範囲を示します。ここが0であるとき、そのMACアドレスはIEEEによって世界的に管理（Universally administered）されたものであることを示します。つまり、上記の要領で製造業者に割り振られたOUIをもとにしています。1ならばそのネットワークの管理者がローカルに管理（Locally administered）しています。ユニバーサルとローカルを区別するので、これをUniversal/Local、略してU/Lビットと言います。

　U/Lビットが0なら、そのMACアドレスは世界のどこに持っていっても重複がないからグローバル（global）であるとして、このビットをG/Lビットと呼ぶこともあります。

　1なら、ローカルな管理者あるいはソフトウェアがもともと刻印されているアドレスを上書きしています。特殊な環境用（実験的など）なので、実際に見ることはほとんどありません。もし、自力でMACアドレスをオーバーライドする機会があったら、ここを1にしたOUIを用意するとよいでしょう。

I/Gビット

　最も右（LSB）のb0は、そのMACアドレス（OUI部分）が特定対象向け（individual）か不特定多数向け（group）かを示し、短くI/Gビットと呼ばれます。単一の相手だからユニキャスト（unicast）、複数の相手への同時通報だからマルチキャスト（multicast）と記述する教科書もあります。

　I/Gビットが0なら特定対象（ユニキャスト）向けです。つまり、そのアドレスはそのNIC

固有のものであり、そのNICだけがそのアドレスに宛てたパケットを受け取ることを意味します。これは、通常の通信向けです。

1なら不特定多数（マルチキャスト）向けです。不特定多数向けアドレスとは、どのNICでも条件さえ合えばそのパケットを受け取れることを意味します。同調すれば誰でも視聴ができるテレビやラジオの放送に似た用法です。

全員宛のブロードキャストアドレス

電話番号にあらかじめ定められた110番などの特殊な番号があるように、MACアドレスにも特殊アドレスが用意されています。**ブロードキャストアドレス**（broadcast address）と呼ばれるもので、これを宛先に指定したフレームは、そのフレームが到達できる範囲のすべてのホストが受信します。当然ながら、受け取ったデータをどうするかはそれぞれのホストに任せられるので、実際に何らかのアクションを起こすのは1台、多くて数台です。IPアドレスとMACアドレスの対応を調べるARP（第4章）やホスト起動時のDHCPオペレーション（9-5節）などで用いられます。

アドレスはFF-FF-FF-FF-FF-FF（48ビット全部が1）です。

ブロードキャストアドレスを刻印したNICは存在しません。ブロードキャスト通信を必要としたソフトウェアがハードウェアに刻まれたMACアドレスを無視して生成します。

ブロードキャストアドレスの最初のバイトFFは2進数で11111111です。I/Gビットが1なので、これはグループ（不特定多数）向けアドレスです。U/Lビットも1なので、これはローカルに割り当てられたものです。

MACアドレスも枯渇することはある

2進数48桁のMACアドレスは00-00-00-00-00-00からFF-FF-FF-FF-FF-FFまで、全部で2^{48}パターンを用意できます。これは280兆個くらいなので、使いつくして番号が足りなくなることはなさそうに思えます。

しかし、IEEEは、新規の通信システムはこの48ビット版のMACアドレスは避け、代わりに64ビット版を利用するようにすでに推奨しています。64ビットなら2^{64}なので1,800京個くらいです。もっとも、イーサネットは48ビット版を引き続き使用します。

48と64の区別するため、既存の前者はEUI-48、後者はEUI-64と呼ばれます。EUIはExtended Unique Identifierの略で、略せば拡張一意識別子です。

EUI-64は3-5節で取り上げるIPv6アドレスで用いられています。

2-7 フレームフォーマット

イーサネットフレーム（基本）

イーサネット（IEEE 802.3）および無線LAN（IEEE 802.11）は、若干のバリエーションはあるものの、どちらも同じフォーマットのフレームを用います。以下、これらは総称してイーサネットフレームと書きます。

イーサネットフレームは時代の変遷とともに機能が拡張されたため、微妙に異なる構成の仕様がいくつかあります。図1に示すのは最初期に設計されたもので、以下「基本フレーム」と呼びます。それぞれの枠はフィールドと呼ばれます。図中の数値はそれぞれのフィールド長をバイト単位で示しています。

図1　イーサネットフレーム構成（基本）

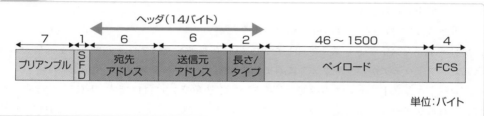

1-2節の図3で説明したように、パケットは宛先などの制御情報を収容したヘッダとデータを積み込むペイロードからなります。基本フレームのヘッダは14バイト固定、ペイロードは46〜1500バイト可変です。

ヘッダの前には、7バイトのプリアンブル（preamble）と1バイトのSFD（Start Frame Delimiter）が置かれます。ここに含まれるビットパターンは1と0の繰り返しで、最後（SFDの末尾）が11と決まっています。16進数で書けば、AA AA AA AA AA AA AA ABです。プリアンブルとSFDをまとめて8バイトのプリアンブルとして描くこともあります（DIX仕様と呼ばれるもの）。この部分はケーブルを伝搬する信号の遅延に対処するためのもので、実質的には用いられないので気にする必要はありません。実際、この部分を省いたイーサネットフレーム図も多く見かけられます。

ヘッダは6バイトずつの宛先MACアドレスフィールドと送信元MACアドレスフィールド、それと後述する2バイトの長さ／タイプフィールドからなります。

ペイロードに最大長（1500バイト）だけでなく最短長（46バイト）も定められているのは、電気信号にある程度の長さがないと衝突が検出しにくかったからです。スイッチングハブを介したイーサネットでは衝突は問題にはなりませんが、この仕様は残りました。

フレーム末尾の2バイトはFCS（Frame Check Sequence）で、プリアンブルとSFDを除いたフレームの整合性をチェックするのに用います。送信元はフレームを作成するときにそ

のデータをもとにフィールドの値を計算します。受信先は受け取ったフレームから同様に計算をし、その値がFCSフィールドに書き込まれた値と一致すれば壊れずに受信できたことを確証できます。計算方法に巡回冗長検査（Cyclic Redundancy Check）アルゴリズムが用いられているため、しばしばCRCフィールドとも呼ばれます。

　「フレーム全長」（サイズ）と言ったとき、一般にプリアンブルとSFDは含みません。これはイーサネットインタフェースカードがフレームを受信したときに、この部分を除外してから処理にまわす（要するに他からは見えない）という挙動に基づいています。したがって、この基本フレームの最小最大長はそれぞれ60、1518バイトです。

● 長さ／タイプフィールド

　2バイトの長さ／タイプフィールドは、表1に示すように値の大きさでその意味が変わります。10進数で1500（16進数で0x05ÐC）以下ならペイロードのバイト単位での長さ、1536（0x0600）以上ならペイロードに収容されているデータのプロトコル（タイプ）として解釈されます。

▼表1　イーサネット長さ／タイプフィールド

値の範囲（16進数）	意味	例
0000～05ÐC	ペイロードの長さ	0100（256バイト長）
05ÐÐ～05FF	未使用	使われません。
0600～FFFF	EtherType	0800（IPv4）

● EtherType

　長さ／タイプフィールドがタイプとしてとして読まれるとき、このフィールドの値はEtherTypeを示します。現在のイーサネットの用法では、ほとんどEtherTypeとして用いられます。

　EtherType番号とそれに対応するプロトコルの中から、一般的なものを表2に示します。

▼表2　EtherType

EtherType（16進数）	プロトコル
0800	IPv4（第3章、第5章）
0806	ARP（4-2節）
8100	Qタグ（本節）
86ÐÐ	IPv6（3-6節）

　EtherTypeはARPメッセージのプロトコルタイプフィールドでも利用されます（4-2節）。EtherTypeのリストは、次にURLを示すIANAの「IEEE 802 Numbers」から入手できます。

https://www.iana.org/assignments/ieee-802-numbers/ieee-802-numbers.xhtml

● パケットキャプチャ

　イーサネットの構成を、ネットワークを流れているフレームから確認します。これにはパケットアナライザのWiresharkを使います。用法は付録Aを参照してください。

　192.168.239.1から192.168.239.128にping（6-3節）を投げたときのパケットの様子を画面1に示します。

▼画面1　イーサネット基本フレーム例

No.	Time	Source	SrcPort	Destination	DstPort	Protocol	Length	Info
16	33.841358	192.168.239.1		192.168.239.1...		ICMP	74	Echo (ping) request
17	33.841526	192.168.239.128		192.168.239.1		ICMP	74	Echo (ping) reply
18	34.847279	192.168.239.1		192.168.239.1...		ICMP	74	Echo (ping) request
19	34.847862	192.168.239.128		192.168.239.1		ICMP	74	Echo (ping) reply
20	35.855050	192.168.239.1		192.168.239.1...		ICMP	74	Echo (ping) request
21	35.855529	192.168.239.128		192.168.239.1		ICMP	74	Echo (ping) reply

```
> Frame 20: 74 bytes on wire (592 bits), 74 bytes captured (592 bits) on interface \Device\NPF_{
v Ethernet II, Src: VMware_c0:00:08 (00:50:56:c0:00:08), Dst: VMware_1f:e3:8b (00:0c:29:1f:e3:8b)
  > Destination: VMware_1f:e3:8b (00:0c:29:1f:e3:8b)
  > Source: VMware_c0:00:08 (00:50:56:c0:00:08)
    Type: IPv4 (0x0800)
> Internet Protocol Version 4, Src: 192.168.239.1, Dst: 192.168.239.128
> Internet Control Message Protocol
```

```
0000   00 0c 29 1f e3 8b 00 50  56 c0 00 08 08 00 45 00   ··)····P V····E·
0010   00 3c 56 9b 00 00 80 01  84 52 c0 a8 ef 01 c0 a8   ·<V····· ·R·····
0020   ef 80 08 00 4d 50 00 01  00 0b 61 62 63 64 65 66   ····MP·· ··abcdef
0030   67 68 69 6a 6b 6c 6d 6e  6f 70 71 72 73 74 75 76   ghijklmn opqrstuv
0040   77 61 62 63 64 65 66 67  68 69                     wabcdefg hi
```

　パケット一覧パネルには、流れたパケットが時間順に表示されています。ここでは左列の「No.」が20のものをハイライトすることで、その詳細を見ています。

　パケット詳細パネルがパケット20番の詳細です。トップにある「Frame 20」がそのフレーム全体を示します。「74 bytes on wire」とありますが、これにはプリアンブル、SFD、FCSは含まれていません。イーサネットヘッダが14バイトなので、ペイロード長が60バイトであることがわかります。フレーム（パケット）の全バイトは、パケットバイト列パネルに16進表記で示されています（0x00から0x49まであるので全74バイトです）。

　2行目がイーサネットフレームの中身です。先頭に「Ethernet II」とありますが、これは前述の「基本フレーム」を意味します。左端の＞をクリックして∨にすると、ヘッダの宛先MACアドレス、送信元MACアドレス、長さ／タイプの各フィールドの詳細が示されます。MACアドレスの先頭が3バイトが「VMware_」と示されているのは、WiresharkがOUIを製造業者名に自動的に置き換えているからです。16進数表記はその横の括弧に示されます。長さ／タイプフィールドの値は0x0800で、これは表2からIPv4です。これも、Wiresharkが対応する名称に変換してくれます。ここから、このフレームのペイロードにはIPv4のデータグラムが乗っていることがわかります。

　以降はIPv4データグラムの中身と、そのデータグラムに収容されたIPv4 ICMPメッセージ（ping）の詳細です。これらはそのトピックを取り上げるときに説明します。

イーサネットパディング

　イーサネットペイロードの最短長は46バイトと定められているので、搭載するデータがそれに満たなければ、イーサネットソフトウェアが46バイトになるまで0で埋めます。これを**パディング**（padding）と言います。画面2のパケットキャプチャにその例を示します。

▼**画面2　イーサネットペイロードのパディング**

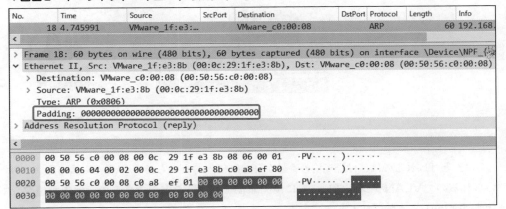

　この画面は、GARP（4-3節）を搬送するイーサネットフレームのものです。

　パケット詳細パネルの先頭行に「60 bytes on wire」とあるように、フレームは全体で60バイトです。このうちイーサネットヘッダが14バイトを占めるので、ペイロードは46バイト、つまり最小サイズです。しかし、GARPメッセージは28バイト固定長です。

　そのため、残りの18バイトが0でパディングされます。パケット詳細パネルの「Padding」の行にある18個の00（0なら36個）がそれです。パケットバイト列パネルからも00が18個あることがわかります。

　パディングを0で埋めるべきところを、不精して前のフレームのデータをそのまま使いまわすこともあります。そうしたとき、上記の0の羅列部分に前のデータが一部だけですが漏洩します。Etherleakと呼ばれる有名なセキュリティ上の不具合で、ずっと昔に修正されてはいますが、間違えやすいものか、最近でもたまに報告されます。

　パディングはNICが加えます。そのため、NICに引き渡す前のデータを参照するWiresharkでは、自機から発するフレームのパディングは表示されません。

Qタグ付きイーサネットフレーム

　基本フレームのバリエーションに、Qタグ付きフレームがあります。その名の通り、**Qタグ**と呼ばれる4バイトのフィールドが図2のように送信元アドレスフィールドと長さ／タイプフィールドの間に挟まっています。

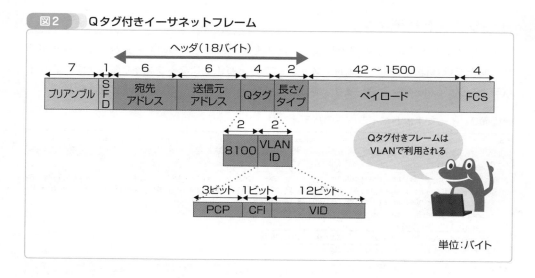

図2 Qタグ付きイーサネットフレーム

　Qタグと呼ばれるのは、付録規格の番号がIEEE 802.1Qだからです。VLAN（2-8節）で用いられるので**VLANタグ**、フレームに優先順位を付けることができるので**優先順位タグ**（priority tag）とも呼ばれます。

　Qタグの付加に伴い、ヘッダ長は14から18バイトに、最大フレームサイズは（プリアンブル、SFDを除いて）1518から1522バイトに拡張されます。その代わり、ペイロードの最小長は46から42バイトに縮小されます。最大長は変わりません。

　Qタグの先頭2バイトは必ず0x8100です。仕様ではこれをTPID（Tag Protocol Identifier）と呼んでいます。Qタグを使用しないネットワークは、この部分をEtherTypeと解釈し、その値のプロトコルはサポートしていないからと、フレームを廃棄します。

　Qタグを解釈できるネットワークは、残りの2バイトからこのフレームがどのVLANに属するかを判断します。この部分は、図中下方に示してあるように3つのフィールドに分かれます。先頭の3ビットはPCP（Priority Code Point）で、優先順位を0（最低）から7（最優先）で示します。続く1ビットはCFI（Canonical Format Indicator）で、イーサネットと他ネットワーク技術との相互運用時に用いられます。イーサネット内では常に0です。最後の12ビットがVID（VLAN Identifier）で、VLANの番号です。VLANの識別子（ID）なので、しばしば**VLAN ID**と呼ばれます。0から2^{12}-1までの値を取れるので、全部で4,094個ぶんです。このうち、いくつかにはあらかじめ機能が割り振られています（表3）。

▼表3　予約済みVLAN ID

VLAN ID	意味
0	どのVLANにも属していない（Qタグは優先順位付けだけに用いる）。
1	予約はされていないが、慣習的に管理用に使う。
4093	予約済み。

ジャンボフレーム

　イーサネットフレームのペイロードサイズは最大で1500バイトです。用途によっては、これよりも大きなペイロードを搬送できたほうが効率がよいからと、最大で9000バイト前後までペイロードを増やせるイーサネットフレームも出てきました。これらを総称して**ジャンボフレーム**（Jumbo frame）と言います。

　ペイロードサイズを大きくすれば、データの分割回数を減らせます。図3のように、9000バイトのデータを送信したいとき、ソフトウェアはデータを1500バイトずつ、6個のフレームに分割しなければなりません。これらフレームにはプリアンブルなども含めてそれぞれ24バイト（前に22、末尾に4）が加わります。そのため、9000バイトを送るのにトータルで9156バイトぶんだけネットワークを占有します。これに対し、9000バイトまでのジャンボフレームなら、9026バイトで済みます。

図3　ジャンボフレーム

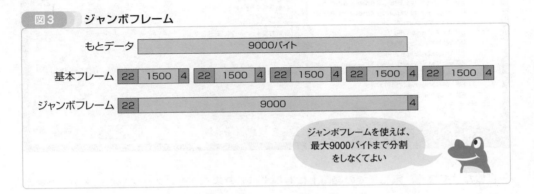

　ジャンボフレームは標準規格化されていないため、ベンダー依存性が高い機能です。そのため、相互運用性の懸念から、それほどは普及していません。

　それでも、最近のイーサネットインタフェースならば設定すれば使えるようになっています。画面3に示すのはWindows 10の［デバイスマネージャ］のスクリーンショットです。［ネットワークアダプタ］からイーサネットカード（ここではRealtek社製のギガビットイーサネットコントローラ）を選択し、［プロパティ］の［詳細設定］タブにある［ジャンボフレーム］プロパティからその設定を見ることができます。フレームサイズの選択肢には、無効（通常のフレーム）、4088バイト、9014バイトがあります。

▼**画面3　ジャンボフレーム設定**

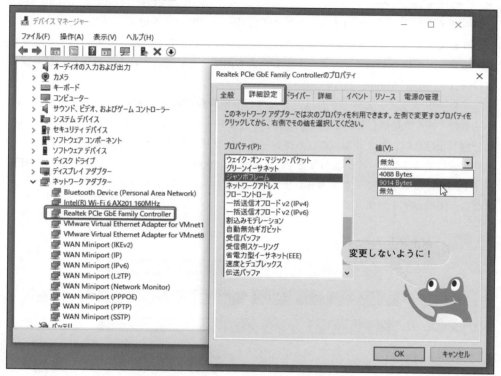

　自機だけでなく、宛先までの経路上にあるすべてのスイッチングハブやルータがジャンボ
フレーム対応になっていないと、ジャンボフレームは使えません。未対応機はジャンボフレー
ムを廃棄します。したがって、不用意に設定を変えるとインターネットへの接続が途絶します。
参考までに示しただけなので、変更はしないでください。

無線LANフレーム

　無線LANのフレームも、図4に示すようにプリアンブル、ヘッダ、ペイロード、FCSから
なり、そういう意味では基本構造はイーサネットと変わりません。

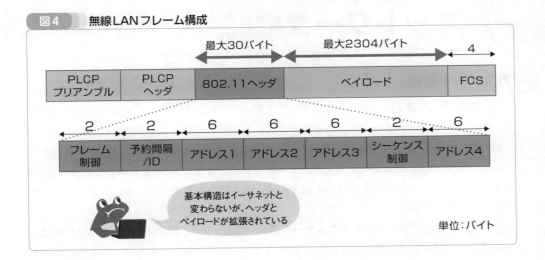

図4　無線LANフレーム構成

先頭にPLCPプリアンブルとPLCPヘッダがありますが、イーサネットのプリアンブル同様、これらフィールドはフレームにはカウントされないので、説明は省きます（PCLPはPhysical Layer Convergence Protocolの略です）。

無線LANのヘッダは3つの制御用フィールドと4つのMACアドレスフィールドで構成されています。制御用フィールドはフレームの種類などを記述する**フレーム制御**（Frame Control）、フレーム送受の予約時間に関わる**予約間隔/ID**（Duration/ID）、フレームのシーケンス番号を管理する**シーケンス制御**（Sequence Control）がありますが、無線LANの細かい動作に関わるものなので、これらも説明は割愛します。

アドレスフィールドが4つあるのは、送信元ステーションと宛先ステーションに加え、通過するアクセスポイントのMACアドレスも必要だからです。MACアドレスフィールドの4番目はアクセスポイント同士の通信が入るときのためのものなので、あまり使われません。

2-8 イーサネット ネットワーク構成

カスケード接続

　本章最後のこの節では、スイッチングハブを用いたローカルネットワークの構成を説明します。

　1台のスイッチングハブが収容できるホストの数はそのポート数に限られます。それ以上となると、電源のタコ足配線同様、スイッチングハブ同士を接続して、差し込み口を増やします。ツイストペアケーブルの最大長は100 mなので、それ以上の距離なら、やはり間にスイッチングハブを挟みます。

　スイッチングハブ同士の接続を**カスケード接続**（cascaded）と言います。連続した多段型の滝を指す語で、ここからスイッチ類を数珠つなぎに連結することを意味するようになりました。2-4節で述べたように、以前は信号特性の制約から段数が限られていましたが、昨今ではストア・アンド・フォーワードのおかげで段数制限がなくなりました。

　しかし、スイッチングハブを無計画に接続すると、管理やトラブルシューティングが困難になります。また、多くのフレームが集中するような混雑スポット（ボトルネック）ができると、ネットワーク全体の性能も劣化します。そこで、ネットワークを設計するときは図1のように階層的な構造にするのがよいとされています。

図1　ネットワーク構成

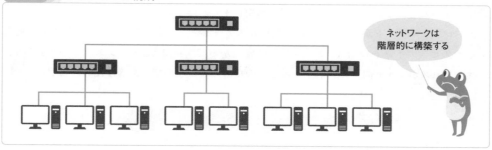

ネットワークは
階層的に構築する

　水平方向同士には接続せず、縦方向に接続していくのがポイントです。当然、フレームは要となるトップレベルのスイッチに集中するので、そこには高機能なものを用意します。

　少し前まで、IEEEのブリッジ規格書である802.1Dにはカスケードは7段まで（任意のホスト間の経路に挟まるスイッチングハブが7台まで）とされていましたが、今では、その文面は削除されています。しかし、経路が短い方が到達時間も短くなるのは自明の理であるので、適切な数にまでカスケードを抑えるように設計するのは重要です。

経路循環とスパニングツリー

　階層的なネットワーク構成には、トップレベルのスイッチングハブが故障すると、全体の通信が滞ってしまうという問題があります。そこでトップレベルには2台を置き、そこからも中段のスイッチと接続するなどして、故障時の迂回路をあらかじめ用意しておきます。これで、トップレベルの1台が故障してもネットワークは途絶しません。

　その代わり、フレームが同じところをぐるぐるまわってしまう循環経路（ループ）が形成されるという問題も発生します。図2では、スイッチA発したフレームが、スイッチCに送られたのはよいとして、そこからDを経由してまたAに戻ってきています。AはもちろんCに向けて再び送るので、迷子になったこのフレームは目的の宛先にたどり着けません。

図2　循環経路

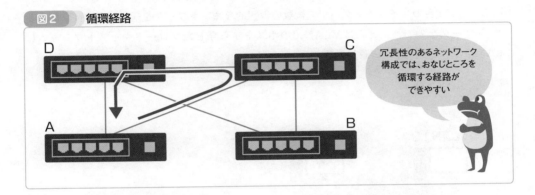

冗長性のあるネットワーク構成では、おなじところを循環する経路ができやすい

　しかし、心配には及びません。スイッチングハブには通常、**スパニングツリープロトコル**（Spanning Tree Protocol）と呼ばれる循環経路の検出と遮断を行うメカニズムが備わっているからです。また、経路に変更があった（たとえばスイッチが故障した）ときには遮断していた経路を開くこともします。

ブロードキャストドメイン

　スイッチングハブを何台つなげても、それ全体が、接続しているホストが互いにイーサネットフレームを送受できる1つのネットワークです。このため、1台がブロードキャストフレーム（宛先がFF-FF-FF-FF-FF-FF）を送出すれば、スイッチングハブを通り抜けてすべてのホストにこれが伝わります。このように、ブロードキャストフレームの伝搬する範囲を**ブロードキャストドメイン**（broadcast domain）と言います（ドメインは「領域」の意味）。

　ネットワークが小さければ、ブロードキャストはそれほど問題ではありません（イーサネットはもともとブロードキャストありきで設計されたことを思い出してください）。しかし、数千台が接続したネットワークで、各ホストがたとえば1分に1度ブロードキャストを送信すると（4-3節で説明するGARPなどはかなり頻繁に発信されます）、ミリ秒単位ですべてのホストが（大半には不要な）ブロードキャストフレームを受け取ることになります。これは、ネットワークだけでなく、それぞれのホストの通信性能が劣化する原因となります。

　ブロードキャストフレームの影響を抑えるには、ブロードキャストドメインを小さくします。これには、ネットワークを複数に分け、それぞれをルータ（5-1節）で接続します（つまり、小さいながらもインターネットを形成するわけです）。ルータはブロードキャストフレームを他ネットワークへは転送しないので、他への影響を抑えられます。

VLAN

　ブロードキャストフレームの伝搬範囲を小さくするには、VLANも有効です。仮想（virtual）LANの略で、本来は1つのネットワーク（LAN）を仮想的に複数に分ける技術です。

　VLANを構成するには、2-7節で説明したQタグ付きイーサネットフレームを使います。スイッチングハブは同じVLAN IDを持ったホストのみが同じLANのメンバーとみなすので、図3のように1台のスイッチングハブで複数の仮想的なネットワークを構成できます。異なるネットワークなので、たとえばVLAN10のホストから発したブロードキャストフレームはVLAN20のメンバーには伝搬しません。

図3　　**VLAN**

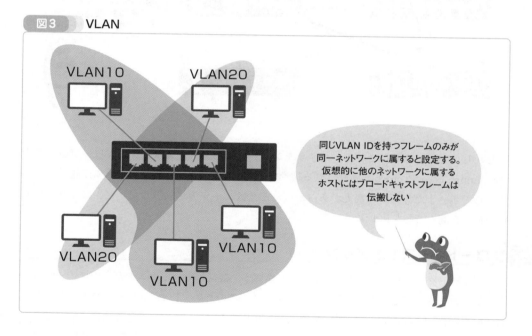

VLAN10 VLAN20

同じVLAN IDを持つフレームのみが同一ネットワークに属すると設定する。仮想的に他のネットワークに属するホストにはブロードキャストフレームは伝搬しない

VLAN20 VLAN10 VLAN10

　VLANはブロードキャストドメインのサイズを調整するだけでなく、ネットワークトラフィックの管理にも有効です。たとえば、同じスイッチングハブに接続されていても、部署単位のネットワークに分けることができます。

　本章では、インターネットの基盤を構成するネットワーク技術であるイーサネットを説明しました。重要な点は次の通りです。

ポイント

- ・イーサネット（IEEE 802.3）は1つのネットワークを構成する通信技術です。
- ・オリジナルのイーサネットは「共有ケーブルにフレームを送る前に誰も使っていないか確認せよ。衝突したら、その旨周知してから再送せよ」方式で通信を行います。これをCSMA/CD方式と言います。ただし、昨今のスイッチングハブ構成では直接的にはこの方法は使いません。
- ・イーサネットフレームが搭載できるペイロードサイズは最大で1500バイトです。このことは、5-4節で説明するIPのフラグメント化と絡んできます。
- ・イーサネットで用いるアドレスをMACアドレスといい、48ビット固定長です。読み書きするときは、00-50-56-C0-00-08のようにバイト単位の16進数で表現します。
- ・イーサネットのブロードキャストアドレスはFF-FF-FF-FF-FF-FFです。ブロードキャストはローカルネットワークにしか伝搬しません。
- ・無線LAN（IEEE 802.11）もMACアドレスを使い、似たようなフレーム構成を持ち、CSMA/CA方式で通信をするという点では、イーサネットと基本的には同じです。

第 3 章

IPアドレス

. . . .

　通信では、相手を特定する識別子（番号）が必要です。識別子には、ネットワークに属する相手ならどこにいようと誤りなく識別できる能力がなければなりません。インターネットでは、これはIPアドレスです。

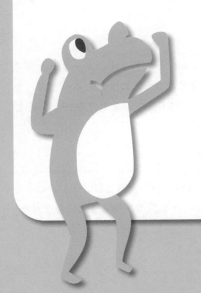

3-1 IPアドレスの構造

IPアドレスの設計

　IPアドレス（IP address）は、個々のホストに付与された識別子です。音声通話なら電話番号、郵便なら住所氏名に相当するもので、通信をしたい相手を誤りなく特定できるように設計されています。同じ電話番号があったら誰につながるかわかりませんし、郵便物は見当違いの人に配達されてしまうからです。

　そんなこと当たり前じゃないかと思われるかも知れませんが、無数の番号をミスなしで重複なく割り振るのは意外と難しいことです。

　識別子にはターゲットの所在がわかる構造も必要です。電話番号がランダムに割り振られたら、電話局はどこに呼び出しを周旋してよいかわかりません。先頭が03なら東京、06なら大阪のように宛先の方角がわかるからこそ、電話は効率よく相手に届くのです。

　IPアドレスにも、通信用識別子に必要な重複のなさと所在の特定という機能が含まれています。本章では、番号としてのIPアドレスを説明します。第2章のMACアドレスとIPアドレスの関係は第4章で、IPアドレスを用いた通信メカニズムは第5章でそれぞれ説明します。

　IPアドレスはIP（インターネット層プロトコルのInternet Protocol）の一部なので、基幹部分はIPの仕様であるRFC 791で規定されています。IPv6はいろいろなRFCに散らばっていますが、1つだけ挙げろというなら、RFC 4291がよいでしょう。

IPアドレスは32ビット

　IPアドレスは32桁の2進数で表現されます。たとえば、次の0と1の羅列です。

```
11000000101010001000100100010100
```

　MACアドレス（2-6節）の48ビットに比べると短いですが、その昔、インターネットを考案した人が2^{32}、つまり約43億個もあれば世界中のホストをまかなうのに十分だろうと考えたからです（当時の世界人口は45億人）。そうでなかったことは3-5節で取り上げるIPv6、そして第9章のプライベートアドレスとNATのところで触れます。

ヒトのためのドット10進表記

　MACアドレス同様、0と1しか使えないコンピュータには都合がよいのでしょうが、ヒトならまず間違えます。そこで、これもMACアドレス同様、バイト単位で区切ることにしました。区切り文字にはドット.を使います。

```
11000000.10101000.10001001.00010100
```

各バイトは10進数に直します。上記の先頭バイトの11000000は192です（付録Dの要領で
［電卓］アプリを使います）。これで、上記の32ビットは次のように書けます。

192.168.137.20

IPアドレスのこの表現形式を**ドット10進表記**（dotted decimal notation）と言います。

ネットワーク部とホスト部

IPアドレスは2部構成で、前半が**ネットワーク部**（network part）、後半が**ホスト部**（host
part）です。2部構成なのは、電話番号を市外局番と加入者番号に分けるのと同じ理由で、番
号から所属するネットワーク（地域）を識別するためです。

たとえば、図1に示すようにIPアドレス11000000 10101000 10001001 00010100を前から
24ビット目で区切れば、ネットワーク部は11000000 10101000 10001001で、ここからインター
ネットに属する特定のネットワークを指し示せます。ホスト部は00010100で、これはそのネッ
トワーク上の特定のホストの識別子です。

図1 **ネットワーク部とホスト部**

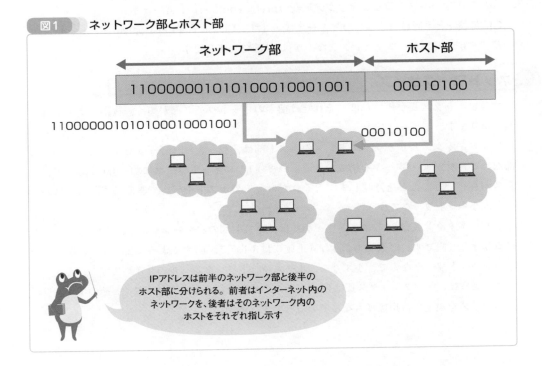

重要なポイントが2つあります。

1つは、IPアドレスは本来的には2進数で表現されるので、分けるときも2進数で考える必
要があるという点です。これでは、読み書きするうえで面倒なので、前半部分は3-2節で説明
するネットワークアドレスとして記述します。

もう1つは、IPアドレスはいつでも32ビットで参照されるところです。電話番号だと、同じ市外局番内なら市外局番を外して6264-3093のように発呼できますが、IPアドレスでは宛先が同一ネットワーク内であろうとなかろうと32ビットがフルに用いられます。下の数桁だけを使うことはありません。

区切り位置を示すプレフィックス表記

ネットワーク部の長さは24ビットのものもあれば、8ビットのものもあるといったように、ネットワークに応じて異なります。そのため、IPアドレスには区切り位置を示す補助情報が必要です。このネットワーク部の長さを**プレフィックス長**（prefix length）と言います。ネットワーク部のことを**プレフィックス**とも呼ぶからです。

プレフィックス長は、IPアドレスの末尾にスラッシュ/を挟んで10進数で示します。たとえば、プレフィックス長が24ビットのときは次のように書きます。

```
192.168.137.20/24
```

これをIPアドレスの**プレフィックス表記**（prefix notation）と言います。

CIDR表記とも呼ばれます。**サイダー**と読みます。Classless Inter-Domain Representation の略ですが、どこが「クラスレス」なのかは3-3節で説明します。

ネットワークサイズ

プレフィックス長が短ければ、それだけ前半のネットワーク部が短く、後半のホスト部が長くなります。

プレフィックス長が8のIPアドレスのホスト部は、32 − 8 = 24ビットです。これはホスト部だけで合計2^{24}のパターンを構成できる、つまり1つのネットワークに約1,700万個のIPアドレスが存在できることを意味します。それだけ多くのホストを収容できるので、これはかなり大きなネットワークです。

プレフィックス長が24のネットワークでは、ホスト部のパターン数は2^8で、IPアドレス数に直すと256個です。最大でも256台（正確には3-4節で説明するように254台）しか収容できないネットワークなので、小ぶりな、ホームネットワークレベルのサイズです。

このように、プレフィックス長はIPアドレスの分割位置を示すだけでなく、そのネットワークのサイズを規定する指標にもなっているのです（図2）。

図2 プレフィックス長とネットワークサイズ

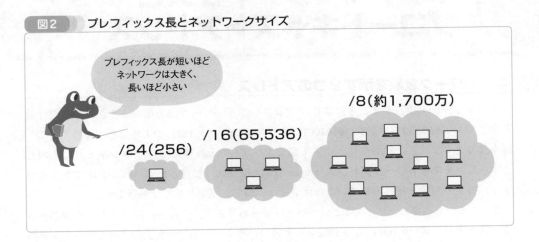

サイズだけを話題にするときは、しばしばプレフィックス長だけが言及されます。たとえば、192.168.137.20/24の属するネットワークは「/24ネットワーク」、10.11.12.1/8は「/8ネットワーク」などです。大きさをA、B、Cの順に分類して「クラス A」のように呼ぶことも多いですが、これについては3-3節で説明します。

プレフィックス長が可変な背景は電話番号と同じです。人口の多い大都会では、1つの局に収容しなければならない加入者数も多いので、市外局番を短くします。東京03や大阪06などは10桁の固定電話番号の残り8桁が使えるので10^8、つまり1億個の番号を提供できます。長めの市外局番の0422は残り6桁なので100万個です。

3-2 ネットワークアドレスと ブロードキャストアドレス

ネットワーク全般を示す２つのアドレス

ネットワークを指し示すときにはIPアドレスのネットワーク部を用いますが、そこだけ取り出して11000000 10101000 10001001（あるいは192.168.137）のような形で参照することはあまりありません。代わりに、ホスト部をすべて0で入れ替えたIPアドレスとして表現します。これを**ネットワークアドレス**（network address）と言います。形こそIPアドレスですが、特定の対象を指し示しているわけではないので、宛先としては無効です。

すべて0があるなら、すべて1というパターンもあります。こちらのIPアドレスを**ブロードキャストアドレス**（broadcast address）と言い、そのネットワーク上のすべてのホストを指し示します。こちらは宛先として利用でき、指定されるとそのネットワークのすべてのホストにデータグラムが配送されます。

これら2つのIPアドレスと対照するとき、ホストを指し示す一般のIPアドレスを「ホストアドレス」と呼ぶこともあります。これら3種類のアドレスを図1にまとめて示します。

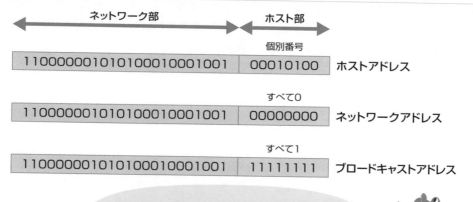

図1　ネットワークアドレスとブロードキャストアドレス

ネットワークアドレスの求め方

ホストアドレスとそのプレフィックス表記からネットワークアドレスあるいはブロードキャストアドレスを導くには、次のステップを踏みます（以下、ホスト部を埋める値が0と1という以外は手順は同じなので、ネットワークアドレスを主体に説明します）。

- ホストアドレスを2進数に戻す。
- プレフィックス長に基づき、ネットワーク部とホスト部に分割する。
- ホスト部をすべて0に置き換える（ブロードキャストアドレスなら1）。
- ドット10進表記に戻し、プレフィックス長を加える。

IPアドレス192.168.137.20/24からネットワークアドレス192.168.137.0/24を得る様子を、図2に示します。

図2 プレフィックス長からネットワークアドレスを導く（ビット単位）

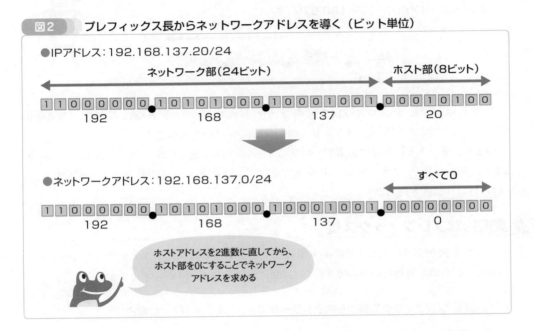

ネットワークアドレスもIPアドレスなので、どこで区切ってよいかを示すプレフィックス長は必要です。ただし、ホストアドレスと違って、192.168.137/24のようにホスト部の0を省いて書くこともあります。この略記法はアドレスの割り当てブロック（3-6節）を記述するときに用いられます。

プレフィックス長がバイト単位の場合

10進数を4回も2進数に変換して、再び10進数に直すのは手間です。幸いなことに、プレフィックス長が/8、/16、/24のようにドット10進表記のドット位置と一致してれば、図3のようにバイト単位で計算できます。

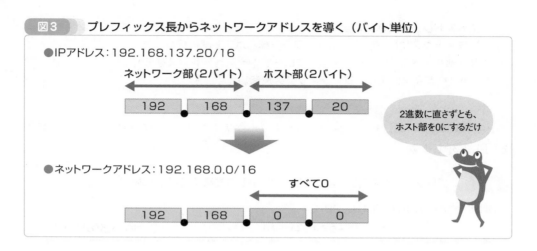

図3 プレフィックス長からネットワークアドレスを導く（バイト単位）

たとえば、192.168.137.20/16ならちょうど真ん中のドットを境に右がすべて0なので、.137.20のホスト部が.0.0となり、192.168.0.0/16が得られます。

つまり、ドットと区切りの位置が一致するa.b.c.d/24はa.b.c.0/24、a.b.c.d/16はa.b.0.0/16、a.b.c.d/8はa.0.0.0/8です。ブロードキャストアドレスのときは、10進ドット表記の0を255（11111111）に置き換えます。

変則的なプレフィックス長

簡単な方法があるのに2進数に戻す煩雑な手順があるのは、プレフィックス長が0から32の間ならどこでも構わないからです。192.168.137.20/18を図4から考えます。

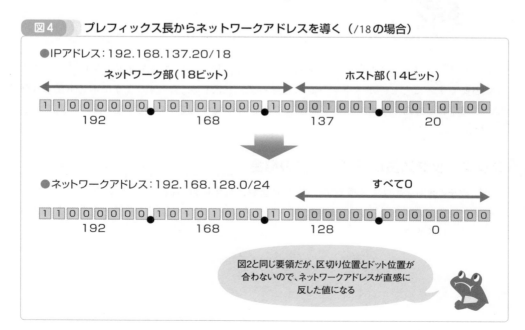

図4 プレフィックス長からネットワークアドレスを導く（/18の場合）

/18は/16と/24の間、つまり3バイト目のどこかの区切り位置です。10進数の137を間で分けるわけにもいかないので、やはり2進数に立ち戻らなければなりません。幸いなことに、これ以外のバイトは左はそのまま、右はすべて0なので、進数変換が必要なのは3バイト目だけです。つまり、192.168.X.0/18のXだけに着目します。

上図ではXは137で、これは2進数に直すと10001001です。/18は前から2ビット目の直後なので、これは10 001001に分けられます。ネットワークアドレスは区切り位置以降が0なので、これは10 000000です。10進数に直せば128なので、ネットワークアドレスは192.168.128.0/18です。

137と128ではわかりませんが、これでも先頭2ビットが両者で一致します。コンピュータ本来の2進数をヒト用の10進数にしたときに、見栄えが予想と反するだけなのです。

サブネットマスク―プレフィックス長の別表現

バイト単位ではないプレフィックス長からネットワークアドレスを求めるたびに、図4のように2進数の図を描くのは面倒です。そこで、**サブネットマスク**（subnet mask）というプレフィックス長の別表現を使います。

サブネットマスクはプレフィックス長のぶんだけ1を並べ、残りを0にした32ビットの羅列です。そして、これもIPアドレス同様、ドット10進表記に直します。

例を図5に示します。/24なら1が24個連続して続き、末尾に0が8個加わります。バイト単位なので、これは簡単に255.255.255.0とわかります（図5の上図）。ややこしいのは下図の/18で、先頭の16個の1と末尾の8個の0はよいとして、3バイト目は2個の1と6個の0なので11000000です。これは電卓の力を借りると、192です。なので、/18のサブネットマスクは255.255.192.0です。プレフィックス長がバイト単位でないときは、ネットワークアドレスがそうであったように、サブネットマスクも直感に反した値になります。

図5　サブネットマスク

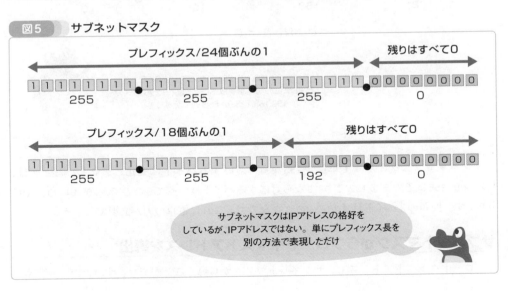

サブネットマスクは格好こそIPアドレスに似ていますが、IPアドレスではありません。プレフィックス長を別の方法で表現しただけで、情報的には等価です。そのため、192.168.137.20/24と書くところを、192.168.137.20/255.255.255.0と書くこともあります。

● サブネットマスクからネットワークアドレスを導出

プレフィックス長という簡潔な表記方法があるのに、サブネットマスクなどという別表現を用意したのは、単純計算でネットワークアドレスが求められるからです。

具体的には、IPアドレスとサブネットマスクの間で互いに同じ位置にあるビット同士の論理積（AND）演算を取ることで、ネットワークアドレスが求められます。図6に192.168.137.20/18からその様子を示します。図中、ハイライトしてある15番目の列は、IPアドレス側が0、サブネットマスク側が1なので、論理積を取ると0となります。論理積の要領と［電卓］アプリでの計算方法は、付録Dを参照してください。

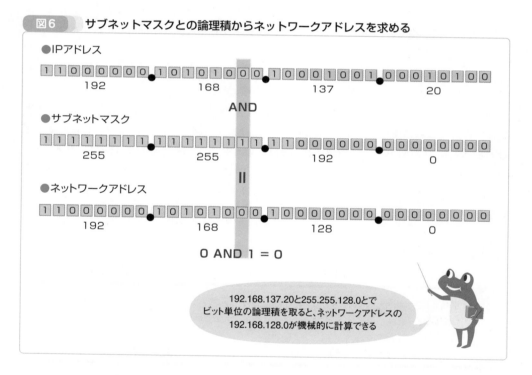

図6　サブネットマスクとの論理積からネットワークアドレスを求める

●IPアドレス

192　168　137　20

AND

●サブネットマスク

255　255　192　0

＝

●ネットワークアドレス

192　168　128　0

0 AND 1 = 0

192.168.137.20と255.255.128.0とで
ビット単位の論理積を取ると、ネットワークアドレスの
192.168.128.0が機械的に計算できる

サブネットマスクのバイト単位が255なら、対応するバイトは変化しません。たとえば、192 AND 255はそのまま192です。0なら対応するバイトはすべて0なので、20 AND 0はやはり0です。問題の3バイト目は137 AND 192なので、これは電卓の力が必要でしょう。

● サブネットマスクからブロードキャストアドレスを導出

ブロードキャストアドレスも、サブネットマスクから導くことができます。ただ、サブネッ

トマスクを反転するという操作が入り、それとIPアドレスとの間で論理和（OR）を取るところがネットワークアドレスと異なります。図7に197.168.137.20/18からブロードキャストアドレスを生成する例を示します。

| 図7 | サブネットマスクの反転（NOT）との論理和からブロードキャストアドレスを求める |

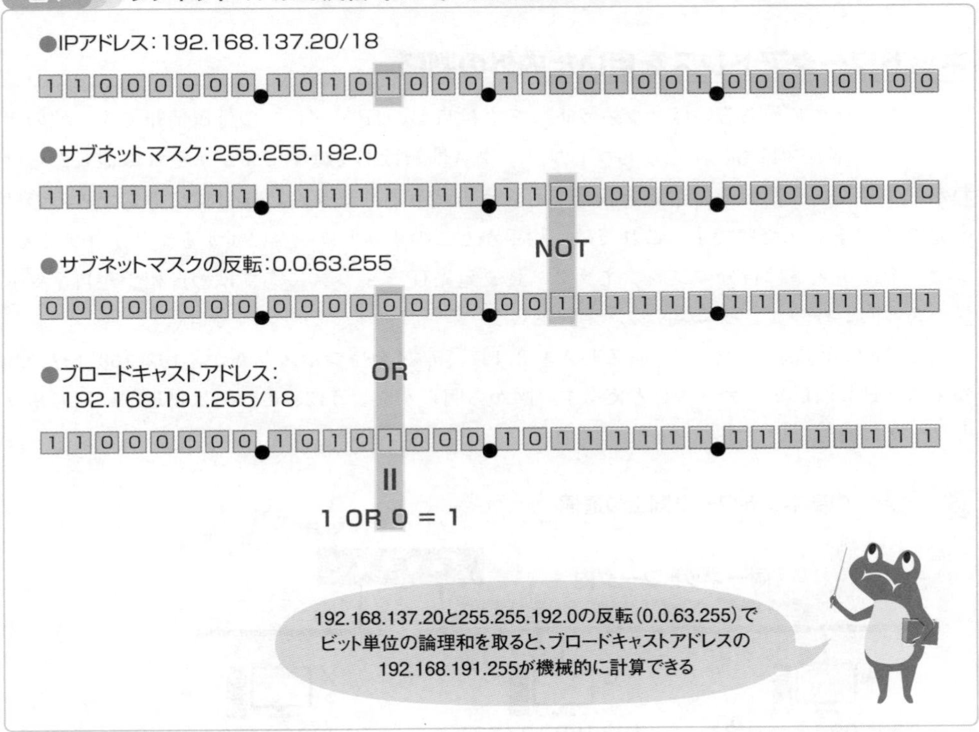

●IPアドレス：192.168.137.20/18

●サブネットマスク：255.255.192.0

NOT

●サブネットマスクの反転：0.0.63.255

OR

●ブロードキャストアドレス：
192.168.191.255/18

‖

1 OR 0 = 1

192.168.137.20と255.255.192.0の反転（0.0.63.255）でビット単位の論理和を取ると、ブロードキャストアドレスの192.168.191.255が機械的に計算できる

サブネットマスクの反転は論理反転（NOT）なので、単純に0を1、1を0と入れ替えるだけです。あとは、ビット単位でIPアドレスと反転サブネットマスクの間でORを取ります。計算の要領は付録Dを参照してください。

ブロードキャストアドレスはネットワークの運用に使用されるもので、ユーザが直接利用することはほとんどありません。また、受信側も受け取りはしますが、たいていは無視します。

利用可能なIPアドレス数

ここまで説明してきたように、ネットワークで利用できるIPアドレスの数はプレフィックス長から決まります。しかし、すべての可能なパターンをホストに付与することはできません。ホスト部がすべて0のIPアドレスはネットワークアドレスに、すべて1はブロードキャストアドレスに用いられるので、実際に利用可能な数は上記から2を引いたものとなります。

192.168.137.0/24ネットワークのアドレスの使途と数を例として表1に示します。

▼**表1**　192.168.137.0/24ネットワークのIPアドレス使用状況

IPアドレス	用途	個数
192.168.137.0	ネットワークアドレス	1
192.168.137.1〜254	ホストのアドレス	254 (2^8-2)
192.168.137.255	ブロードキャストアドレス	1
合計		256 (2^8)

● ネットワークアドレスを用いた内外の判断

　プレフィックス長あるいはサブネットマスクは自機のIPアドレスの付属情報です。他のホストのIPアドレスにも当然ながらプレフィックス情報はあるはずですが、それは他者からはわかりません。また、その情報を教えてもらう方法もありません。通信時に指定できるのは宛先のIPアドレスだけです。これでは、相手がどこのネットワークに属するかわかりません。

　そこで、ホストは自分のプレフィックス長を宛先IPアドレスにあてはめ、相手が自ネットワークの内と外のどちらに属するかを判定します。

　例を図8に示します。IPアドレス192.168.137.10/24を持つホストAが、192.168.137.235のホストBと通信するケースを考えます。図から明らかなように、これらは物理的に同じネットワークに属しています。

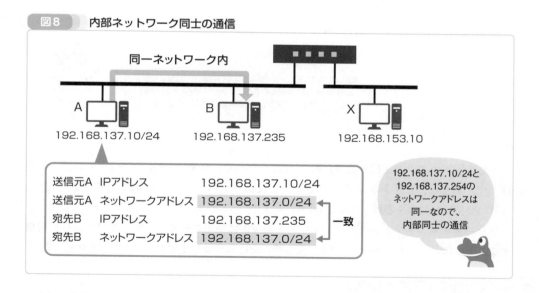

図8　内部ネットワーク同士の通信

　ホストAは自機のIPアドレスとプレフィックス長から、自分がネットワーク192.168.137.0/24に属することを知っています。しかし、宛先のホストBについては（ユーザが入力したなどから）IPアドレスは知っていますが、そのプレフィックスは知りません。そこで、ホストAは宛先IPに自分のプレフィックス長をあてはめ、192.168.137.235/24であるとし、そのネットワークアドレスが192.168.137.0/24であると推測します。

　これは別段悪い推測でもありません。同じネットワークに属しているのなら、相手も同じ

プレフィックスを持っているはずだからです。この場合、送信元と宛先のネットワークアドレスは一致するので、ホストAはホストBと内部ネットワークを介して直接イーサネットフレームを送信します。

　今度は、ホストAが192.168.153.10/16のホストXと通信するケースを考えます。図9に示したように、これらは物理的に異なるネットワークに属しています。

図9 外部ネットワークとの通信

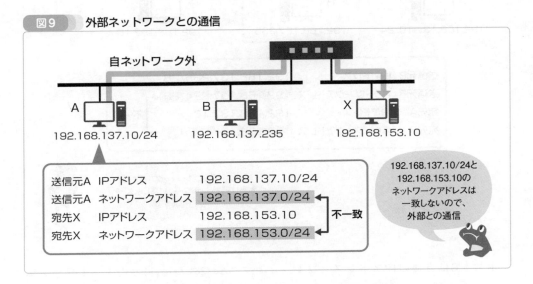

　ホストAが自分のプレフィックス/24を宛先IPアドレスにあてはめると、今度は、得られた宛先ネットワークアドレス192.168.153.0/24が自分のものと一致しません。そこで、宛先は外部ネットワークに属しているとして、外部との通信を扱うルータにパケットの周旋を依頼します（ルータの機能は5-1節で説明します。ここでは、郵便局のように適切な方向にパケットを周旋するネットワーク間接続の装置とだけ思ってください）。

長いプレフィックス長

　設定ミスにより生じる、本来のネットワークと合致しないプレフィックス長がどのように扱われるかを考えます。

　次に示す図10では、ホストBがホストAに返事をしていますが、ホストBはプレフィックス長を本来の/24よりも長い/28だと誤って記憶しています。プレフィックス長が長いということは、本来よりも小さいネットワークを想定しているということで、本来なら同一ネットワークに属するホストを外部と判断することを意味します（図中の枠線）。

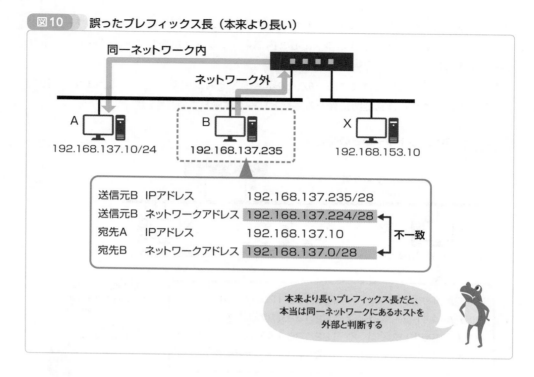

図10 誤ったプレフィックス長（本来より長い）

ホストBは自機のIPアドレスとプレフィックス長/28から、自分のネットワークは192.168.137.224/28だと思っています。そして、/28を宛先Aの192.168.137.10にあてはめ、そのネットワークアドレス192.168.137.0/28から宛先が自ネットワーク外だと判断します。したがって、ホストBは図9と同じように、ルータにパケットの周旋を依頼します。しかし、ルータは宛先Aは同一ネットワークだということを知っているので、パケットをホストAに転送します。

つまり、ホストBが誤って本来よりも長いプレフィックス長を設定していても、ルータが賢ければ、通信は成立します。しかし、直接行けるところをわざわざ迂路をたどり、しかもルータを余計にわずらわせるという点では、通信効率は低下します。

短いプレフィックス長

今度は、図11から本来より短いプレフィックス長を考えます。ホストAからパケットを受け取ったホストXが返事をしますが、ホストXはプレフィックス長を本来の/24よりも短い/20だと誤って記憶しています。プレフィックス長が短いということは、本来よりも大きいネットワークを想定しているということです（図中の枠線）。

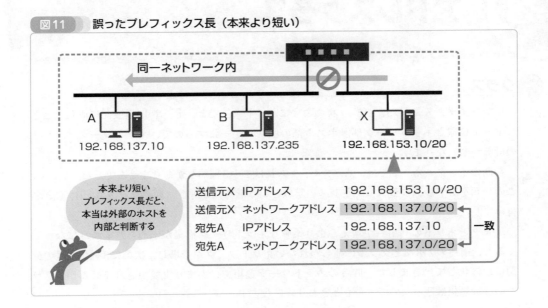

図11 誤ったプレフィックス長（本来より短い）

ホストXは自機のIPアドレスとプレフィックス長/20から、自分のネットワークは192.168.137.0/20だと思っています。そして、/20を宛先Aの192.168.137.10にあてはめ、そのネットワークアドレス192.168.137.0/20から宛先が同一ネットワークと判断します。したがって、ホストXは図8のように、フレームをルータに頼らずに宛先に直接配送しようとします。しかし、相手には届きません（他のネットワークですから）。したがって、この通信は失敗します。

プレフィックス長が長めなら動作し、短めだと失敗するからと、わからなければ長くすればよいわけではありません。プレフィックス長は誤りなく設定してください。

3-3 アドレスクラス

クラス

　プレフィックス長が/8、/16、/24のようにバイト単位だと、ドット10進表記に直したときにドット位置とネットワーク部／ホスト部の区切りが一致するので、ネットワークアドレスの計算が楽になります。

　初期のインターネットでは、プレフィックス長はこの3種類しかありませんでした。そして、この分類を**アドレスクラス**（アドレスの階級という意味）と呼び、順にクラスA、B、Cと名付けました。

　インターネットの利用者が増え、より柔軟なネットワーク構築が求められるようになってくると、前述の/18などクラスに捕らわれないネットワークが登場し、次第に3種類だけの分類は形骸化していきました。昨今のネットワーク運用ではあまり重要視されませんが、クラスの設計思想は残ったので、今もときおり耳にします。

クラスの識別

　「/8ならクラスA」、「/24ならクラスB」といったIPアドレスの分類は、プレフィックス長に応じて名称を与えただけではありません。アドレスクラスはIPアドレスの設計と深くかかわっています。

　まず、クラスはIPアドレスそのものから分類されます。具体的には、図1のように先頭の数ビットから決まります。

図1　アドレスクラス

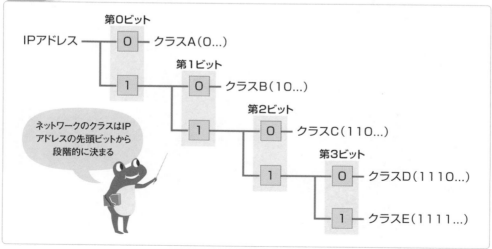

　最初にチェックするのは先頭（第0）のビットで、当たり前ですが0か1のどちらかです。0

102

ならクラスAです。クラスAならプレフィックス長は/8とあらかじめ決められています。ということは、サブネットマスクは自動的に255.0.0.0です。プレフィックス長／サブネットマスクから、クラスAのネットワークが提供できるIPアドレスの数もおのずと決まります。クラスAでは2^{24}、つまり約1,700万です。

　先頭が1なら、次のビット（第1）をチェックします。これが0ならクラスBで、プレフィックス長は/16です。サブネットマスクは255.255.0.0です。IPアドレスの先頭は必ず10です。IPアドレス数は$2^{16} = 65,536$です。

　第1ビットが1なら、次のビット（第2）をチェックします。これが0ならクラスCで、プレフィックス長は/24、サブネットマスクは255.255.255.0です。IPアドレスの先頭は必ず110です。IPアドレス数は$2^8 = 256$です。

　以上は通常の通信に用いられるIPアドレスで、第2ビットが1のものは特殊な目的に使用されます。第3ビットが0ならそれはクラスD（先頭は1110）、1ならクラスE（先頭は1111）です。これら2つのクラスは3-4節で説明します。

　つまり、IPアドレスの先頭のビット構成からクラスが決まり、クラスが決まればプレフィックス長とサブネットマスクが決まり、そのネットワークのサイズも決まります。冒頭で「/8ならクラスA」と書きましたが、実際は逆で「クラスAなら/8で約1,700万台収容できるサイズのネットワーク」なのです。

　各クラスとその先頭ビット、既定のプレフィックス長とサブネットマスクをまとめたものを表1に示します。

▼表1　アドレスクラス

クラス	先頭ビット	プレフィックス長	サブネットマスク	ネットワークのIPアドレス数
A	0	/8	255.0.0.0	約1,700万
B	10	/16	255.255.0.0	65,536
C	110	/24	255.255.255.0	256
D	1110	該当なし	該当なし	該当なし
E	1111	該当なし	該当なし	該当なし

　クラスによる分類ではプレフィックス長が自明なので、IPアドレスに/8や16などの補助情報は必要ありません。補助情報が要らないということは、それだけ設定がシンプルで、シンプルなので故障に強くなります。

クラスとアドレス範囲

　クラスに応じてIPアドレスの先頭が決まるため、クラスによって使われるアドレスの範囲も決まります。

　クラスAは先頭ビットが0、以降は何でもよいので、先頭バイトは2進数にして0xxxxxxxxです。xの箇所は0でも1でもよいので、これは00000000（10進表記で0）から01111111（127）の範囲です。2バイト目以降も何でもよいので、クラスAに属するIPアドレスの範囲は

0.0.0.0から127.255.255.255までです。

他のクラスも同様です。各クラスの先頭ビットとIPアドレス範囲を表2に示します。

▼**表2　クラス別のIPアドレス範囲**

クラス	IPアドレス範囲
A	0.0.0.0～127.255.255.255
B	128.0.0.0～191.255.255.255
C	192.0.0.0～223.255.255.255
D	224.0.0.0～239.255.255.255
E	240.0.0.0～255.255.255.255

アドレス空間

アドレスクラスをそれぞれに属するIPアドレスの個数から考えます。図1のクラスの階段からわかるように、クラスが下がるにつれ、そのIPアドレス数は半分になっていきます。

確認します。IPアドレス全体は全部で2^{32}のパターンがあるので、約43億個あります。クラスAは、そのうちの2^{31}、つまり約21億個を占めます。逆にいえば、クラスAのIPアドレスは全体の半分を占めるマジョリティであることがわかります。クラスBはその半分の2^{30}（約10億）個、クラスCはさらにその半分の2^{29}（約5億）個です。クラスDとEはその半分なので、2^{28}（約3億）個です。

それぞれのクラスの大きさを模式的に描けば、図2のようになります。

図2　アドレス空間

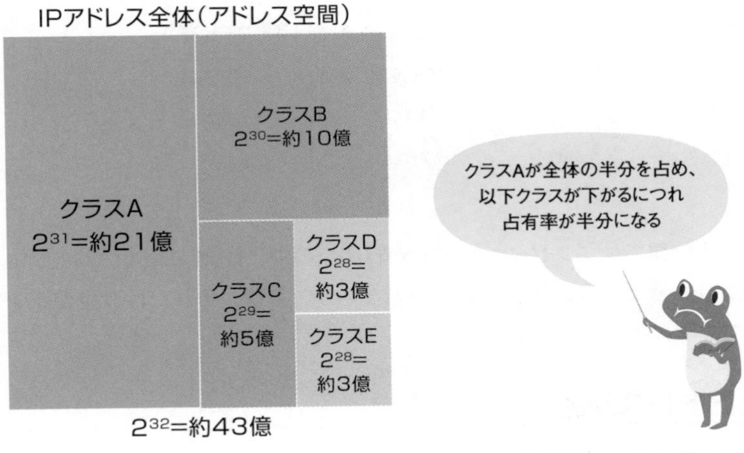

クラスあるいはネットワークで利用できるIPアドレスの数を、図のように空間的な広がり（面積）と捉え、**アドレス空間**（address space）と言います。たとえば、「クラスAのアドレス空間は広い」のような言い方をします。

クラスの問題

　クラスによるIPアドレス分類はわかりやすくて便利ですが、1つ問題があります。それは、ネットワークサイズに柔軟性が欠けるという点です。

　インターネットを設計した技術者たちは、インターネットに参加したい仲間にネットワークアドレスを（重複しないよう注意しながら）与えました。「君たちのネットワークはどれくらいの規模なんだい」と聞いて、「とっても大きい」と返されたら、「では、これからは00001100（10進数で12）を先頭に付けて使ってね」とクラスAをあげました。「いや、そんなに大きくないんだ」と答えられたら、「これからは10101100.000100001（172.16）だよ」とクラスBをあげました。

　問題は、クラスAに分類できるネットワークアドレスは全部で128種類（00000000から01111111）しかなかったことです。クラスBでも約16,000個です（2^{14}）。そんなに利用者は増えないと高をくくって大盤振る舞いをしているうちに、新規の注文に対して他と異なるネットワークアドレスを与えられなくなりました。そしてネットワークアドレスがなければ、そのネットワークはインターネットに参加できません。これを**アドレス枯渇問題**と言います。

サブネット化によるアドレス枯渇問題への対処

　困ったことになったので、大ぶりなクラスは分割して割り振ることにしました。

　たとえば、図3のようにクラスAネットワークの10.0.0.0/8を、10.0.0.0/16から10.255.0.0/16のクラスBサイズのネットワーク256個に分割しました(それぞれ6万台規模)。これで、/8のままでは1組織（ネットワーク）にしか与えられなかったネットワークアドレスを、256組織に分け与えることができます。これを**サブネット化**と言います。言葉的には「（ネットワークの）再分割」（subdivision）から来ています。サブネット化後のネットワークを**サブネット**と言います。

図3　サブネット化

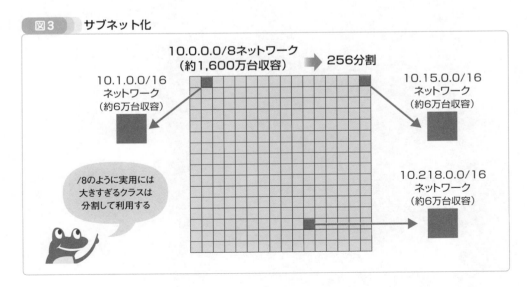

　サブネット化には副作用もありました。それは、先頭ビットからではプレフィックス長を判定できなくなったことです。ドット10進表記の最初が10なら先頭ビットは0で、これはクラスAで/8のはずです。しかし、サブネット化された10.1.0.0/16は/8ではありません。3-2節で見たように、実体と異なるプレフィックス長を混在させると、ネットワークが混乱します。

　そこで登場したのが、補助情報であるプレフィックス長／サブネットマスクです。「サブネットマスク」がそのように呼ばれるのは、サブネット化に伴って登場した対策だからです。

● クラスレスアドレス

　補助情報としてのプレフィックス長が一般的になれば、別に/8や/16など切りのよい位置で区切らなくてもよくなります。そうすれば、/8より小さければ/16、規模で言えば1,700万から6万のような急激な規模の変化をせずとも済みます。

　サブネット化とプレフィックスの導入により、ネットワークアドレスを計算するうえではクラスという概念が必要なくなりました。そうしたIPアドレスを以降、クラスを持たないという意味で**クラスレス**（classless）アドレスと呼ぶようになりました。3-1節でプレフィックス長表記はCIDR表記とも言うと述べましたが、このときのCがクラスレスなのはそうした事情があるからです。

　対照するときは、これまでのクラスベースによるプレフィックス長判定の方法を**クラスフル**（classful）と呼びます。

3-4 特殊アドレス

機能が定められたアドレス

　110番など目的が定められた電話番号があるように、特定の機能が与えられたIPアドレスもあります。3-2節で説明したネットワークアドレスも、宛先としては使えないが、ネットワークそのものを指し示すという機能を提供しています。

　本節では、こうした特殊なIPアドレスのなかでも一般的に見かけるものを紹介します。特殊アドレスの全リストは、次にURLを示すIANAの「IPv4 Special-Purpose Address Registry」から確認できます。

```
https://www.iana.org/assignments/iana-ipv4-special-registry/iana-ipv4-special-
registry.xhtml
```

　特殊アドレスの一種であるプライベートアドレスは、別途9-1節で説明します。

リミテッドブロードキャストアドレス

　32ビットすべてに1をセットしたアドレスを**リミテッドブロードキャストアドレス**（limited broadcast address）と言います。図1に示すように、ドット10進表記に直せば255.255.255.255です。

図1　リミテッドブロードキャストアドレス

すべて1（255.255.255.255）

32ビットすべて1なのがリミテッドブロードキャスト。
ドット10進表記で255.255.255.255。
発信元のネットワーク以外には伝搬しない

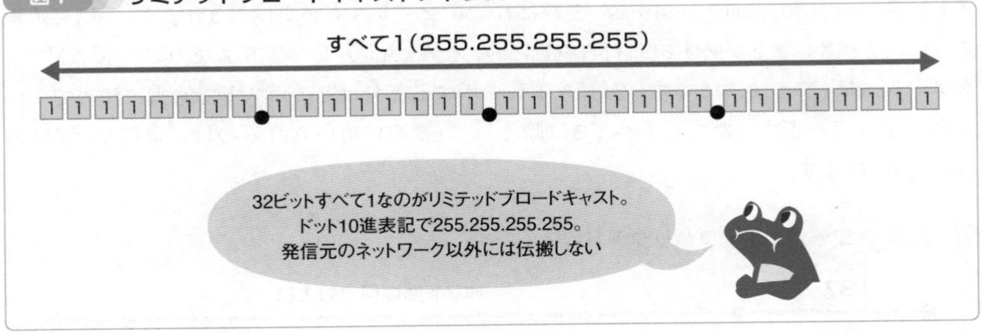

　3-2節で説明したブロードキャストアドレスをこのすべて1のものと混同しないよう、ネットワーク部の付いているものを**ディレクテッドブロードキャストアドレス**（directed broadcast address）と呼ぶこともあります。

　そのネットワーク上のすべてのホストに同時通報するブロードキャストという機能の点では、どちらも変わりません。また、発信元のネットワークから外へは伝搬しないよう、ルータが遮断するというのも同じです。異なるのは利用する状況で、ディレクテッドの方は自機

のIPアドレスを知っているときに、リミテッドの方はIPアドレスしか知らない状況（9-5節のDHCPによる自動付与待ち）で用いられます。

不定アドレス

32ビットがすべてが0のIPアドレスもあり、これを「不定アドレス」（unspecified address）と言います。図2に示すように、ドット10進表記に直せば0.0.0.0です。

図2 不定アドレス

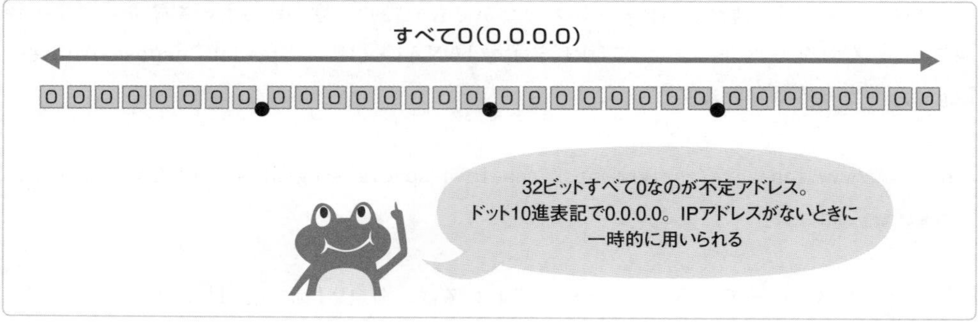

すべて0(0.0.0.0)

`0 0 0 0 0 0 0 0 0 0 0 0 0 0 0 0 0 0 0 0 0 0 0 0 0 0 0 0 0 0 0 0`

> 32ビットすべて0なのが不定アドレス。
> ドット10進表記で0.0.0.0。IPアドレスがないときに
> 一時的に用いられる

このアドレスは、ホストにまだIPアドレスが設定されていない「番号なし」の状態を示します。9-5節で説明するDHCPで使われる以外、これを使った通信はできません。

ローカルループバックアドレス

ホストには192.168.137.20/24のような通常のIPアドレスの他に、**ローカルループバックアドレス**（local loopback address）と呼ばれるIPアドレスも必ず与えられます。図3に示すように、先頭8ビットが必ず01111111（127）のクラスA（/8）アドレスなので、ネットワークアドレスは127.0.0.0/8です。24ビット長のホスト部分はそのホストで適当に決めてよいことになっています（ただしすべて0は除く）。一般的に用いられるのは、末尾だけが1の127.0.0.1/8です。

図3 ローカルループバックアドレス

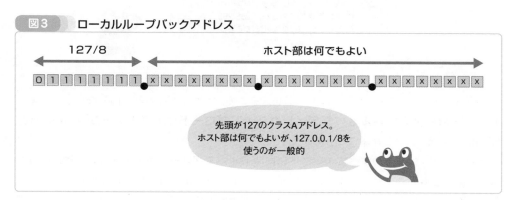

127/8　　　　ホスト部は何でもよい

`0 1 1 1 1 1 1 1 x x x x x x x x x x x x x x x x x x x x x x x x`

> 先頭が127のクラスAアドレス。
> ホスト部は何でもよいが、127.0.0.1/8を
> 使うのが一般的

このIPアドレスは「自分自身」を示すもので、自分自身と通信を行うときのみ用いられます。このIPアドレスを宛先にしても、パケットは自ホストから外へは出ていきません。

127.0.0.0/8は、ホスト内に構築されたネットワークと考えることができます。ホストに127.0.0.1/8と127.0.0.2/8を割り当て、その間で通信をさせることもできます。

ローカルループバックアドレスは、ホストのネットワークソフトウェアをチェックするときに用いられます。たとえば、Webサーバを運用しているとき、そのマシン上でWebブラウザを動作させて試験をするときの宛先に使います。外と交信するためのものではないので、イーサネットの必要すらありません。ケーブルを抜いたりWi-Fiをオフにしても、（ネットワークソフトウェアが恐ろしく壊れているのでもなければ）「ping 127.0.0.1」は必ず成功します。

リンクローカルアドレス

リンクローカルアドレス（link local address）は図4に示すように先頭2バイトが169.254のIPアドレスです。クラスBなので169.254.0.0/16ですが、サブネット化（3-3節）することで、169.254.1.0/24のように小ぶりのネットワークとして利用することもできます。

図4 リンクローカルアドレス

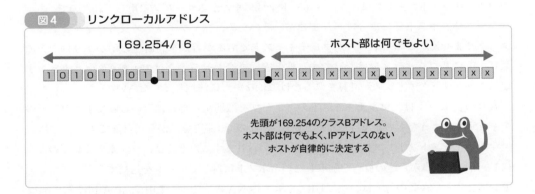

169.254/16　　　　　　　　ホスト部は何でもよい

先頭が169.254のクラスBアドレス。ホスト部は何でもよく、IPアドレスのないホストが自律的に決定する

アドレス名で使われている**リンク**（link）という語はルータの内側、ブロードキャストが届く範囲を指すので、ローカルネットワークと同じ意味です。

不定アドレスと同じくIPアドレスがないときに使うものですが、不定アドレスがまったく通信ができないのに対し、このアドレスは同一ネットワーク内なら通信が可能という違いがあります。DHCP（9-5節）でIPアドレスが取得できないときに、一時的に生成されます。

リンクローカルアドレスは、ローカルなネットワーク管理者が（他と重複することがないことを確認しながら）適当に割り当てて構いません。ホストが自律的に割り当てることも可能です。このとき、ホストはそのアドレスが使われていないかを確認するために、GARP（4-3節）でそのアドレスを広報して確認します。

リンクローカルアドレスはRFC 3927で定義されています。

● マルチキャストアドレス

3-3節の表1で示した先頭4ビットが1110のクラスDアドレスは**マルチキャストアドレス**（multicast address）です（図5）。

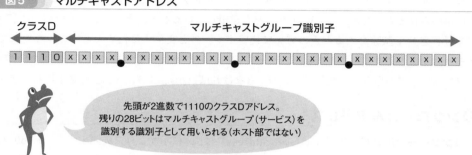

図5 マルチキャストアドレス

マルチキャストアドレスはインターネット全域にまたがるサービスに用意されたので、ネットワーク部／ホスト部には分けられません。そのため、プレフィックス長もサブネットマスクもありません。このアドレスがマルチキャストであるか否かを判断する手がかりは、先頭数ビットに基づくクラス分けだけです。他と書式を合わせるときは224.0.0.0/4と書きますが、ネットワークアドレスが計算されるわけではない点に注意してください。

残りの28ビットは、マルチキャストのグループを識別するために用いられます（テレビのチャンネルのようなものと思ってください）。2^{28}なので、約3億個が利用可能です。

マルチキャストアドレスは、1対多通信で用いられます。たとえば、ラジオやテレビのように1か所のサーバからその放送を聴取したい全ホストに対してデータを送信するときです。アドレスとサービス名の対応は、次にURLを示すIANAの「IPv4 Multicast Address Space Registry」に掲載されています。

https://www.iana.org/assignments/multicast-addresses/multicast-addresses.xhtml

なお、いわゆる「インターネットラジオ」はマルチキャストは用いません。普通のIPアドレスを用いて1対1通信で行われます。

予約済みアドレス

先頭4ビットが1111のクラスEアドレスは**予約済み**（reserved）です（図6）。

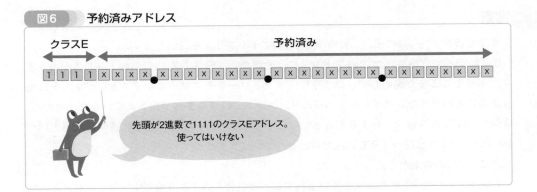

図6 予約済みアドレス

クラスE ／ 予約済み

1 1 1 1 x x x x x x x x x x x x x x x x x x x x x x x x x x x x x

先頭が2進数で1111のクラスEアドレス。
使ってはいけない

　予約済み、あるいは研究用途で利用のためのものなので、使いません。実際、ネットワーク機器の中にはこのクラスEに対応していないものも多く、（個人的にこっそりと）使おうと思っても使えないこともあるようです（WindowsでクラスEアドレスを設定すると、不正なパラメータというエラーが上がります）。唯一の例外は最後の255.255.255.255で、これは先ほど説明したようにリミテッドブロードキャストアドレスです。

　プレフィックス長もサブネットもありませんが（だいたいネットワークで利用できるかも決まっていない）、他と書式を合わせるときは240.0.0.0/4と書きます。

　IPアドレスの枯渇に伴い、クラスEアドレスを解放しようという議論も起こっています。もちろん、公式に利用可能になっても、OSやネットワーク機器がこれに対応するように変更されなければ実際には使えないので、当分先の話です。興味のある方は、以下に示す「Unicast Use of the Formerly Reserved 240/4」をご覧ください。

https://www.ietf.org/archive/id/draft-schoen-intarea-unicast-240-00.html

3-5 IPv6アドレス

背景

本節ではIPバージョン6、いわゆる**IPv6**のアドレス体系を説明します。

2進数32桁で定義されたIPv4アドレスには全部で2^{32}、つまり約43億個のアドレスがあります。本章でここまで説明してきたように、ネットワークやブロードキャストなどホストに割り振ることのできないアドレスがあったり、クラスEはまるまる予約されているなどのため、実際に利用できる数はこれよりももっと少なくなります。そろそろ80億に達する世界人口が1人1台デバイスを持つような状況では、とうてい足りません。

そこで2つの対策が考えられました。

1つはプライベートアドレスを使いまわすことで消費を抑える方策です。プライベートアドレスはローカルなネットワークでのみ利用が許されたリンクローカルアドレスと似たもので、同じアドレスが他ネットワークにあっても構いません。詳細は第9章で説明しますが、端的には、ネットワーク内では内線番号（他組織のものと一致する番号もあるが、外部との通信に直接使用するわけではないので支障はない）を使い、外部と通信するときには一部の代表だけが利用できる外線を使うという、会社組織の電話のような方法です。この方策は成功を収め、32ビットIPv4アドレスを使ったインターネットが今も使えるのはこれのおかげです。

もう1つは、桁数の多いIPアドレスを新規に用意するというものです。これがIPv6です。

32ビットのIPアドレスは、本節ではIPv6と区別できるようにIPv4と書きます。バージョン4なのは、インターネットが研究段階であったときに0から3までが使われたからです。バージョン5はというと、手違いからIPと関係のないプロトコルに割り振られてしまい、誤解を生じないようスキップされました。

IPv6は2進数128桁

IPv6は128ビット、バイト換算で16バイトの長さを持っています。その総数は2^{128}個、10進数に直すと340282366920938463463374607431768211456個（10進数38桁）です。どれくらいかというと、1マイクロ秒あたり100万個の割合でIPアドレスを割り当て続けても、すべての利用可能なアドレスを使いつくすのに10^{20}年以上かかる量です。

こうなると、今までのようにビット単位の図など描けません。

16進コロン記法

IPv6アドレスは書くのも長くて大変です。4バイトのIPv4なら10進数4つで書けましたが、IPv6では16個です。試しに書くと次のようになります。これでは入力もままなりません。

```
32.1.13.184.0.0.0.0.8.8.0.32.12.65.122
```

　そこで、バイト単位で10進数にするのではなく、2バイトをまとめて4桁の16進数で表記することにしました。前者だと最長で48個の数字が必要になりますが（ドット含まず）、後者なら32個で済むのでやや短くなります。区切り文字にはドット . ではなくコロン : を使います。上記を16進コロン表記にしたものを次に示します。

```
2001:0DB8:0000:0000:0008:0800:200C:417A
```

　短くなったかと言われると、やや微妙です。そこで、16進数の先頭の0は省いてよいこととしました。たとえば、0DB8はDB8です。これで次のようになります。

```
2001:DB8:0:0:8:800:200C:417A
```

　先頭のゼロを含む、含まない2つの記法を含め、これらが正式（というか、お勧め）の記法です。

ゼロ圧縮表記

　これでもまだ長いというので、0が連続しているところは2重コロンの :: で置き換えてよいことにしました。上の例では先頭から3〜4個目のところの 0:0: を :: とします。これをIPv6アドレスの**ゼロ圧縮表記**（zero compression）と言います。上記は次のようになります。

```
2001:DB8::8:800:200C:417A
```

　圧縮表記は、末尾でも使えます。たとえば、IPv6アドレスが 2002:3E02:5473:0:0:0:0 なら、次のように書けます。

```
2002:3E02:5473::
```

　ただし、圧縮表記は1回しか使えません。1か所だけなら、表示されているバイトの数から補完しなければならない0の数がわかりますが、:: が複数あると、どちらにどれだけの0を入れてよいかわからなくなるからです。その代わり、どちらを :: に置き換えても構いません。
　つまり、（2進数的には）まったく同じIPv6アドレスであっても、書き方次第で見た目が変わることになります。図1にそうした4パターンを示します。

図1	IPv6の16進コロン記法のバリエーション

フルなコロン16進記法 … 2001:0DB8:0000:0056:0000:ABCD:EF12:1234

先頭の0を除いた表記 …… 2001:DB8:0:56:0:ABCD:EF12:1234

最初の0を短縮表記 ……… 2001:DB8::56:0:ABCD:EF12:1234

次の0を短縮表記 ………… 2001:DB8:0:0056::ABCD:EF12:1234

0を省略する方法がいくつかあるので、
見た目の格好が異なる。しかし、どれも
同じIPv6アドレス

プレフィックス

IPv6も、大きくネットワーク部とホスト部の2つに分かれます。ただ、IPv6のネットワーク部はアドレスのタイプによってさらに細分化されるものもあるので、それらをまとめて**プレフィックス**（prefix）と呼びます。ホスト部も**インタフェースID**（interface ID）と呼びます。通信を送受するのがホストそのものではなく、ホストに複数あっても構わないネットワークインタフェースだからです。

また、インタフェースIDをすべて0にすることで示すIPv4のネットワークアドレス相当もプレフィックス（あるいはサブネット番号）と呼ばれます。

プレフィックスの長さを示すのは、IPv4と同じくプレフィックス長です。記法も同じで、ビット数で示します。たとえば、プレフィックス長が60のものは次のように書きます。

```
2001:0DB8:0000:CD30:0000:0000:0000:0000/60
```

プレフィックスでも圧縮表記が使えます。0の連続は1か所だけ::で省略できるのは同じですが、プレフィックス長からプレフィックスのサイズがわかるので、末尾の連続0も::に置き換えられます。次に例を示します。

```
2001:DB8::CD30::/60
```

特殊アドレス

IPv6にも特殊用途のアドレスがあります。いくつかあるアドレスタイプそれぞれにも特殊用途のアドレスが定められていますが、128ビット全体を通じた特殊アドレスはループバックアドレスと不定アドレスです。

ループバックアドレスは128ビットのうち先頭127ビットが0で、最後のビットだけが1です。不定アドレスはIPv4と同じようにすべて0です。どちらのプレフィックス長も128です。略記も含めて表1にこれらを示します。

▼表1　IPv6特殊アドレス

特殊アドレス	プレフィックス長	アドレス（フル）	ゼロ圧縮表記
ループバックアドレス	128	0:0:0:0:0:0:0:1/128	::1/128
不定アドレス	128	0:0:0:0:0:0:0:0/128	::/128

アドレスタイプ

IPv6のアドレスはエニーキャスト、マルチキャストアドレス、エニーキャストの3つのタイプに分かれます。

ユニキャストアドレス（unicast address）は特定のホストを指し示し、相手と1対1で通信をするときに用いるものです。IPv4では192.168.137.20/24などの通常のアドレスがこれに相当しますが、殊更に「ユニ」（単一の）という言い方はしませんでした。対して、IPv6では明示的にユニキャストと呼ぶようになりました。

マルチキャストアドレスは1対多通信用で、IPv4ではクラスD（224.0.0.0/4）のアドレスに相当するものです。

エニーキャストアドレス（anycast address）はマルチキャストのような1対多通信用ですが、実際に通信をするのは多数の中の1つだけです（たとえば距離が近いなどの理由で選択されます）。IPv4でも仕様的には存在しますが（RFC 1546）、ほとんど使われませんでした。IPv6からアドレスのタイプとして正式に採用されました。

半面、IPv4の255.255.255.255/32や192.168.137.255/24などのブロードキャストアドレスはIPv6には存在しません。同じ機能にはマルチキャストアドレスを使います。

これら4つのアドレスタイプの通信状況を、図2に模式的に示します。

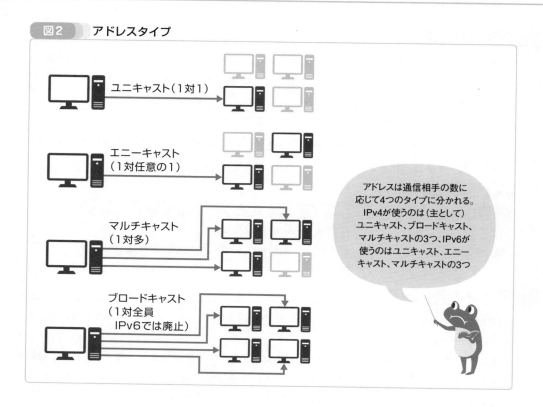

図2 アドレスタイプ

ユニキャスト（1対1）

エニーキャスト
（1対任意の1）

マルチキャスト
（1対多）

ブロードキャスト
（1対全員
IPv6では廃止）

アドレスは通信相手の数に
応じて4つのタイプに分かれる。
IPv4が使うのは（主として）
ユニキャスト、ブロードキャスト、
マルチキャストの3つ、IPv6が
使うのはユニキャスト、エニー
キャスト、マルチキャストの3つ

● リンクローカルアドレス

　ほぼIPv4だけの日常生活でIPv6アドレスを見ることはほとんどありませんが、**リンクロー
カルアドレス**（link local address）だけは目にしたことがあるかもしれません。というのも、
IPv6が有効化されているマシンは、リンクローカルアドレスを必ず自動的に割り当てるから
です。

　その名の示す通り、自分の属するネットワーク（リンク）だけで利用できる（ローカル利用）
アドレスです。IPv4では169.254.0.0/16に相当します。自ネットワークより外には伝搬しま
せん。1対1通信用なので、前出の分類ではユニキャストアドレスです。

　IPv6のリンクローカルアドレスは、図3に示すように先頭10ビットが11111110 10と決まっ
ています。この「先頭ビットからアドレスの種類を判定する」方法は、クラスアドレスで見
ました（3-3節）。そういう意味では、IPv6は、形骸化したクラスベースのアドレス分類方法
を復活させたとも言えます。先頭に続く54ビットも0と決められています。これをコロン16
進表記で書けばFE80::/64です。リンクローカルアドレスの形式を図3に示します。

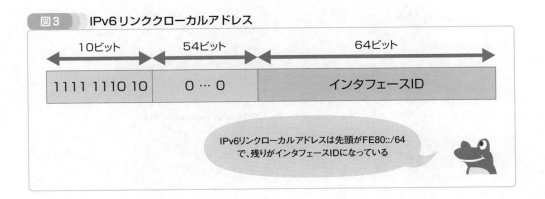

図3　IPv6リンククローカルアドレス

インタフェースIDはそのネットワーク（リンク）で重複がなければ何でもよいのですが、通常はインタフェースの48ビットのMACアドレス（2-6節）から図4の要領で生成します。

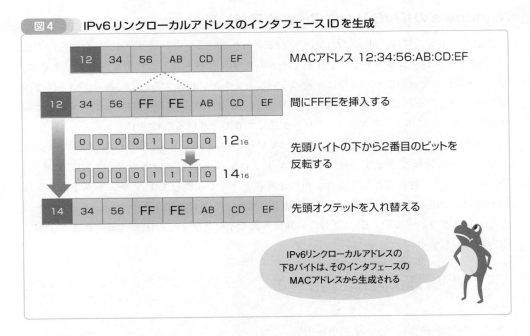

図4　IPv6リンクローカルアドレスのインタフェースIDを生成

　まず、MACアドレスのちょうど真ん中（3バイト目と4バイト目の間）に16進数でFFFEを挿入することで64ビットにかさ上げします。かさ上げされたこのMACアドレスを**EUI-64**と言います。

　続いて、先頭バイトの末尾から2番目のビットを反転し、その値に入れ替えます。このビットはU/Lビットで、ハードウェアNICから来ているものなら必ず0です（2-6節）。これを反転するとは、グローバルな利用からローカルに変更するということです。

　図のように先頭バイトが16進数で12（2進数で00001100）なら、14（00001110）になります。

　IPv6リンクローカルアドレスをWindowsのipconfigから確認します（Unixならifconfig）。

```
C:\temp>ipconfig Enter

Windows IP 構成
 ⋮
イーサネット アダプター VMware Network Adapter VMnet1:

   接続固有の DNS サフィックス . . . . .:
   リンクローカル IPv6 アドレス. . . . .: fe80::908e:470f:4c6f:a021%19
   IPv4 アドレス . . . . . . . . . . .: 192.168.36.1
   サブネット マスク . . . . . . . . .: 255.255.255.0
   デフォルト ゲートウェイ . . . . . . .:
 ⋮
```

2行目の「リンクローカル IPv6 アドレス」が目的のアドレスです。末尾にある%19はネットワークインタフェースカードに付されたWindows固有の番号なので気にしなくて結構です。

Windows の IPv6 リンクローカルアドレス

上記のアドレスには、挿入したはずのFFFEがありません。これはWindowsが独自の方法でIPv6リンクローカルアドレスを生成するからです。仕様上は、これでも問題ありません。MACアドレスを流用しているのは重複のないことを手軽に保証するためであり、別手段で保証できるのならそれでも構わないからです。独自方法にしているのは、IPv6リンクローカルアドレスからそのホストのMACアドレスを逆算するのを避けるためです。

インタフェースIDにEUI-64方式が使われているかは、PowerShellのGet-NetIPv6Protocolコマンドから確認できます（通常のコマンドプロンプトからでは残念ながらできません。PowerShellは［管理者として実行］から管理者モードで起動します）。チェックする項目は［RandomizeIdentifiers］（識別子のランダム化）です。ここはデフォルトでEnabledで、そのとき、先ほどのようにEUI-64に従わない独自方式でインタフェースIDが生成されます。次に出力例を示します。

```
PS C:\temp> Get-NetIPv6Protocol Enter

 ⋮
MulticastForwarding        : Disabled
GroupForwardedFragments    : Disabled
RandomizeIdentifiers       : Enabled          ←ここ
AddressMaskReply           : Disabled
UseTemporaryAddresses      : Enabled
 ⋮
```

EUI-64方式に変更するには、次のようにSet-NetIPv6ProtocolコマンドからRandomizeIdentifiers値をDisabledに変更します。

```
PS C:\temp> Set-NetIPv6Protocol -RandomizeIdentifiers Disabled Enter
```

再度Get-NetIPv6Protocolコマンドから確認します。

```
PS C:\temp> Get-NetIPv6Protocol Enter
⋮
MulticastForwarding         : Disabled
GroupForwardedFragments     : Disabled
RandomizeIdentifiers        : Disabled        ←変更された
AddressMaskReply            : Disabled
UseTemporaryAddresses       : Enabled
⋮
```

　変更後、ipconfig（これはコマンドプロンプトからでよい）からIPv6リンクローカルアドレスを確認します。MACアドレスと対比したいので、コマンドオプションに/allを加えることで詳細情報を出力させます。

```
C:\temp>ipconfig/all Enter

Windows IP 構成
⋮
イーサネット アダプター VMware Network Adapter VMnet1:

   接続固有の DNS サフィックス . . . . .:
   説明. . . . . . . . . . . . . .: VMware Virtual Ethernet Adapter for VMnet1
   物理アドレス. . . . . . . . . . .: 00-50-56-C0-00-01
   DHCP 有効 . . . . . . . . . . . .: はい
   自動構成有効. . . . . . . . . . .: はい
   リンクローカル IPv6 アドレス. . . .: fe80::250:56ff:fec0:1%19(優先)
   IPv4 アドレス . . . . . . . . . .: 192.168.36.1(優先)
   サブネット マスク . . . . . . . . .: 255.255.255.0
⋮
```

　IPv6リンクローカルアドレスがfe80::250:56ff:fec0:1に変わりました。先頭のfe80以降がインタフェースIDです。MACアドレスと一致するか確認します。

1. 末尾8バイトを取り出し、わかりやすいように圧縮記法を展開します：02 50 56 ff fe c0 00 01。
2. 中央のfffeを取り除きます：02 50 56 C0 00 01。
3. 先頭のバイトのうしろから2ビット目を反転します。16進数で02は2進数に直すと0000 0010なので、これは0000 0000となります。16進数に直せば00です。
4. もとのMACアドレスは00-50-56-C0-00-01です。

　これは「物理アドレス」欄に示された値と一致します。

グローバルユニキャストアドレス

続いて、インターネット上のどのホストとも1対1で通信のできる通常のIPv6アドレスを見てみましょう。グローバルに利用できるユニキャストアドレスなので、これを**グローバルユニキャストアドレス**（global unicast address）と言います。その構成を図5に示します。

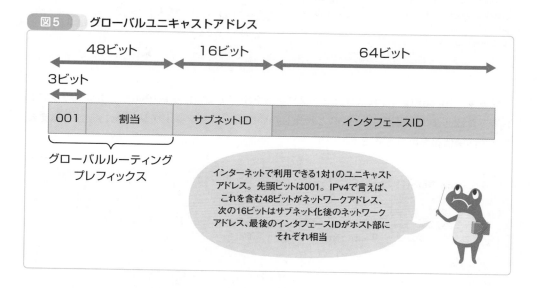

図5 グローバルユニキャストアドレス

IPv6グローバルユニキャストアドレスの先頭は、2進数で001と決まっています。以降、48ビット目までは国際的なアドレス管理組織（3-6節）が重複のないようにネットワーク組織に割り振ります。この最初の部分を**グローバルルーティングプレフィックス**（global routing prefix）と言い、IPv4で言えばクラスレベルのネットワークアドレスに相当します。続いて16ビットの**サブネットID**が加わります。これは、IPv4ならクラスで規定されたサイズのネットワークをサブネット化したときのネットワークアドレスに該当します。末尾の64ビットがインタフェースIDで、ホスト部の部分です。

現在割り当てられているグローバルユニキャストアドレスは、次にURLを示すIANAの「IPv6 Global Unicast Address Assignments」に一覧があります。

```
https://www.iana.org/assignments/ipv6-unicast-address-assignments/ipv6-
unicast-address-assignments.xhtml
```

IPv6グローバルユニキャストはIPv4で言えば通常のアドレスなので、nslookupを使ってドメイン名から調べられます（10-4節）。www.google.comに対応するIPv6グローバルユニキャストアドレスをLinuxから調べた結果を次に示します。

```
$ nslookup www.google.com Enter
Server:          192.168.184.254
Address:         192.168.184.254#53

Non-authoritative answer:
Name:    www.google.com
Address: 142.250.204.4                        ←IPv4アドレス
Name:    www.google.com
Address: 2404:6800:4006:814::2004             ←IPv6アドレス
```

　先頭の2404:6800:4006（48ビット＝6バイト）がグローバルルーティングプレフィックスです。続く0814（16ビット＝2バイト）がサブネットID、最後の::2004がインタフェースIDです。ゼロ圧縮記法から展開すれば、0000:0000:0000:2004です。

　このアドレスから実際に（Webブラウザを介して）Googleのサイトにアクセスできるかは、利用しているISP（インターネットプロバイダ）がIPv6を提供しているかに依ります。

IPアドレスの割り当て

インターネットレジストリ

IPアドレスは決して重複があってはならないので、誰に何番を割り振るかは専門の団体が管理しています。もちろん、約43億個のデータを逐一管理することはほぼ不可能なので、管理団体は会社組織のように階層的に構成されています。この組織をインターネットレジストリ（Internet Registry）と言います。訳せば「登記所」です。

インターネットレジストリの組織構造を図1に示します。

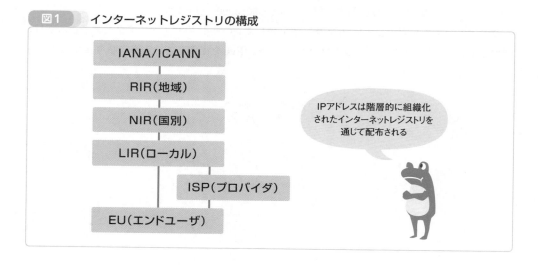

図1　インターネットレジストリの構成

- IANA/ICANN
- RIR（地域）
- NIR（国別）
- LIR（ローカル）
- ISP（プロバイダ）
- EU（エンドユーザ）

IPアドレスは階層的に組織化されたインターネットレジストリを通じて配布される

以下、組織を階層構造の上から順に説明します。

IANA/ICANN

インターネットレジストリ組織構造の頂点にあるのが、**IANA/ICANN**です。併記されているのは歴史的経緯のためで、ICANN（The Internet Corporation for Assigned Names and Numbers）が組織名、IANA（The Internet Assigned Number Authority）が実務担当部門と考えればよいです。IPアドレスも含めて、インターネットに関わるほとんどすべての番号情報は下記にURLを示すIANAから入手できます。

```
https://www.iana.org/
```

IANA/ICANNは通常、IPv4なら/8（クラスA）単位で、IPv6なら/12単位で、アドレスのかたまりを下位に位置するRIRに割り振ります。アドレスのかたまりは**アドレスブロック**（address block）と呼ばれ、形式的にはネットワークアドレスと同じで、IPアドレスの範囲を

示します。ただ、127.0.0.0/8のようにネットワークアドレスとして書かず、127/8のように末尾の0は省いて書くのが通例です。

　IANAが管理するIPv4およびIPv6グローバルユニキャストアドレスのアドレスブロックの割り当て状況は次のURLから確認できます。

IPv4: https://www.iana.org/assignments/ipv4-address-space/ipv4-address-space.xhtml

IPv6: https://www.iana.org/assignments/ipv6-unicast-address-assignments/ipv6-unicast-address-assignments.xhtml

　現在のIPv6グローバルユニキャストアドレスの割り当て状況を、ページをキャプチャした画面1に示します（長いので表の間を省略しています）。

▼**画面1　IANAのIPv6アドレス割り当て状況**

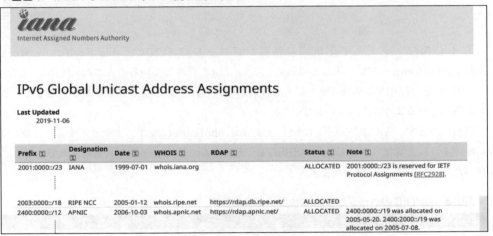

　これを見ると、前節で参照したwww.google.comのIPv6アドレス2404:6800:4006:814::2004は2400:0000/12ブロックから割り当てられていること、そしてそのブロックはAPNIC（後述）に割り当てられていることがわかります。

RIR

　IANA/ICANNは、IPアドレスの大きなかたまりを**RIR**に割り当てます。Regional Internet Registryの略で、画面2の地図に示すように世界を5つの「地域」（region）に分けてIPアドレスを管理する組織です。

▼**画面2** RIR

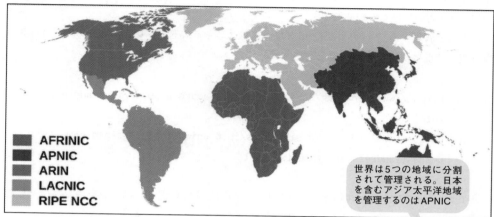

出典：Wikipedia（https://en.wikipedia.org/wiki/Regional_Internet_registry）より

世界は5つの地域に分割されて管理される。日本を含むアジア太平洋地域を管理するのはAPNIC

　日本を含むアジア太平洋地域の管轄レジストリはAPNIC（Asia Pacific Network Information Center）です。先ほどのwww.google.comを管理しているのもこのAPNICでした。

　APNICを含むRIRはwhoisサービスを提供しており、誰がそのIPアドレスを利用しているかが調べられるようになっています。

　試してみます。APNICのURLはhttps://www.apnic.net/です。アクセスすると、画面3に示すように上部に［WHOIS & WEBSITE］と書かれた入力フィールドがあるので、そこに調べたいIPアドレスを投入します。

▼**画面3** APNICのページからwhoisサービスを利用

APNICのトップページに置かれたwhoisサービスにIPアドレスを入力すれば、その情報が得られる

　www.google.comのIPv6アドレス 2404:6800:4006:814::2004 を入力した結果を画面4に示します。

▼**画面4**　www.google.comのIPv6アドレスの情報

```
inet6num:        2404:6800::/32
netname:         GOOGLE_IPV6_AP-20080930
descr:           Google IPv6 address block in AP
country:         AU
org:             ORG-GIL3-AP
admin-c:         AC1668-AP
tech-c:          AC1668-AP
abuse-c:         AG738-AP
status:          ALLOCATED PORTABLE
mnt-by:          APNIC-HM
mnt-lower:       MAINT-GOOGLE-AP
mnt-routes:      MAINT-GOOGLE-AP
mnt-irt:         IRT-GOOGLE-AP
last-modified:   2020-05-26T18:20:48Z
source:          APNIC

To get more information visit NetOX (Network Operators' toolboX)
```

　入力したIPアドレスの末尾が削られ、2404:6800::/32の情報が示されています。ここから、ARINが32ビット長（4バイト）単位でネットワークアドレス（グローバルルーティングプレフィックス）をGoogleに割り当てていることがわかります。上から3番目の「descr」（descriptionの略）から、これはアジア太平洋地域（AP）向けだということも読み取れます。

●LIRなどの下部組織

　RIRには内部の小領域を担当する下部組織があり、これをLIR（Local Internet Registry）と言います。地域によってはRIRとLIRの間に国単位を統括するNIR（National Internet Registry）もあり、日本ではJPNIC（Japan Network Informaction Center）がその任にあたっています。

　JPNICの配下には登録されたインターネット事業者（IIJやNTTなど）があり、エンドユーザ向けのIP割り当てサービスを行っています。登録事業者はまた、別のISP（インターネットサービスプロバイダ）にブロック単位でIPアドレスを割り振ることもあります。

　企業などある程度のネットワークを有する組織は、登録事業者から/24などのアドレスブロックを割り当てられます。そして、その企業のネットワーク担当者がその中からWebサーバにはこのアドレス、NATサーバにはこのアドレス、のように個々のホストにIPアドレスを割り当てていきます。

3-7 まとめ

本章ではIPアドレスのフォーマットと各種アドレスについて説明しました。重要な点は次の通りです。

ポイント

- IPv4アドレスはインターネット上のホストを誤りなく、一意に指し示す識別子です。
- IPv4は11000000101010001000100100010100のように32ビット構成です。ビットでは把握のできないヒトは、これを192.168.137.20のように書き直したドット10進表記を用います。
- 約43億個しかないIPv4アドレスはほぼ枯渇しています。そのため、128ビット長という、おそらくは人類滅亡の日までは不足しないほど長いIPv6アドレスが設計されました。
- IPアドレスはネットワーク部とホスト部の2部構成です。両者の分割位置はプレフィックス（/24など）あるいはサブネットマスク（255.255.255.0）から示されます。
- IPv4アドレスには用途に応じていろいろな種類があります。これをまとめたものを図に示します。

図　各種IPv4アドレス

プレフィックス長		
ネットワーク部	ホスト部	◀ ホスト IPアドレス
すべて1	すべて0	◀ サブネットマスク（IPアドレスではない）
ネットワーク部	すべて0	◀ ネットワークアドレス
ネットワーク部	すべて1	◀ ブロードキャストアドレス
すべて0		◀ 不定アドレス
すべて1		◀ リミテッドブロードキャストアドレス
127	ホスト部	◀ ローカルループバックアドレス
169.254	ホスト部	◀ リンクローカルアドレス
224.0.0.0/4	任意	◀ マルチキャストアドレス
240.0.0.0/4	任意	◀ 予約済み

第 **4** 章

アドレスの対応付け

• • • • • • • • • • • • • • • • • • •

　ここまでで2つのアドレスが登場しました。イーサネットの MACアドレスとインターネットのIPアドレスです。本章ではこ れら2つを関連付ける、アドレス解決という技術を取り上げます。

4-1 2つのアドレス

MACアドレスとIPアドレスの関係

IPアドレスはインターネット上のホストを識別するものですが、これだけでは宛先にパケットを送ることはできません。パケットは最終的にはイーサネットや無線LANなどフレームに載せて配送されなければならず、そこで用いられるのはMACアドレスという別の層の識別子だからです（第2章）。

IPアドレスは顧客番号のようなもので、どこにいようと個人を特定できはしますが、それだけではその人に物理的に郵便物を送ることはできないという感じです。そこで、顧客番号から住所を調べるように、IPアドレスから物理的配送のためのMACアドレスを見出す方法が必要になります。それが、本章のトピックである**アドレス解決**（address resolution）です。

本章は2つのアドレスの対応関係に専念するので、IPのパケット配送メカニズムには軽く触れるだけです。IPそのものは第5章でじっくり取り組みます。

2つの層にある異なる宛先アドレスの関係

インターネット層に属するIPデータグラムは、イーサネットなどリンク層フレームのペイロードにカプセル化されます（図1）。インターネット層のヘッダには、宛先ホストを示すIPアドレスが示されています。これをカプセル化するとき、下位層のリンク層ヘッダに同等のMACアドレスを書き込まなければなりません。異なるプロトコルを用いるリンク層ではIPアドレスは通用しないからです。

図1 IPデータグラムのカプセル化

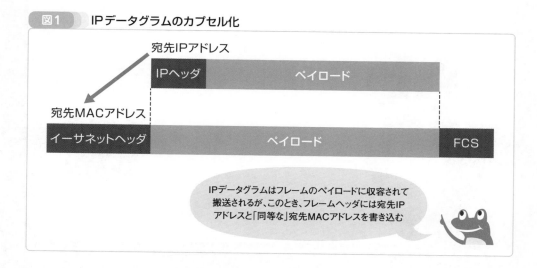

この同等な対応関係が曲者です。というのも、宛先MACアドレスが宛先に応じて変化するからです。

ローカルネットワークでの対応関係

　送信元と宛先が同じローカルネットワーク上にあれば、両者はイーサネットを用いて直接通信できます。このとき、IPアドレスとMACアドレスは同じホストを示します（図2）。図中、送信元ホストAのIPアドレスはIP_A、送信元MACアドレスはM_Aです。どちらも同じホストを指し示す識別子です。宛先側のホストBも、2つのアドレスはIP_BとM_Bで同じ対象です。

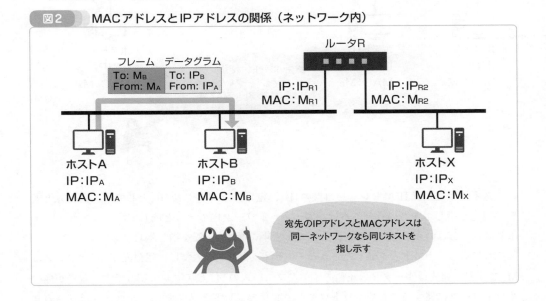

図2 MACアドレスとIPアドレスの関係（ネットワーク内）

　ここは話がストレートなのでわかりやすいでしょう。

ネットワークをまたいだときの対応関係

　しかし、宛先が他ネットワークのときは、IPとMACのアドレスは同じホストを指し示しません。インターネット全体を対象とするIPアドレスがパケットを受領すべき最終的な宛先を指し示すのに対し、ローカルネットワークオンリーなMACアドレスはネットワーク単位での宛先しか示せないからです。

　1-1節の図4の電車のアナロジーで考えるとわかりがよいでしょう。IPアドレスは電車の乗車券で、そこには乗車駅（送信元）と降車駅（宛先）が記載されています。どこで乗り換えるかの情報は書かれていません。これに対し、MACアドレスは区間単位での乗車駅と乗換駅を示します。これを2つのアドレスで言い換えたものが、図3です。

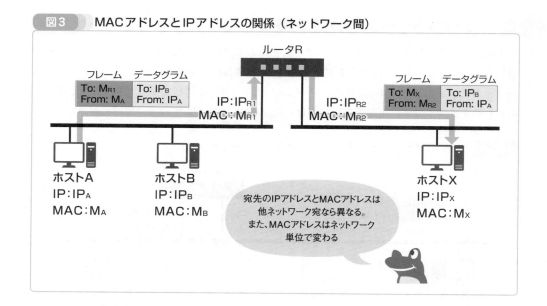

図3 MACアドレスとIPアドレスの関係（ネットワーク間）

　ホストAは送信元IPアドレスを自機のIP_A、宛先IPアドレスをIP_Xとします。送信元と最終の宛先を指し示すというところは、同一ネットワーク内のときと同じです。つまり、IPアドレスは、どこのネットワークを経由しようと常に通信の両端を指し示します。

　これに対し、ホストAを発したときのイーサネットフレームでは、送信元MACアドレスはM_Aですが、宛先はルータRの左側のインタフェースのMACアドレスM_{R1}です。宛先が他のネットワークに属することをネットワークアドレス（3-2節）から知ったホストAは、最寄りのルータRにパケット転送を依頼するからです。ルータを宛先に指定するには、ホストAはルータのアドレスを知っていなければなりませんが、これは5-2節のデフォルトゲートウェイの設定で説明します。

　送信元M_A、宛先M_{R1}のイーサネットフレームは、ルータRに到達します。ここでIPデータグラムはフレームを乗り換えます。ルータRは自分のネットワークアドレスとIPヘッダの宛先を照合し、宛先には自分の右側のネットワークから直接到達できることを知ります。そこで、送信元MACアドレスを自機の右側のインタフェースのMACアドレスM_{R2}、宛先をM_Xにセットしたフレームを用意し、それにデータグラムを載せます。こうして、データグラムは最終宛先のホストXに到達します。

4-2 アドレス解決プロトコル

アドレスの動的解決－ARP

ここで問題は、宛先IPアドレスあるいは中継ルータのIPアドレスからどのようにして宛先MACアドレスを調べるかです。「IPアドレス＝MACアドレス」対応表を用意するのが最も安直な解法ですが、MACアドレスはネットワークインタフェースカードを交換すれば変化します。また、ローカルネットワーク内程度ならまだ管理可能ですが、全インターネットぶんの対応表をすべてのホストに用意させるのは現実的ではありません。

TCP/IPの設計者は、イーサネットのブロードキャスト機能を利用してその場その場で解決させるのが簡単だと考えました。この動的なアドレス解決方法を**アドレス解決プロトコル**（Address Resolution Protocol）、略して**ARP**と言います。仕様はRFC 826で定義されています。

ホストAがホストCのMACアドレスを調べるときの動作を図1に示します。

図1 ARPの動作

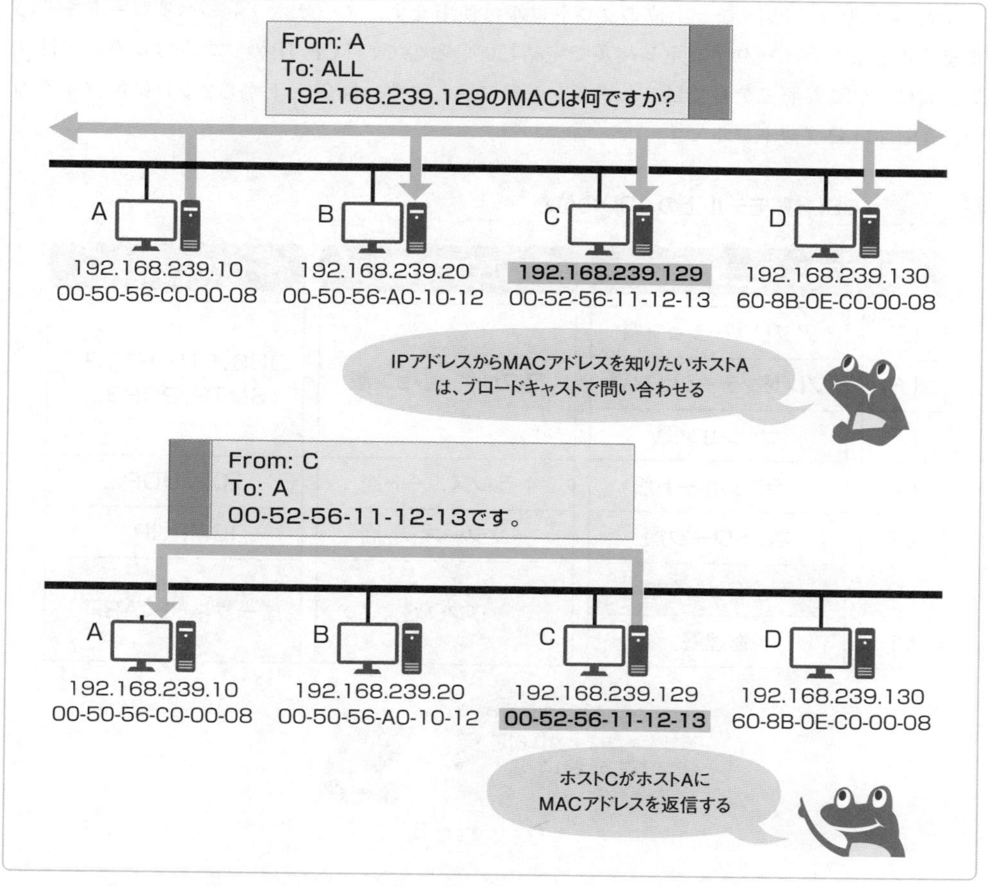

```
From: A
To: ALL
192.168.239.129のMACは何ですか?
```

A   B   C   D
192.168.239.10   192.168.239.20   192.168.239.129   192.168.239.130
00-50-56-C0-00-08   00-50-56-A0-10-12   00-52-56-11-12-13   60-8B-0E-C0-00-08

> IPアドレスからMACアドレスを知りたいホストA
> は、ブロードキャストで問い合わせる

```
From: C
To: A
00-52-56-11-12-13です。
```

A   B   C   D
192.168.239.10   192.168.239.20   192.168.239.129   192.168.239.130
00-50-56-C0-00-08   00-50-56-A0-10-12   00-52-56-11-12-13   60-8B-0E-C0-00-08

> ホストCがホストAに
> MACアドレスを返信する

　ホストＡは宛先ホストＣのIPアドレスは知っているが、そのMACアドレスは知りません。そこで、「192.168.239.129は誰ですか。いたら、そのMACアドレスを教えてください」というメッセージを、イーサネットブロードキャストでネットワークの全ホストに送ります。応答を求めるメッセージなので、これを**ARP要求**（ARP request）と言います。

　ブロードキャストなのはMAC的には宛先がわからないからです。困ったときのブロードキャストは、イーサネットのCSMA/CD（2-2節）以来の伝統です。

　ブロードキャストなので全ホストがこれを受信しますが、聞き届けるのはARP要求で名指しされたホストＣだけです。ホストＣは、ホストＡに宛てて「00-52-56-11-12-13です」という**ARP応答**（ARP response）メッセージを直接返します。これで、ホストＡは「192.168.239.129に宛てたいなら、MACアドレスは00-52-56-11-12-13」であることを知り、以降の通信にこのアドレスを使います。

　宛先が他ネットワークでも同じです。このとき、送信元ホストＡはホストＣではなく、中継ルータのIPアドレスをARP要求に示してブロードキャストします。

● ARPはL2

　ARPメッセージはIPなど上位のプロトコルは使用せず、イーサネットのペイロードをそのまま使用します。イーサネットレベルで完結しているので、TCP/IPのプロトコル階層ではリンク層に、OSI参照モデルではデータリンク層に属します（図2）。下から2番目に位置するので、ARPは**L2**プロトコルです。

図2　**OSI参照モデル上のARPの位置**

OSI参照モデル		TCP/IP	プロトコル
L7	アプリケーション層	アプリケーション層	DNS、FTP、HTTP、SMTP、POP3...
L6	プレゼンテーション層		
L5	セッション層		
L4	トランスポート層	トランスポート層	TCP、UDP...
L3	ネットワーク層	インターネット層	ICMP、IP...
L2	データリンク層	リンク層	イーサネット、ARP...
L1	物理層		

ARPのOSI上の位置はやや微妙だが、おおむね「L2」に属するとされる

　もっとも、ARPがどの層に属するかはしばしば議論になります。IPと同じようにイーサネットペイロードに積載されるのだから1段上の第3層（L3）だろう、いや第2層と第3層の間だから第2.5層だとも言われます。TCP/IPとOSI参照モデルは一致しないので、だいたいそのあたりだとおおらかに構えるのが正しい態度です。

ARPメッセージのカプセル化

　ARPメッセージは、図3に示すように直接イーサネットフレームに書き込まれて搬送されます。

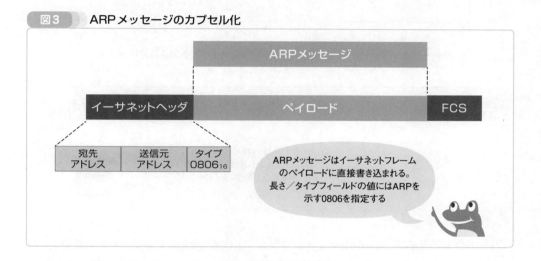

図3　ARPメッセージのカプセル化

　送信元アドレスは送信ホストのMACアドレスです。宛先はARP要求時にはブロードキャストアドレスのFF-FF-FF-FF-FF-FFです（2-6節）。ARP応答時の宛先は、要求フレームに示されていた送信元アドレスです。

　長さ／タイプフィールドにはペイロードがARPメッセージであることを示すため0806（16進数）を指定します（2-7節）。

ARPメッセージフォーマット

　ARPメッセージのフォーマットを図4に示します。

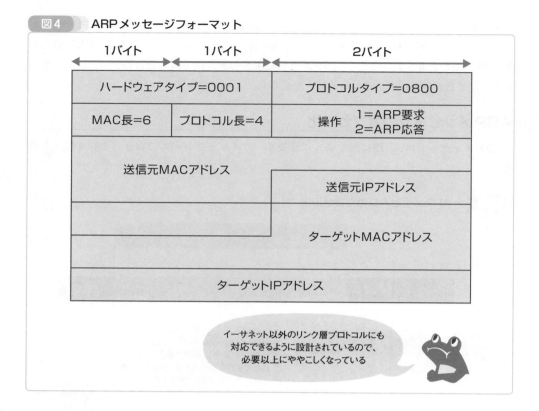

図4　ARPメッセージフォーマット

（図中）
1バイト　　1バイト　　　2バイト

| ハードウェアタイプ=0001 | プロトコルタイプ=0800 |
| MAC長=6　プロトコル長=4 | 操作　1=ARP要求　2=ARP応答 |

送信元MACアドレス

送信元IPアドレス

ターゲットMACアドレス

ターゲットIPアドレス

（吹き出し）
イーサネット以外のリンク層プロトコルにも
対応できるように設計されているので、
必要以上にややこしくなっている

ハードウェアタイプ（Hardware Type）には、ARP要求で知りたいアドレスの種類を番号から指定します。MACアドレスを知りたければ、ここには（16進数で）0001で書き込みます。2バイトフィールドなので2^{16}のパターンがありますが、特殊なハードウェアを利用しているのでなければ、この値で決め打ちです。その他の値に興味がある方は、次にURLを示すIANAの「Address Resolution Protocol (ARP) Parameters」を参照してください。

```
https://www.iana.org/assignments/arp-parameters/arp-parameters.xhtml
```

プロトコルタイプ（Protocol Type）にはもとのアドレスの種類を示します。IPv4アドレスをもとにしてMACアドレスを知りたいので、ここは0800を書き込みます。ここで使用する値は、イーサネットヘッダの「長さ／タイプフィールド」に書き込むEtherTypeと同じものです（2-7節の表2）。

MAC長（仕様書的にはHardware Address Length）はMACアドレスのバイト長を示すので、ここは6です。**プロトコル長**（Protocol Address Length）はIPv4アドレス長なのでここも4です。

IPv4とMACのペアだけで考えると、常に固定な値しか収容しないこれら4つのフィールドはなくても困らないように思えます。しかし、IP通信をサポートするのはイーサネットだけ

とは限りません（USBを介したIP通信だってできます）。また、将来、イーサネットとは異なる、より便利で高速なリンク層技術が登場するかもしれません。これらフィールドは多様な技術を吸収するために必要なのです。

2バイト長の**操作**（Operation）フィールドには、このメッセージが要求なのか応答なのかを示す番号を書き込みます。表1に代表的なものを示しますが、現在使われているものは1番の要求と2番の応答だけです（RARPについては参考までにあとで軽く触れます）。

▼**表1** ARPメッセージの操作コード

番号	意味
1	ARP要求（REQUEST）
2	ARP応答（REPLY）
3	RARP要求（request Reverse）
4	RARP応答（reply Reverse）

あとはアドレスです。ARP要求時には、送信元MAC、送信元IP、ターゲットIPの3フィールドは適切な情報で埋められますが、問い合わせそのもののターゲットMACアドレスフィールドは0で埋められます。送信者がその情報を知らないから0でパディングされているだけで、00-00-00-00-00-00というMACアドレスが存在する（定義されている）わけではありません。

ARP応答時には、この宛先MACアドレスが応答ホストによって埋められます。これに、操作コードが1から2へと変えられる以外、ARPの要求と応答のメッセージの中身はほとんど変わりません。

ARPメッセージサイズ

アドレス長がリンク層技術に応じて変化するため、ARPメッセージ自体は可変長です。しかし、IPv4アドレスからMACアドレスを解決する用法に限れば、28バイト固定長です。

イーサネットペイロードの最小サイズは46バイト（Qタグ付きなら42バイト）なので（2-7節）、ペイロードにはパディングの18バイト（Qタグでは14バイト）が加わります。

パケットキャプチャ

ARP要求の例をWiresharkのパケットキャプチャから示します。画面1は、ホスト192.168.239.1が192.168.239.128のMACアドレスを求めてブロードキャストしたときのものです。

▼**画面1　ARP要求メッセージ例**

パケット詳細パネルのイーサネットフレーム部分を見ると、宛先（Destination）がMACブロードキャストのFF-FF-FF-FF-FF-FFになっています。タイプ／長さフィールド（Type）はARPは示す0806（16進数）です。

ARP要求の方で注目すべき点は操作（Opcode）フィールドが1、つまり要求を示しており、ターゲットMACアドレス（Target MAC address）が0で埋められているところです。

これに対するARP応答を画面2に示します。

▼**画面2　ARP応答メッセージ例**

応答では、ターゲットMACアドレスフィールドが正当なアドレスで埋められます。あと、ポイントは、宛先MACアドレスが要求元のMACアドレスになっているところです。ブロードキャストは通信相手がわからないときに用いられる最終手段なので、相手がわかっているならそちらを使います。

ARP応答には18バイトのイーサネットパディングがあるのに、要求にはないのは興味深い違いです。これは、要求元上で実行されていたWiresharkが、フレームを送り出す前にキャプチャしたためです（パディングは送信時にNICが加える）。実際にネットワークを流れるときには同じ量のパディングが付きます。

ARPキャッシュ

MACアドレスはイーサネット通信で必須のものなので、IPデータグラムを送るたびにARP処理が必要になります。しかし、毎回やっていては効率がよくありません。1個のIPデータグラム送信につきARP送受信が必ず付け加われば、単純計算で通信量が3倍になります。また、ARP要求はネットワーク上のすべてのホストが関係のありなしに関わらず受信、処理するので、その他のホストには邪魔なだけです。

そこで、1度ARPで取得したIP＝MACのアドレス対応は、ホスト内部の対応表に格納します。これを**ARPキャッシュ**（ARP cache）あるいは**ARPテーブル**（ARP table）と言います。ホストはIPデータグラム送信に先立ち、まず自機のARPキャッシュを確認します。あればそのMACアドレスを使い、ARPは実行しません。

コラム　キャッシュとキャッシュ

Cacheは兵器や糧食などを隠しておく安全な場所、あるいはその行為を指します。まったく同じ発音のcash（現金）と紛らわしいですが、2つの語に直接関係はありません（お金を隠すからcacheなわけではない）。Cacheに「一時的な収容場所」の意味が加わったのは、コンピュータがその用法で使い始めてからなので、最近のことです。

ARPキャッシュはOSが管理する情報です。Windowsではarp -aコマンドから確認できます。Windows版arpはキャッシュエントリをNIC単位にまとめて表示します。次の例ではVMwareの仮想NICの部分を抜粋して示しています。

```
C:\temp>arp -a Enter
 ⋮
インターフェイス: 192.168.239.1 --- 0xc
  インターネット アドレス 物理アドレス           種類
  192.168.239.254      00-50-56-f7-4b-72    動的
  192.168.239.255      ff-ff-ff-ff-ff-ff    静的
  224.0.0.22           01-00-5e-00-00-16    静的
  224.0.0.251          01-00-5e-00-00-fb    静的
  224.0.0.252          01-00-5e-00-00-fc    静的
  239.255.255.250      01-00-5e-7f-ff-fa    静的
  255.255.255.255      ff-ff-ff-ff-ff-ff    静的
 ⋮
```

1列目がIPアドレス、2列目がそれに対応するMACアドレス、3列目がARPで取得したも

の（動的）か4-4節で説明する固定的な対応付けにもとづくもの（静的）かをそれぞれ示します。

　2行目と最終行から、IPブロードキャストアドレスはディレクテッド（192.168.239.255）とリミテッド（255.255.255.255）のどちらでも、MACに直すとFF-FF-FF-FF-FF-FFなことがわかります（3-4節）。

　参考までにLinux版の出力も示します（-nはホスト名でなくIPアドレスを示すオプション）。出力はWindows版とやや異なりますが、エッセンスは変わりません。

```
$ arp -n Enter
Address                 HWtype  HWaddress          Flags Mask        Iface
192.168.239.1           ether   00:50:56:c0:00:08  C                 ens33
192.168.239.2           ether   00:50:56:e7:2b:6e  C                 ens33
192.168.239.254         ether   00:50:56:f7:4b:72  C                 ens33
```

ARPの有効期限

　IPアドレスとMACアドレスの対応は恒久的なものではありません。IPアドレスは変更されることもありますし、MACアドレスもNICを交換することで変わります。トランスポート層にTCP（第8章）を利用していれば、宛先にフレームが届かなかったことを把握できるので、ARPキャッシュが正しい情報を指しているかは判断できます。しかし、ICMP（第6章）やUDP（第7章）には確認応答手段が提供されていないので、誤ったMACアドレスでのフレーム送信が失敗したことすら気付けません。

　そこで、ARPエントリには有効期限（timeout）を設けます。取得直後からタイマーが計時を始め、時間が来たらそのエントリは失効させます。失効されたら、ホストのTCP/IPソフトウェアは次の通信の機会にARPを実行します。

　有効期限は（昨今の）Linuxでは60秒です。Windowsではバージョンによって異なりますが、Windows 10 Home Editionでは15〜45秒の間です。多くのIPアドレスとMACを管理しなければならないルータなどの通信デバイスの有効期限は、これらよりも長いのが一般的です（Ciscoのルータは4時間）。

　有効期限は、Linuxでは/proc/sys/net/ipv4/neigh/*nic*/gc_stale_timeに示されています（*nic*はインタフェース名）。次にインタフェースens33の例を示します。

```
$ cat /proc/sys/net/ipv4/neigh/ens33/gc_stale_time Enter
60          ←60秒
```

　Windowsでは「基本の到達可能な時間」（BaseReachable Time）が先に定められ、これをベースに0.5倍から1.5倍の間でランダムに決定します。基本時間がデフォルトで30秒なので、15〜45秒なわけです。確認コマンドはnetsh interface ipv4 show interfaces *nic*です（*nic*はインタフェース番号）。次にインタフェース番号12を指定したときの例を示します。

```
C:\temp>netsh interface ipv4 show interfaces 12 Enter

インターフェイス VMware Network Adapter VMnet8 パラメーター
------------------------------------------------
IfLuid                   : ethernet_32775
IfIndex                  : 12
状態                     : connected
メトリック               : 35
リンク MTU               : 1500 バイト
到達可能な時間           : 27,000 ミリ秒              ←27秒
基本の到達可能な時間     : 30,000 ミリ秒              ←30秒
再転送間隔               : 1,000 ミリ秒
 :
```

「基本の到達可能な時間」を0.9倍したものが、**到達可能な時間**（ARP有効期限）の27秒です。WindowsのARPキャッシュ管理方法に興味のある方は、次のURLの記事「Description of Address Resolution Protocol (ARP) caching behavior in TCP/IP implementations」が参考になります。

https://learn.microsoft.com/en-us/troubleshoot/windows-server/networking/
address-resolution-protocol-arp-caching-behavior

1分も待てばリフレッシュされるので、管理者がARPキャッシュを操作する必要はあまりありません。それでも、arpコマンドにはキャッシュ削除の-dオプションがあります（実行には管理者権限が必要）。

RARP

ARPの操作コード（表1）に示したRARP要求とRARP応答は、IPアドレスが設定されていないホストがIPアドレスを取得するメカニズムです。Reverse ARP（逆ARP）の略で、IPアドレスをもとにMACアドレスを問い合わせるのではなく、MACアドレスをもとにIPアドレスを問い合わせるという逆操作を行います。仕様はRFC 903で規定されています。

仕組みは簡単で、IPアドレスを必要とするホストはRARP要求メッセージをブロードキャストで送信します。これを聞き届けた専用のRARPサーバは、あらかじめ用意されたMACアドレス−IPアドレス対応表から要求メッセージのMACアドレスに対応したIPアドレスをRARP応答メッセージで返します。

RARPメッセージフォーマットはARPと共通です。RARP要求では、操作コードが3です。ターゲットMACアドレスには、自機のMACアドレスを示します。送信元とターゲットのIPアドレスはすべて0（不定アドレス）で埋めます。図5にRARPメッセージのフォーマットを示します。ハイライトした箇所がRARPに固有の値です。

図5　RARPメッセージフォーマット

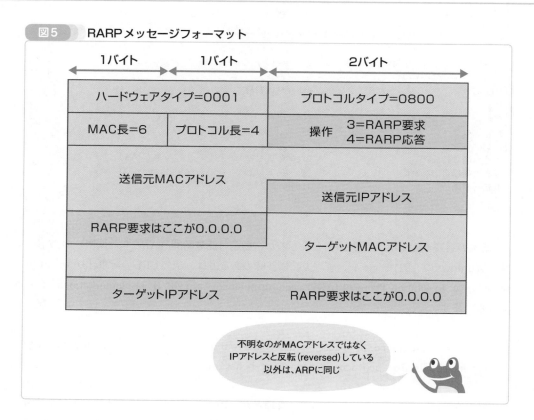

RARPは、設定機能もテンキーすらも持たないプリンタなどのデバイスが、イーサネットだけでIPアドレスを取得するのに用いられました。昨今は同じ機能をDHCP（9-5節）が提供するので、このパケットを見ることはまずありません。

GARP

アドレス重複

　個人使用のPCなどのIPアドレスは、現在ではDHCP（9-5節）で自動的に設定するのが一般的です。しかし、プリンタやルータやサーバなど、固定的なIPアドレスが必要なデバイスでは今も古式にのっとって手作業で割り当てます。

　手動では、同じIPアドレスを異なるホストに設定してしまうヒューマンエラーも起こりえます。あるいは、IPv4リンクローカルアドレス（169.254.0.0./16。3-4節）では、おおむねランダムにアドレスを自動決定しても、その結果が他と重なることも考えられます。そして、アドレスに重複が発生すると通信が混乱し、もっと困ったことに、この手の問題は障害元の特定が難しいのです。

ARPを用いた重複チェック

　そこで、IPアドレスを設定して通信を可能にするに先立ち、そのアドレスを誰も使っていないことを確証するステップを加えることになりました。具体的には、（ある種ダミーな）ARP要求メッセージをブロードキャストし、使おうとしているIPアドレスに対して返信が返ってきたらすでに利用済みとして使用を差し控えるという手を使います。応答が返ってこなかったら、誰も使っていないはずなので使用します。

　通信プロトコルとしてはARPそのものですが、アドレス解決以外の用途に用いられることから、一般に「Gratuitous ARP」、略して**GARP**と言います。

コラム　訳すのが面倒な用語

　適切な訳語がないと、翻訳家ならぬエンジニア諸氏は面倒だからと英語のまま押し通します。カタカナにするだけのことが多いのですが、不慣れな語では読み方がわからないと、アルファベットのまま強行します。頭字語があれば、これ幸いとそちらだけを使います。

　上記のGratuitousは好例です。発音すれば「グラテューイシャス」ですが、そう書いている文書はありません。もっとも、「好意からの、無償の、見返りのない、根拠のない、余計な」という辞書的な意味から「好意GARP」などと訳したら、余計にわけがわからなくなるので、悩みは深いです。自機のIPアドレスを告知するというその機能から、意訳すれば「周知ARP」あたりが妥当だと思われます。ARPは避けることができないので、「防ぐ術のない愛ある拳」もありでしょう。

GARPメッセージ

　GARPメッセージのフォーマットは、4-2節の図3に示したARPメッセージと共通です。書き込むべきフィールドの値で特記すべきポイントを次に示します。

- 操作フィールドには1を指定する（ARP要求）。
- ターゲットIPアドレスフィールドには、自機が使う予定のIPアドレスを指定する。
- ターゲットMACアドレスフィールドは、通常のARP同様に0で埋める。

これだけではうまくいかないこともあるため、より細かい手順を定めた改定版もあります。

- GARPを見たホストが、このARPメッセージのIP＝MAC対応を正しい情報と勘違いすることもあります。そこで、送信元IPアドレスフィールドに0.0.0.0を指定することで、記載された情報が正しくないことを明示します。
- GARPの送信元はARP応答が返ってこなければ誰も使用していないと仮定しますが、もしかしたら今起動中で数秒後にはそのIPアドレスを使い始めるかもしれません。そこで、1回の送信では即断せず、GARP要求を数回繰り返します。また、要所要所で待ち時間を設け、そのIPを使っているかもしれない相手に猶予を与えます。

　この改定版のGARPは**アドレス競合検出**（Address Conflict Detection）、略してACDと呼ばれます。また、送信元アドレスフィールドに0.0.0.0設定したARP要求を**ARPプローブ**（ARP probe）と呼びます。従来通りのGARPメッセージは、重複がないことを確証したうえで、他のホストにARPキャッシュを更新するように通知するときのみ使用するとされ、これを**ARP告知**（ARP announcement）と言います。
　ACDはRFC 5227で規定されていますが、旧来型のGARPほど広くは利用はされていないようです。

4-4 機械的対応付け

ARPが対応できないケース

ARPは、ブロードキャストで指定されたホストが応答するという手順を用います。このことは、特定のホストが応答するわけではないブロードキャストとマルチキャストのIPアドレス（3-4節）に対しては、ARPではMACアドレスが取得できないことを意味します。

その場合、IPアドレスから機械的に計算することでMACアドレスを導きます。Windowsの ARP キャッシュの「種類」欄に「静的」と示されたエントリは、こうしたメカニカルな方法で生成されたものです。

ブロードキャストアドレス

IPのブロードキャストアドレスは、固定的にFF-FF-FF-FF-FF-FFに対応付けられます。これはネットワークレベルのディレクテッドブロードキャスト（たとえば192.168.239.255/24）と無差別なリミテッドブロードキャスト（255.255.255.255/32）のどちらにも適用されます。IP的には区別があっても、イーサネット的には区別がありません。どちらもルータより先には伝搬しません。

IPv4マルチキャストアドレス

IPv4のマルチキャストアドレスはクラスD、アドレス範囲にして224.0.0.0から239.255.255.255です。マルチキャストデータグラムは、そのマルチキャストサービス（たとえばラジオサービス）を利用すると手を挙げたホストだけが受信しなければならないので、他者も巻き込むブロードキャストを使うわけにはいきません。そのため、IPv4マルチキャストアドレスに対応するMACアドレスを生成する手順がRFC 1112によって定められています。

- MACアドレスの先頭3バイト（OUI）を01-00-5Eとする。
- 25ビット目を0にする。
- 残り23ビットを、IPv4マルチキャストアドレスの末尾23ビットで埋める。

4-2節のWindowsのARPキャッシュで見た224.0.0.22 = 01-00-5E-00-00-16の対応関係を、図1から確認します。

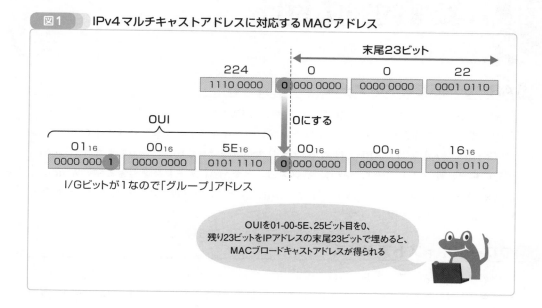

図1 IPv4マルチキャストアドレスに対応するMACアドレス

末尾23ビット

OUI

I/Gビットが1なので「グループ」アドレス

0にする

OUIを01-00-5E、25ビット目を0、
残り23ビットをIPアドレスの末尾23ビットで埋めると、
MACブロードキャストアドレスが得られる

　先頭3バイト、つまりOUIのところには01-00-5Eを用います。このOUIはIANAがIEEEからマルチキャスト用に取得したもので、RFC 7042で定義されています。OUIの右端のビット（LSB）は2-6節で説明したように、アドレスが特定対象（ユニキャスト）か不特定多数（マルチキャスト）かを区別するI/Gビットです。ここが1なので、これはマルチキャスト（グループ）アドレスです。

　あとはIPアドレスの末尾をコピーするだけです。25ビット目を0にするという規定がありますが、主要なマルチキャストアドレスはここはもともと0です。

　このIP＝MAC対応方式は、異なるIPアドレスに対して同じMACアドレスが生成される（多対1対応）という問題があります。IPアドレスは32ビットで、そのうち先頭4ビットの1110はクラスDを示すもののために固定なので、正味のIPアドレスは28ビットです。これを23ビットに押し込むわけですから、5ビットぶん（$2^5 = 32$）の重複が発生するのは避けられません。

　たとえば、224.0.0.22と225.0.0.22はどちらも01-00-5E-00-00-16になります。しかし、現時点ではIPv4マルチキャストアドレスはこれが問題になるほど割り当てられてはいません。

IPv6マルチキャストアドレス

　IPv6もマルチキャストデータグラムの搬送にはイーサネットを用いるので、対応するMACアドレスが必要です。このとき、MACアドレスの先頭2バイトには33-33を指定します。残り4バイト（32ビット）はIPv6マルチキャストアドレスの下位32ビットをそのまま用います。詳細はRFC 2464を参照してください。

　WindowsでIPv6のARPキャッシュを確認するには、PowerShellのGet-NetNeighborコマンドを用います（IPv4のものも表示します）。以下に、実行例を抜粋して示します。FF02で始まるものが、IPv6マルチキャストアドレスです。

```
PS C:\temp> Get-NetNeighbor Enter

ifIndex IPAddress                      LinkLayerAddress    State      PolicyStore
------- ---------                      ----------------    -----      -----------
12      ff02::1:ffde:71ee              33-33-FF-DE-71-EE   Permanent  ActiveStore
12      ff02::1:3                      33-33-00-01-00-03   Permanent  ActiveStore
12      ff02::1:2                      33-33-00-01-00-02   Permanent  ActiveStore
12      ff02::fb                       33-33-00-00-00-FB   Permanent  ActiveStore
:
```

静的設定

　ARPや機械的な方法ではIPアドレスを対応付けられないこともあります。そうした切羽詰まった状況では、arp -sコマンド（UnixとWindowsで共通）を用いて手動でARPキャッシュにエントリを加えます。次の例は、WindowsでIPアドレス192.168.239.100をMACアドレス00-50-56-12-34-56に強制的に対応付けます（管理者権限が必要）。

```
             IPアドレス        MACアドレス
C:\temp>arp -s 192.168.239.100 00-50-56-12-34-56 Enter
```

　arp -aから、この新しいエントリが「静的」なものとして登録されていることが確認できます。4-2節のARPキャッシュ例と比較してください。

```
C:\temp>arp -a Enter
:
インターフェイス: 192.168.239.1 --- 0xc
  インターネット アドレス 物理アドレス        種類
  192.168.239.100      00-50-56-12-34-56   静的           ←新規追加
  192.168.239.254      00-50-56-f7-4b-72   動的
  192.168.239.255      ff-ff-ff-ff-ff-ff   静的
  224.0.0.22           01-00-5e-00-00-16   静的
  224.0.0.251          01-00-5e-00-00-fb   静的
  224.0.0.252          01-00-5e-00-00-fc   静的
  239.255.255.250      01-00-5e-7f-ff-fa   静的
  255.255.255.255      ff-ff-ff-ff-ff-ff   静的
:
```

　手順はシンプルですが、ネットワーク構成的には高度なテクニックです。ネットワークを熟知していないとおもしろくない結果になるので、ご注意を。手動設定のARPエントリには有効期限がないので、遊んだあとは、忘れないうちにarp -dで削除します。

```
C:\temp>arp -d 192.168.239.100 Enter          ←削除するIPアドレス
```

4-5 まとめ

本章では、ネットワーク層の識別子であるIPアドレスとリンク層の識別子であるMACアドレスの対応関係を説明しました。重要な点は次の通りです。

ポイント

- IP通信にはリンク層のイーサネットが必須で、これにはMACアドレスが必要です。宛先IPアドレスからMACアドレスを調べるにはARP（アドレス解決プロトコル）を使います。
- ARPメッセージは直接イーサネットペイロードに書き込まれ、通信にはMACブロードキャストFF-FF-FF-FF-FF-FFを使うので、IPアドレスなしで動作します（L2プロトコル）。
- ARPでは解決できないIP－MAC対応（たとえばマルチキャストアドレス）には、機械的な対応付けが用意されています。

IP

IP（Internet Protocol）は、第2章で説明したローカルネットワークを相互に結び付けるための仕組みです。IPの仕様（RFC 791）はアドレス体系、送受するデータの形式、そしてデータの送受信方法を規定しています。アドレス体系は第3章で説明したので、本章では残り2つ機能とルーティング（経路制御）を取り上げます。

5-1 インターネットプロトコル

インターネット層はL3

IPはTCP/IPでは**インターネット層**（Internet layer）に属します。図1に示すようにOSI参照モデルでは下から3番目に位置するので、**L3**（エル スリー）と略称されます。

図1　OSI参照モデル上のインターネット層プロトコルの位置

OSI参照モデル		TCP/IP	プロトコル
L7	アプリケーション層	アプリケーション層	DNS、FTP、HTTP、SMTP、POP3...
L6	プレゼンテーション層		
L5	セッション層		
L4	トランスポート層	トランスポート層	TCP、UDP...
L3	ネットワーク層	インターネット層	ICMP、IP...
L2	データリンク層	リンク層	イーサネット、ARP...
L1	物理層		

インターネット層は「L3」

IPのデータ転送単位を**データグラム**と言い、イーサネットなどのリンク層プロトコルのペイロードにカプセル化されることで搬送されます（図2）。

図2　IPデータグラムのカプセル化

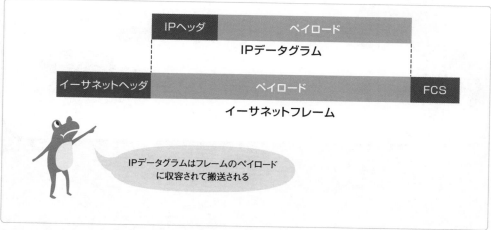

IPデータグラムはフレームのペイロードに収容されて搬送される

148

●IPの機能

　ネットワークを取りまとめるIPには、大きく次の2つの機能があります。

●アドレス指定

　膨大な数のホストの集合体であるインターネットでホストを誤りなく指示するため、IPは識別子としてIPアドレスを用意しています（3-1節）。次に要点を軽くまとめます。

> ・IPアドレスは32ビット、つまり約43億台ぶんのホストを識別できる。
> ・IPアドレスはネットワークを識別する前半のネットワーク部と、そのネットワーク内のそれぞれのホストを指し示す後半のホスト部で構成される。
> ・両者の区切り位置はプレフィックスあるいはサブネットマスクから示す。
> ・ネットワークアドレスを得るには、ホスト部をすべて0にする。

●フラグメント化

　リンク層プロトコルのペイロードにはMTUと呼ばれるサイズ上限があります（2-1節）。イーサネットなら1500バイトです。これはつまり、イーサネットフレームに大きめなIPデータグラムをカプセル化するときは、分割しなければ収容できないことを意味します（図3）。小包の重量制限のために、荷物を複数口に分けるのと同じ塩梅です。

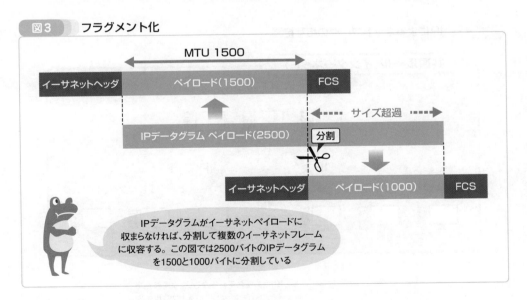

図3　フラグメント化

> IPデータグラムがイーサネットペイロードに収まらなければ、分割して複数のイーサネットフレームに収容する。この図では2500バイトのIPデータグラムを1500と1000バイトに分割している

　IPデータグラムの分割操作を**フラグメント化**（fragmentation）、フラグメント化されたデータグラムを**フラグメント**（fragment）と言います。フラグメントを受信したホストは、分割前のもとのIPデータグラムに組み合わせることで送信データを再現します。これを**再構成**（reassembly）と言います。フラグメント化と再構成は5-4節で説明します。

IPに含まれていない機能

　IPは通信の信頼性を提供しません。イーサネットと同じく、IPも「ベストエフォート」型の通信システムです（2-2節）。IPデータグラムは、障害に遭遇したら廃棄されます。廃棄されても、自動的に再送する手段は備わっていません。宛先から受領報告がもらえるわけでもないので、送信元は届いたかどうかを知ることができません。こうした信頼性に関する機能は上位のネットワーク層、具体的にはTCP（第8章）が提供します。

　データグラムを配送できなかったときにエラーを報告するメカニズムもありません。これは、ICMP（第6章）と呼ばれる別のインターネット層プロトコルから提供されます。

　インターネットで宛先までデータグラムを届けるには、中継するルータがそれをどこに転送すればよいかを知っていなければなりません。IPそれ自体にはこの情報を収集する機能は備わっていません。これはルーティングプロトコルと呼ばれる一連のメカニズムから提供されます。本書ではそのものは扱いませんが、本節でその考え方を説明します。

IPはなぜ必要か

　略称が一般的になりすぎて忘れられがちですが、IPは**インターネットプロトコル**（Internet Protocol）の略です。分解して訳せば「ネットワーク」の「間に」ある「規約」なので、複数のリンク層ネットワークをまとめてネットワークのネットワークを構成するときの共通ルールという意味になります（図4）。

図4 　IPによるネットワークの相互接続

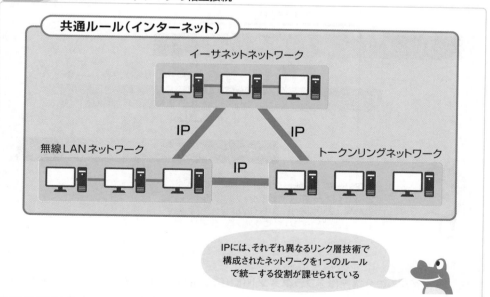

IPには、それぞれ異なるリンク層技術で構成されたネットワークを1つのルールで統一する役割が課せられている

　第2章で説明したリンク層ネットワークは、近隣のホストをまとめ上げるには最適な手段です。その代表であるイーサネットは、多段的に接続することでそれなりに大きなエリアもカバーできます。しかし、イーサネットとは異なる技術もあり、そうしたネットワークは直接には相互接続できません。世界のすべてのネットワークがイーサネットだったとしても、距離の制約から接続できないホストも出てきます。仮にできたとしても、1台のホストの発したブロードキャストが全世界に伝搬したときの混雑と騒々しさは、想像を絶するでしょう。

　加えて、MACアドレスはそのネットワークインタフェースカードを装備したホストの所在は教えてくれません（ブロードキャストに頼るのはそのためです）。わかるのは、どこの業者が製造したかくらいです。これでは、どこにパケットを送ってよいか判断できません。

　IPは、個別のネットワークはそのままとして、これらを包括的に取りまとめる手段として設計されました。

● グローバルなIPはローカルなイーサネットを乗り換えながら宛先に向かう

　IPが本来的にローカルであるイーサネットを使ってグローバルにデータグラムを配送する方法は、電車の路線網で考えるとわかりやすいでしょう。図5は1-1節の図4と同じものですが、途中経過がわかるように手を加えています。

　電車の切符は乗車駅から降車駅まで通しで買います。図5では三鷹から初台です。同様に、IPでも送信元と最終的な宛先のIPアドレスだけを指示します。図ではホストAからホストBです。インターネットは個々のネットワークを包括するグローバルなネットワークのネットワークなので、送信元と宛先は常にエンドツーエンド（end-to-end）で考えます。

　乗客は路線を乗り継いで目的地に向かいます。図では三鷹から中央線で吉祥寺、そこから井の頭線で明大前、そして京王線で初台です。IPデータグラムも、ネットワークを飛び石伝いに転送されながら移動します。ホストAからネットワークXを介してルータ1へ、ルータ1からネットワークYを抜けてルータ2へ、そしてルータ2からネットワークZを通ってホストBへ到達します。それぞれのネットワークでは、IPデータグラムはイーサネットフレームに搭載されて移動します。フレームに示されるのはネットワーク単位のローカルな情報だけです。中央線の三鷹→吉祥寺が、ネットワークXでのホストA→ルータ1に相当します。

図5 イーサネットとIPの関係

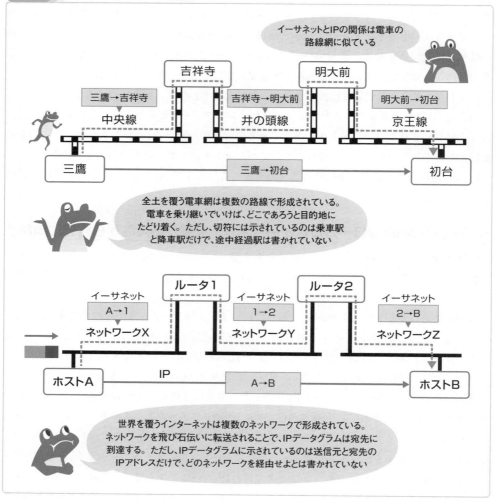

IPデータグラム載せ替えマシンとしてのルータ

　途中駅であるルータは、受信したイーサネットから中のIPデータグラムを取り出し、別の
ネットワーク用のフレームに載せ替えて送り出します。乗客が電車を乗り換えるのと同じ要
領です。このときの様子を図6に示します（図5の左半分）。

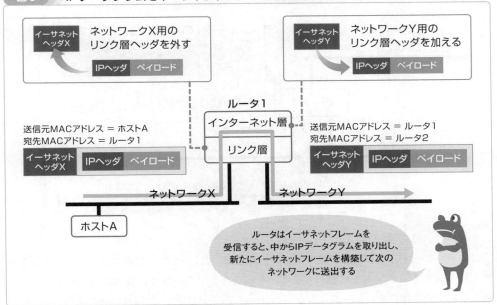

図6　IPデータグラムをイーサネットフレームに載せ替えるルータ

イーサネット
ヘッダX　ネットワークX用の
リンク層ヘッダを外す

IPヘッダ　ペイロード

イーサネット
ヘッダY　ネットワークY用の
リンク層ヘッダを加える

IPヘッダ　ペイロード

ルータ1
インターネット層
リンク層

送信元MACアドレス = ホストA
宛先MACアドレス = ルータ1

イーサネット
ヘッダX　IPヘッダ　ペイロード

送信元MACアドレス = ルータ1
宛先MACアドレス = ルータ2

イーサネット
ヘッダY　IPヘッダ　ペイロード

ネットワークX　ネットワークY

ホストA

ルータはイーサネットフレームを
受信すると、中からIPデータグラムを取り出し、
新たにイーサネットフレームを構築して次の
ネットワークに送出する

　ホストAは、ネットワークYの向こうにあるホストB宛のIPデータグラムを作成し、これをイーサネットフレームにカプセル化してネットワークXに送り出します。フレームの宛先はルータ1で、ホストBではありません。

　ルータ1は、受信されたフレームからIPパケットを取り出します（図6の左上）。この処理はルータのリンク層プロトコルソフトウェアが行います。取り出されたIPパケットは、そこからインターネット層ソフトウェアに引き渡されます。

　ルータ1はIPヘッダに書かれた宛先がホストBであることから、このデータグラムはネットワークYにあるルータ2（図5の右側）に転送すればよいと判断します（判断方法は次に説明します）。そこで、ルータ1はルータ2のMACアドレスを調べ（第4章のARP）、それを宛先に指定したイーサネットフレームを構築し、受信したIPパケットを再度カプセル化します。あとは、このイーサネットフレームをネットワークYに送出します。

　つまり、ルータは受信したイーサネットフレームを分解し、中身のIPパケットを解析し、イーサネットフレームを再構成する装置です。OSI参照モデルのネットワーク層レベルで送受されるパケットを交換するネットワーク装置なので、**L3スイッチ**とも呼ばれます。イーサネットのヘッダはチェックするが、ペイロードにはタッチしないスイッチングハブ（2-4節）より1レベル上の処理を任せられているところがポイントです。

経路の判断

　ルータは、受信したIPデータグラムをどちらに転送すべきかを知っていなければなりません。図5や図6のルータ1のように2つしかネットワークインタフェースがなければ判断は簡単ですが、図7のように3つもあると、宛先と送出口の対応を示した表が必要です。

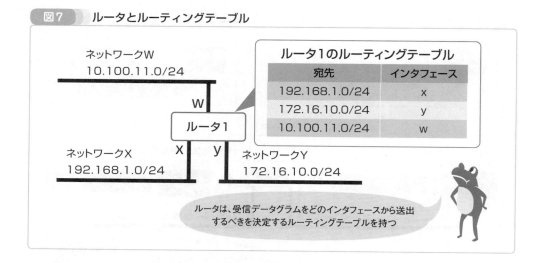

図7 ルータとルーティングテーブル

ネットワークW
10.100.11.0/24

ルータ1のルーティングテーブル

宛先	インタフェース
192.168.1.0/24	x
172.16.10.0/24	y
10.100.11.0/24	w

W

ルータ1

ネットワークX
192.168.1.0/24

x   y   ネットワークY
          172.16.10.0/24

ルータは、受信データグラムをどのインタフェースから送出
するべきを決定するルーティングテーブルを持つ

この表を**ルーティングテーブル**（routing table）と言います。電車で言えば、どの行き先なら何番線かを示す案内板に相当します。ルーティングテーブルに従ってデータグラムの転送先を決定する操作を、**ルーティング**（routing）あるいは訳して「経路制御」と言います。

図のルータ1は、3つのネットワークを相互接続しているのでテーブルには3つのエントリがあります。

遠方への経路とルーティング情報の交換

ルーティングテーブルには、自機とは直接につながっていないネットワークの情報も必要です。図8のようにネットワークYの先にネットワークZがあれば、ネットワークZにデータグラムを送るにはインタフェースyからフレームを送出しなければならないことを知っていなければならないからです。

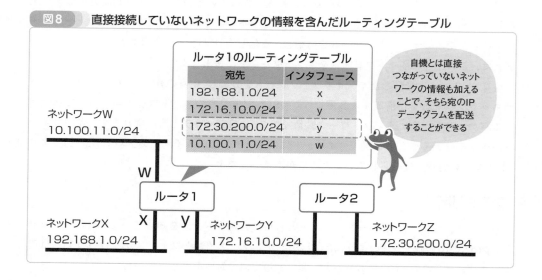

図8 直接接続していないネットワークの情報を含んだルーティングテーブル

ルータ1のルーティングテーブル

宛先	インタフェース
192.168.1.0/24	x
172.16.10.0/24	y
172.30.200.0/24	y
10.100.11.0/24	w

自機とは直接
つながっていないネット
ワークの情報も加える
ことで、そちら宛のIP
データグラムを配送
することができる

ネットワークW
10.100.11.0/24

W

ルータ1   ルータ2

ネットワークX   x   y   ネットワークY   ネットワークZ
192.168.1.0/24   172.16.10.0/24   172.30.200.0/24

　直接接続ではないネットワークについては、ルータ同士で情報を交換します（図9）。たとえば、ルータ1はルータ2に、XとYに直接つながっていると通知します。ルータ2も同様に、YとZと接続していることを伝えます。ルータ1は、この情報からネットワークZ宛はネットワークYのルータ2に転送すればよいことを知ります。

図9　　ルーティング情報の交換

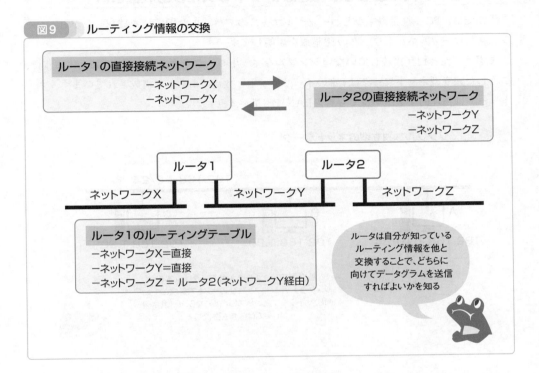

　ルータ間でルーティング情報を交換するメカニズムが、**ルーティングプロトコル**（routing protocol）です。この機能は、プロトコルとしてのIPそのものには含まれていないので、OSPFやBGPという別のプロトコルから提供されます。説明は本書では割愛しますが、こうしたメカニズムが存在するからこそ、ルータはどのルータにデータグラムを転送すればよいかを知ることができるという点だけ覚えておいてください。

5-2 デバイスのIP設定

ネットワーク内の通信では設定はIPアドレスだけあればよい

本節では、PCや携帯端末などパーソナルユースのデバイスのIP設定を確認しながら、ベーシックなローカルネットワークのIP構成を説明します。

まずは、他と相互接続していないシンプルなネットワークを考えます。図1に示すように、こうした独立型ネットワークは1本のイーサネットと数台のホストで構成されています。ネットワークは物理的なケーブルでも無線LANでも構いません。

| 図1 | シンプルな独立型のネットワーク |

192.168.1.0/24

A
192.168.1.10/24

B
192.168.1.20

C
192.168.1.30

独立型のシンプルなネットワークは、1本の
リンク層ネットワークと数台のホストで構成される。
同じネットワーク上のホストが宛先なら、イーサネット
フレームは直接配送できる

このような構成では、ホストは宛先に直接イーサネットフレームを送信できるので、IPアドレスさえあれば通信ができます。これを**直接配送**と言います。図では192.168.1.10が192.168.1.30に、IPデータグラムをカプセル化したイーサネットフレームを直接送っています。イーサネット通信に必要なMACアドレスはARPで取得します（第4章）。

ホストAのIP設定は表1の通りです。最もシンプルな構成なので、設定項目は2つだけです。

▼表1　ホストAのIP設定（シンプルで独立型のネットワーク）

設定項目	値
自機IPアドレス	192.168.1.10
サブネットマスク	255.255.255.0（/24）

ルータが加わると、デフォルトゲートウェイ情報が必要

他のネットワークにあるホストと通信をするには、ネットワークを相互に接続するルータが必要です。

ルータには2つ以上のネットワークインタフェースがあります。ホームネットワークの無線LANルータ（2-5節）なら、図2のように1つがローカルネットワークに、別のものがインターネット側（光回線の向こうにあるインターネットプロバイダのネットワーク）に接続しています。どちらのインタフェースにもIPアドレスが必要ですが、ホストが知っていなければならないのはローカルネットワーク側だけです。図2の例では192.168.1.254です。

図2　デフォルトゲートウェイ付きネットワーク

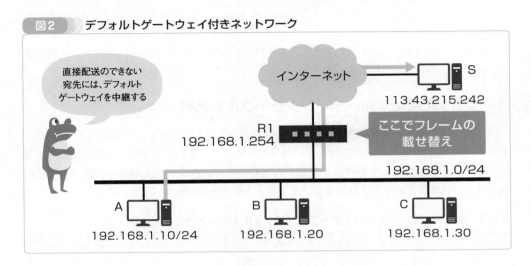

ホストAからでは、インターネット上のホストにはイーサネットフレームを直接送信できません。そこで、IPデータグラムを乗せたフレームをR1に送り、そこから別のルータに、さらにそこから別のルータに…と飛び石伝いに転送してもらいます。このように、直接的ではないルータ任せの配送を**間接配送**と言います。

ルータ経由の間接配送には、ホストAはルータのIPアドレスを知らなければなりません。直接配送以外はすべてデフォルトでR1に送るので、このルータを**デフォルトゲートウェイ**（default gateway）、そのIPアドレスを**デフォルトゲートウェイアドレス**（default gateway address）と言います。この情報が加わったホストAのIP設定は、表2のように拡張されます。

▼表2　ホストAのIP設定（デフォルトゲートウェイ付き）

設定項目	値
自機IPアドレス	192.168.1.10
サブネットマスク	255.255.255.0（/24）
デフォルトゲートウェイアドレス	192.168.1.254

自機IPアドレス用のサブネットマスクはデフォルトゲートウェイにも適用されるので、とくに明示する必要はありません。

自機のIP設定の確認には、Windowsでは`ipconfig`コマンドを使います。実行結果を抜粋して次に示します。

```
C:\temp>ipconfig Enter
  :
Wireless LAN adapter Wi-Fi:
  :
    IPv4 アドレス . . . . . . . . . . . .: 192.168.1.10        ←図2のホストA
    サブネット マスク . . . . . . . . .: 255.255.255.0        ←/24
    デフォルト ゲートウェイ . . . . . .: 192.168.1.254        ←図2のR1
  :
```

Unixのifconfigはデフォルトゲートウェイは表示しないので、netstatコマンドを用います。用法はこのあと説明します。

ルータが加わると、ルーティングテーブルも必要

IPデータグラムを直接配送するか、デフォルトゲートウェイに宛てて間接配送すべきかを、ホストは宛先IPアドレスから判断しなければなりません。これは表3のように、宛先ネットワークアドレスと配送先が対になった表から判断します。表はルータがデータグラム転送に使うのと同じ構造なので、これもルーティングテーブルと呼ばれます。

▼表3 ホストAのルーティングテーブル（デフォルトゲートウェイ付き）

宛先ネットワーク	サブネットマスク	配送方法
192.168.1.0	255.255.255.0	直接
0.0.0.0	0.0.0.0	192.168.1.254（ルータ経由の間接配送）

ホストは送信に先立ち、宛先IPアドレスと表の宛先ネットワークを順次比較します。

宛先192.168.1.30（図1）を考えます。この宛先のネットワークアドレスを1行目のサブネットマスクから計算すると、192.168.1.0が得られます。これは1列目の宛先ネットワークと一致するので、直接配送すべきとわかります。

続いて、宛先が113.43.25.242（図2）のケースです。1行目だとネットワークアドレスが113.43.25.0なので、マッチしません。そこで次行の0.0.0.0と比較します。この不定アドレス（3-4節）は、ルーティングテーブルでは「すべてのネットワーク」を意味します。これをデフォルトルート（default route）と言います。何にでも当てはまるので、このテーブルでは192.168.1.0/24以外はデフォルトゲートウェイ192.168.1.254への間接配送となります。

2行目のサブネットマスクは0.0.0.0（/0、つまりネットワーク部分がない）としていますが、「キャッチオール」な宛先なので、それ自体はさほど意味はありません。

Windowsでルーティングテーブルを確認するにはroute PRINTです。「インターフェイス一覧」、「IPv4 ルート テーブル」、「IPv6 ルート テーブル」の3部構成ですが、ここではIPv4のルーティングテーブルだけに注目します。何行も出力されて読みにくいですが、説明したもののみ抜粋すると次のようになります。

```
C:\temp>route print Enter
 ⋮
IPv4 ルート テーブル
===========================================================================
アクティブ ルート:
ネットワーク宛先        ネットマスク       ゲートウェイ       インターフェイス メトリック
        0.0.0.0         0.0.0.0   192.168.1.254   192.168.1.10      35
    192.168.1.0   255.255.255.0         リンク上   192.168.1.10     291
 ⋮
```

　3列目の「ゲートウェイ」が表3の配送方法です。「リンク上」とあるのは直接配送という意味です。残りの2列は、このあと説明します。

　Unixも同じrouteコマンドですが、サブコマンドのPRINTは必要ありません。次の用例で用いる −nは、ドメイン名やホスト名をIPアドレスで示すオプションです。

```
$ route −n Enter
Kernel IP routing table
Destination      Gateway       Genmask          Flags Metric Ref    Use Iface
 ⋮
192.168.1.0      0.0.0.0       255.255.255.0  U     256    0      0 wifi0
0.0.0.0          192.168.1.254 255.255.255.255 U     0      0      0 wifi0
```

　列の順番が異なることを除けば、Windowsのものと情報は変わりません。異なるのは宛先ネットワーク0.0.0.0のサブネットマスク（上記ではGenmask）で、255.255.255.255（/32、つまりすべてがネットワーク部）になっています。キャッチオールな0.0.0.0ではサブネットマスクが意味をなさないので、気にしなくても結構です。

複数のルータがあるときは、どれか1つがデフォルトゲートウェイ

　ホストAが接続しているネットワークに複数のルータがあるケースを考えます（図3）。この例では、図2のローカルネットワークにルータR2の192.16.1.253を加えることで、左手のネットワーク192.168.2.0/24と通信ができるようになっています。

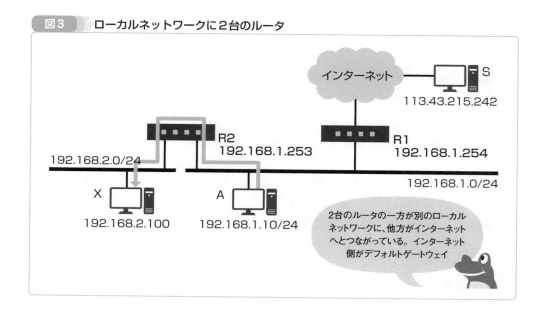

図3 ローカルネットワークに2台のルータ

このような環境でも、ホストAのIP設定は表2から変更はありません。必要なのは相変わらず自機のIPアドレス、そのサブネットマスク、デフォルトゲートウェイのIPアドレスだけです。しかし、ルーティングテーブルは左手のネットワークとの通信のためのエントリが加わって、表4のようになります。

▼表4　ホストAのルーティングテーブル（2つのルータ付き）

宛先ネットワーク	サブネットマスク	配送方法
192.168.1.0	255.255.255.0	直接
192.168.2.0	255.255.255.0	192.168.1.253（左ネットワーク行き）
0.0.0.0	0.0.0.0	192.168.1.254（デフォルトルート）

ホストAがホストXと通信するときは、ルータR2経由の間接通信です。直接配送の自ネットワークでも左ネットワークでもなければ、やはりデフォルトルートのルータR1経由です。

Windowsで route PRINT を実行すれば、次のような出力が得られます（長いので抜粋）。

```
C:\temp>route print Enter
 :
IPv4 ルート テーブル
===========================================================================
アクティブ ルート:
ネットワーク宛先        ネットマスク       ゲートウェイ       インターフェイス  メトリック
        0.0.0.0          0.0.0.0   192.168.1.254     192.168.1.10       35
      192.168.1.0    255.255.255.0        リンク上     192.168.1.10      291
      192.168.2.0    255.255.255.0   192.168.1.253     192.168.1.80       36
 :
```

複数のインタフェースがあるときは、優先度が必要

ホストに備わっている2つのネットワークインタフェースから、それぞれ異なるネットワークに同時に接続する構成を考えます（図4）。たとえば、自席では有線イーサネットを用い、会議室や教室に移動したら無線LAN経由にするとき、このような構成になります。

図4　2つのネットワークインタフェースと2つのネットワーク

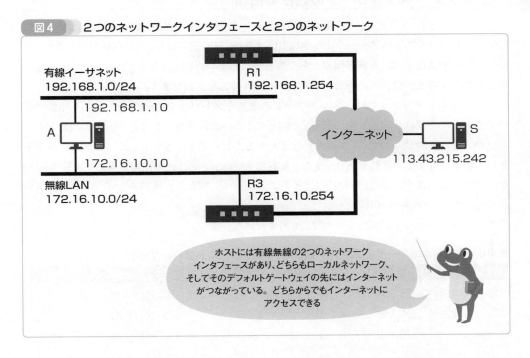

有線イーサネット
192.168.1.0/24

R1
192.168.1.254

192.168.1.10

A

インターネット

S
113.43.215.242

172.16.10.10

無線LAN
172.16.10.0/24

R3
172.16.10.254

> ホストには有線無線の2つのネットワークインタフェースがあり、どちらもローカルネットワーク、そしてそのデフォルトゲートウェイの先にはインターネットがつながっている。どちらからでもインターネットにアクセスできる

　自機とデフォルトゲートウェイのIPアドレス（表2）はインタフェース単位に用意されるので、次の表5のようになります。

▼表5　ホストAのIP設定（2つのインタフェース）

インタフェース	設定項目	値
有線イーサネット	自機IPアドレス	192.168.1.10
	サブネットマスク	255.255.255.0
	デフォルトゲートウェイアドレス	192.168.1.254
無線LAN	自機IPアドレス	172.16.10.10
	サブネットマスク	255.255.255.0
	デフォルトゲートウェイアドレス	172.16.10.254

> 表2の情報が2つのインタフェースぶん用意される

192.168.1.0/24宛は有線インタフェースから、172.16.10.0/24宛は無線インタフェースからそれぞれ送出するだけですが、それ以外は、2つあるデフォルトゲートウェイのどちらかを選ばなければなりません。当然ながら、速い方を選択します。

● メトリック−ネットワークの速さの情報

ネットワークの速度は、利用しているリンク層の技術で決まります。たとえば、1000BASE-Tツイストペアイーサネットは1000 Mbps、IEEE 802.11axは9600 Mbpsです。このカタログ値に従えば、有線無線のどちらも有効にしている図4のホストAは、インターネットと通信をするときは無線、つまり172.16.10.254の方を選択します。

ルーティングテーブルでは、ネットワークの速度を**メトリック**（metric）という単位で定めます。意味的には「測度」や「計量」ですが、「この経路を使ったときの所要時間はどれくらいか」を示す数値なので、「コスト」と考えた方がしっくりくるでしょう。つまり、値が小さい方がより好ましい経路であり、速さの反対です。route PRINTの出力にある「メトリック」がこの値を示します。また、4列目の「インタフェース」欄から、複数あるインタフェースのうちどれがその経路への出口かを示します。

ホストAのルーティングテーブルは表6のようになります。

▼**表6　ホストAのルーティングテーブル（2つのデフォルトゲートウェイ）**

宛先ネットワーク	サブネットマスク	配送方法	インタフェース	メトリック
192.168.1.0	255.255.255.0	直接（イーサネット側）	192.168.1.10	291
172.16.10.0	255.255.255.0	直接（無線LAN側）	172.16.10.10	291
0.0.0.0	0.0.0.0	192.168.1.254（イーサネット側デフォルトルート）	192.168.1.10	35
0.0.0.0	0.0.0.0	172.16.10.254（無線LAN側デフォルトルート）	172.16.10.10	25

この表に従えば、172.16.10.10インタフェースのデフォルトルートのメトリックの方が小さいので、インターネットとの通信時に選択されるのは無線LAN側です。

route PRINTの出力は次のようになります（抜粋）。

```
ネットワーク宛先      ネットマスク        ゲートウェイ      インターフェイス  メトリック
      0.0.0.0          0.0.0.0     192.168.1.254     192.168.1.10     35
      0.0.0.0          0.0.0.0     172.16.10.254     172.16.10.10     25
  192.168.1.0    255.255.255.0          リンク上     192.168.1.10    291
  172.16.10.0    255.255.255.0          リンク上     172.16.10.10     36
```

なお、Windowsのroute PRINTはインタフェースをそのIPアドレスで示しますが、Unixのrouteはeth0などのインタフェース名で示します。

メトリックの算出方法は、ルータ（5-1節）とホストで異なり、またOSによって異なります。

表7に、Windows 10のものを抜粋して示します。なお、いろいろな条件から値は変わってくるので、目安程度だと思ってください。

▼**表7　Windows 10の物理インタフェースのメトリック**

リンク速度（Mbps）	メトリック
2000〜	25
500〜2000	30
200〜500	35
150〜200	40
80〜150	45

　これ以外の対応は、次のURLに示すMicrosoftの技術資料「An explanation of the Automatic Metric feature for IPv4 routes」を参照してください。

https://learn.microsoft.com/en-us/troubleshoot/windows-server/networking/automatic-metric-for-ipv4-routes

5-3 IPデータグラム

IPデータグラムフォーマット

IPデータグラムには、送信元と宛先の間でパケットを交換するために必要な制御情報が収容されています。逆に言えば、データグラムのフォーマットを把握することでIPに何ができるか、あるいは何ができないかが理解できます。

本節ではIPv4の説明をします。IPv6は5-5節で取り上げます。

IPv4データグラムのフォーマットを図1に示します。合計12フィールド（オプションを除く）で構成されていることからわかるように、3フィールド構成のイーサネットフレーム（2-7節）と比べて複雑です。つまり、それだけ多機能だということです。

図1 IPv4データグラムのフォーマット

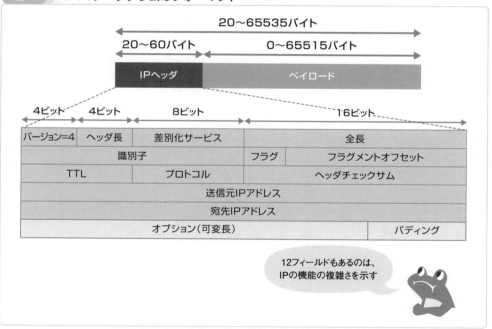

IPデータグラムのサイズは、ヘッダとペイロードを含めた全長で65535バイトまでです。ヘッダ長は必須の固定部分（図中灰色でシェーディングされたフィールド）が20バイトと定められているので、その場合、ペイロードは最大で65515バイトまでです。ヘッダ長は必要に応じて加えられる「オプション」が付くことで可変になりますが、そうしたときでも最大60バイトまでです。これら上限下限がどのようにして導かれたかは追って説明します。

以下、図1の順（左から右へ、上から下へ）に各フィールドを説明します。

バージョン

バージョン（Version）フィールドはIPのバージョンを整数で示します。4ビット幅なので、原理的にIPには0から15までのバージョンを割り振ることができますが、使われるのはIPv4を示す4（2進数で`0100`）かIPv6の6（`0110`）だけです。ただし、IPv6データグラムのフォーマットは、先頭のこの4ビットを除いてIPv4と共通するところはまったくありません。

その他のバージョンの状況を知りたければ、次にURLを示すIANAの「IP Version Numbers」を参照してください。

https://www.iana.org/assignments/version-numbers/version-numbers.xhtml

ヘッダ長

IPヘッダの長さはオプションが加わることで可変になるので、この「ヘッダ長」フィールドから示します。仕様書のRFC 791はInternet Header Length、略してIHLと呼んでいます。

ヘッダ長フィールドは4ビットで記述されるので、数値的には$2^4 - 1 = 15$までしかカウントできません。これでは、固定長部分のバイト数である20すら表現できません。そこで、この値を4で乗じた値をヘッダ長とします。たとえば、ここに5（2進数で`0101`）が記載されているときは、$5 \times 4 = 20$バイトと解釈します。最大ヘッダ長は$15 \times 4 = 60$です。この構成のため、ヘッダ長フィールドが表現できる長さは図2に示す11パターンしかありません。

図2　IPヘッダのヘッダ長のパターン

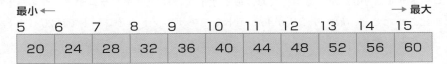

最小←　5　6　7　8　9　10　11　12　13　14　15　→最大
20　24　28　32　36　40　44　48　52　56　60

最小20、最大60バイトで4バイト単位なので、取りうるパターンは11サイズしかない。マス内の数値がバイト数、その上がフィールドの値をそれぞれ示す

ヘッダ長が4の倍数でなければ、ヘッダはその値になるまでパディングで埋めます。たとえば、ヘッダ長が39バイトなら、ヘッダ長フィールドには10（40バイト）を指定し、不足分の1バイトを0で埋めます。

差別化サービス

3番目の1バイト（8ビット）幅のフィールドは**差別化サービス**（differentiated service）で、データグラムの処理方法を経路途中のルータに指示します。たとえば、データグラムの優先順位が高ければ、ルータは混雑時には低優先度のものよりこちらを先に処理します。あるい

165

は、音声であるとマークされたデータグラムは、音声パケットは他よりも損失耐性が高いので、こちらを廃棄する可能性を高くします。

差別化フィールドは8ビット構成ですが、用法を規定するのは先頭6ビットだけです。このフィールドは差別化コードポイント（Differentiated Service Code Point）と名付けられているので、略してDSCPフィールドとも呼ばれます。

このフィールドをサービス種別（Type of Service）、あるいは略してToSフィールドと書く資料もあります。これは、IPの仕様を定めたオリジナルのRFC 791がそのように名付けているからですが、オリジナルの設計通りに使われたことはほとんどありませんでした。代わりに、RFC 2474が旧来の用法を無効化し、差別化サービス用に再定義しました。

データグラムに差別化サービスの指定があったとしても、それを採用するかはルータにかかっています。ルータにその機能が実装されていないかもしれませんし、指定を守らないかもしれません。ヒントとして参考にするかもしれませんが、ネットワークの品質を保証するわけではありません。

全長

4番目の2バイトの**全長**（Total Length）フィールドは、IPデータグラムの全長をバイト単位で示します。2^{32}-1までの数値を表現できるので、最大長は65535です。もっとも、そこまで使うことは考えられておらず、仕様書のRFC 791も「そんなに長いものは非実用的」と述べています。

最小長は20です。これは、IPヘッダのオプションを除いた基幹部分が20バイトで、最小のペイロードサイズが0だからです。なお、最小サイズのIPデータグラムがイーサネットにカプセル化されたとき、最小サイズが46バイトなイーサネットペイロードでは26バイトのパディングが入ります。

識別子、フラグ、フラグメントオフセット

これら3つのフィールド（トータルで4バイト）はフラグメント化処理（5-4節）で用いられます。

TTL

1バイトで記述される**生存時間**（Time to Live）は、IPデータグラムがインターネット上から消滅させられるまでの寿命を示します。たいてい**TTL**と略して書かれます。

IPデータグラムを発信するホストは、ここに好みの値を指定します。1バイトなので可能な値は0〜255です。データグラムを受信したルータは、このフィールド値を必ず「1つ以上」減じてから他へ転送するので、インターネット上を搬送されていく間にTTL値は徐々に減っていき、最後には0になります。これは、送信元ホストが思っていたよりも宛先が遠かった、あるいはIPデータグラムが適切に転送されずに迷子になったことを示唆します。そこで、ルータはIPデータグラムを廃棄します。

TTLが変化していく様子を、図3に模式的に示します。

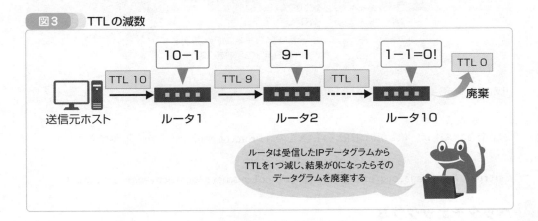

図3　TTLの減数

送信元ホストでTTL=10にセットされたIPデータグラムは、そのネットワーク上のルータに受け取られると値を1つ減じられ、TTL=9として転送されます。次のルータも1を減じ、TTL=8として転送します。転送されていくうちにTTLは1になり、これを受け取った10台目のルータは1を減じますが、その時点で0になったので廃棄します。

ここで重要なのは、TTLを減じるのはルータというところです。ホストは減じません。ホストはTTL=0のデータグラムを送信することもできますし、宛先が同一ネットワーク上にあればTTL=0のまま受信されます。また、ルータもTTL=0のデータグラムを受信します。ただ、ルータはTTL=0のデータグラムを転送してはならないという規定があるので、これを廃棄します（厳密な動作規定はRFC 1812にあります）。

TTL値は、実は生存できる「秒数」を示します。最大255なので、IPデータグラムの最大賞味期限は4分ちょっととも言えます。先ほど「1つ以上」減じると強調したのは、ルータでのデータグラムの滞在時間が1秒以上だったら、1以上減ずることもあるからです。

しかし、データグラムの転送処理に1秒以上かかることはほとんど考えられません。そのため、ルータは実質的には1つしか減じません。したがって、TTLは送信元と宛先の間にあってよい最大ルータ数と同じ意味になります。ルータからルータへと飛び石伝いに転送されていくことを「ホップ」というので、TTLは「最大ホップ数」とも呼ばれます。

IPデータグラムを発信するホスト（のアプリケーション）はTTLの最初の値を自由に決めても構いませんが、通常はOSのデフォルト値を用います。ネットワークツールのtracerouteは、この値を変化させることで経路上のルータの到達性を調べます。これについては6-4節で説明します。

プロトコル

プロトコル（protocol）フィールドは1バイトの値で、ペイロードに載せたデータの種別を示します。よく用いられる番号を表1に示します。

▼**表1** IPヘッダのプロトコルフィールドの値

プロトコル番号	名称	補足
1	ICMP	第6章。
4	IPv4	IPv4のペイロードにIPv4のデータグラムを収容する入れ子のパケット（9-4節で用例を説明）。
6	TCP	第8章。
17	UDP	7-3節。

完全なリストは、次に示すURLのIANAの「Protocol Numbers」から取得できます。

```
https://www.iana.org/assignments/protocol-numbers/protocol-numbers.xhtml
```

● ヘッダチェックサム

ヘッダチェックサム（Header Checksum）フィールドは、ヘッダに記載したデータの誤りチェックに使います。ヘッダしかチェックしない理由は5-4節で説明します。

チェックサムはイーサネットのFCS（2-7節）でも見ました。イーサネットは計算にCRCを用いますが、IPは「16ビットごとの1の補数和を取り、さらにそれの1の補数を取る」という、言葉にすると難解でも、コンピュータにはより簡単な方法を用います。ルータが、TTLを変化させたあとでチェックサムを計算し直さなければならないからです。

● 送信元・宛先IPアドレス

第3章で説明した32ビットの送信元と宛先のIPアドレスです。

● IPオプション

IPオプションは、主としてネットワークのテストやデバッグで用いられます。現在、約30種類が定義されており、図4に示すようにオプション種別（コード）、オプション長（コードとこのフィールドを含むオプション全体の長さ）、そしてオプション依存のフィールドで構成されています。

図4 IPオプションフォーマット

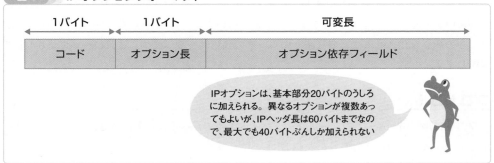

1バイト	1バイト	可変長
コード	オプション長	オプション依存フィールド

IPオプションは、基本部分20バイトのうしろに加えられる。異なるオプションが複数あってもよいが、IPヘッダ長は60バイトまでなので、最大でも40バイトぶんしか加えられない

IPヘッダには複数のオプションを搭載できます。しかし、オプションには40バイトぶんしかスペースがないので、それほどたくさんは載せられません。

コード0番の**オプション終了**（End of Option List）と1番の**無操作**（No Operation）は図4のフォーマットに従わない例外で、どちらもコードだけの1バイト構成です。これらは主として、オプション長が4の倍数にならなかったときのパディング用です。

IPオプションのリストは、次に示すURLのIANAの「Internet Protocol Version 4 (IPv4) Parameters」にあるので、興味があればチェックしてください。

https://www.iana.org/assignments/ip-parameters/ip-parameters.xhtml

パケットキャプチャ（基本ヘッダ）

基本ヘッダ（20バイト）の構造をWiresharkのパケットキャプチャから確認します（用法は付録A）。ペイロードなしのIPデータグラム単体を送ることは難しいので、ここではpingコマンドを用いて、ペイロードにICMPエコーメッセージ（6-3節）を載せます。

コマンドの実行結果は次の通りです（Linuxより）。

```
$ ping -c 3 127.0.0.1 Enter
PING 127.0.0.1 (127.0.0.1) 56(84) bytes of data.
64 bytes from 127.0.0.1: icmp_seq=1 ttl=128 time=0.656 ms
64 bytes from 127.0.0.1: icmp_seq=2 ttl=128 time=1.39 ms
64 bytes from 127.0.0.1: icmp_seq=3 ttl=128 time=1.11 ms

--- 127.0.0.1 ping statistics ---
3 packets transmitted, 3 received, 0% packet loss, time 2002ms
rtt min/avg/max/mdev = 0.656/1.054/1.393/0.303 ms
```

Linux版pingの-cオプションは送受するICMPエコーメッセージの数で、ここでは3を指定しています。宛先はローカルループバックアドレスの127.0.0.1です（3-4節）。

パケットキャプチャを画面1に示します。ICMPメッセージだけに興味があるので、フィルタにはicmpを指定します。最初のエコー要求（パケット番号197番）から確認します。

▼画面1　IPヘッダのパケットキャプチャ（基本ヘッダ）

```
 icmp

No.         Time           Source              SrcPort   Destination            DstPort   Protocol   Le
     197 7.826865        127.0.0.1                       127.0.0.1                        ICMP
     198 7.826961        127.0.0.1                       127.0.0.1                        ICMP
<

> Frame 197: 88 bytes on wire (704 bits), 88 bytes captured (704 bits) on interface \Device\NPF_Loopback,
> Null/Loopback
v Internet Protocol Version 4, Src: 127.0.0.1, Dst: 127.0.0.1
     0100 .... = Version: 4
     .... 0101 = Header Length: 20 bytes (5)
   > Differentiated Services Field: 0x00 (DSCP: CS0, ECN: Not-ECT)
     Total Length: 84
     Identification: 0x3a39 (14905)
   > Flags: 0x00
     ...0 0000 0000 0000 = Fragment Offset: 0
     Time to Live: 128
     Protocol: ICMP (1)
     Header Checksum: 0x0000 [validation disabled]
     [Header checksum status: Unverified]
     Source Address: 127.0.0.1
     Destination Address: 127.0.0.1
> Internet Control Message Protocol


0000   02 00 00 00 45 00 00 54  3a 39 00 00 80 01 00 00    ····E··T :9······
0010   7f 00 00 01 7f 00 00 01  08 00 e5 a1 00 8b 00 01    ········ ········
0020   6f 9b 37 63 00 00 00 00  ac 00 00 00 00 00 00 00    o·7c···· ········
0030   10 11 12 13 14 15 16 17  18 19 1a 1b 1c 1d 1e 1f    ········ ········
0040   20 21 22 23 24 25 26 27  28 29 2a 2b 2c 2d 2e 2f     !"#$%&' ()*+,-./
0050   30 31 32 33 34 35 36 37                             01234567
```

　パケット詳細パネルの「Interent Protocol Version 4 ....」の行を選択すると、パケットバイト列パネルに示されたイーサネットフレーム全体の16進数ダンプ中、IPデータグラムのヘッダ部分だけがハイライトされます。位置にして5バイト目から24バイト目までなので、合計20バイトです。つまり、基本ヘッダだけでオプションは用いられていません。以下、パケット詳細パネルに展開された中身を1行ずつ説明します。

- Version：先頭4ビットが0100なので、バージョン4です。16進数ダンプの45の先頭の4からもこれは読み取れます。
- Header Length：ヘッダ長は2進数にして0101なので5、つまり5×4＝20バイトです。
- Differetiated Service：値が0なので、利用されていません。
- Total Length：全長が84バイトなので、ペイロードサイズは84－20＝64バイトです。
- Identification、Flags、Fragment Offset：セグメント化関係の情報（5-4節）はいずれも0なので、セグメント化されていないことがわかります。
- Time To Live：TTLは128で、これはLinuxのデフォルトTTL値です。この値を変える方法は6-4節で示します。
- Protocol：1なので、本節の表1から、ペイロードに搭載されたデータがICMPメッセージであることがわかります。
- Header Checksum：ヘッダチェックサムは、Wiresharkはデフォルトで無視するように設定されているので、validation disabled（検証無効）とあります。異常ではあ

りません。
・Source Address、Destination Address：送信元と宛先IPアドレスで、どちらもローカルループバックアドレスです。

パケットキャプチャ（オプションあり）

　続いて、オプション付きIPヘッダを確認します。IPオプションはめったに使われませんが、Linux版のpingにはテストのためのコマンドラインオプションが用意されています（Windows版にはない）。ここでは、経路記録オプション（-R）を試します。

```
$ ping -c1 -R 127.0.0.1 Enter
PING 127.0.0.1 (127.0.0.1) 56(124) bytes of data.
64 bytes from 127.0.0.1: icmp_seq=1 ttl=128 time=0.193 ms

--- 127.0.0.1 ping statistics ---
1 packets transmitted, 1 received, 0% packet loss, time 0ms
rtt min/avg/max/mdev = 0.193/0.193/0.193/0.000 ms
```

　今回は-c 1を指定して1回だけの送受にしました。
　パケットキャプチャを画面2に示します。基本部分は先ほどと同じなので、最後に登場する「Destination Address」以下のオプション部分だけをハイライトして示します。

▼**画面2　IPヘッダのパケットキャプチャ（経路記録オプション付き）**

　「No-Operation (NOP)」と「Record Route (39 bytes)」の2つのオプションがあります。コード1番の「無操作」オプションが1つ置かれているのは、経路記録オプションの長さが39バ

イトだからです。

　経路記録（Record Route）オプションは、このデータグラムを転送する経路上のルータが自機のIPアドレスを追加していくためのものです。ここから、このデータグラムを受信するホストはそこまでに通過したルータのリストが得られます。図5にこのオプションのフォーマットを示します。

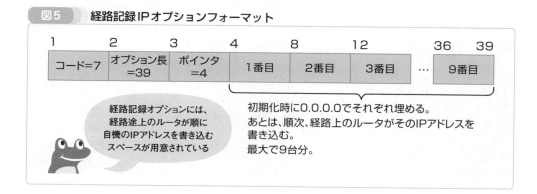

図5　経路記録IPオプションフォーマット

　先頭の7が、経路記録オプションのコードです。続く39（16進数で27）がオプション長で、これはオプションに残された40バイトから先頭3バイト分を引き、4バイトのIPアドレスを最大で9個（36バイト分）収容できるスペースです。もっとも、いっぱいまでの9個分を占有せずとも、4個までなど少なく指定しても構いません。送信元は、このスペースを最初に0で埋めます。この初期状態が、画面2に示されたものです。

　3番目のフィールドの**ポインタ**（Pointer）フィールドは、経路上のルータがこのオプションのスペースのどこに自機のIPアドレスを書き込むべきかを示します。最初は画面2に示されたように4なので、このデータグラムを受信したルータは、4の位置（1からカウント）に書き込み、このポインタを8に上げます。これで、次のルータが8番目の位置にそのIPアドレスを書き込めます。

5-4 フラグメント化処理

MTUより大きなデータはフラグメント化する

IPデータグラムのサイズは、ヘッダの規定上は65535バイトが上限ですが、実行的にはリンク層のペイロードの最大サイズ（MTU）までです（2-1節）。たとえば、イーサネットのMTUは1500バイトなので、IPデータグラムも最大1500バイトまでです。IPデータグラムのペイロードサイズは、（オプションを使わないとして）ヘッダの20バイトぶんを差し引いた1480バイトまでです。

送信すべきデータが転送先のネットワークのMTUよりも大きければ、IPソフトウェアはそれに合わせてデータをフラグメント化し、複数のフラグメントとして送信します。

フラグメント化は経路上のルータで実行されます。その様子を図1に示します。

図1　IPデータグラムのフラグメント化

フラグメント化

```
1480 20              980 20              980 20
                     500 20              500 20
1480    1500        1000        1500            980 + 500
送信元                                   宛先        1480
              転送先のネットワークのMTUが
              受信データグラムよりも小さいとき、
              ルータはそのデータグラムをフラグメント     再構成
              化しなければ転送できない
       A                    B
```

送信元ホストが、1480バイトのデータをイーサネット経由で送信します。オプションなしなのでIPヘッダは20バイト。合計でイーサネットのMTUである1500バイトちょうどです。

送信元ホストと同じネットワークにあるルータAはこれを受信し、宛先方向のネットワークに転送します。しかし、そのネットワークのMTUは1000バイトなので、1480バイトのペイロードを980と500バイトにフラグメント化します。980バイトなのは、フラグメントにもIPヘッダの20バイトが必要だからです。

ルータBは、これらをそのまま宛先に転送します。このネットワークのMTUは1500バイトなので、2つのデータグラムはどちらも問題なくフレームに収容できるからです。これらは宛先ホストで受信されると、その順番通りに再構成されます。

フラグメント化は必要なら何度も行われる

すでにフラグメント化されたIPデータグラムも、必要があれば再度フラグメント化されます。図2にその様子を示します。

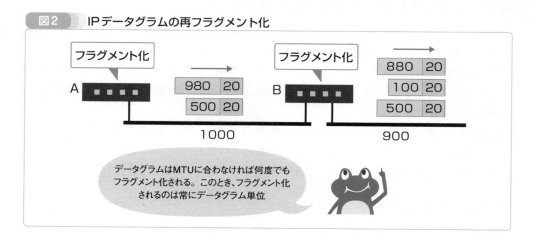

図2 IPデータグラムの再フラグメント化

データグラムはMTUに合わなければ何度でもフラグメント化される。このとき、フラグメント化されるのは常にデータグラム単位

1500バイトだったルータBの先のネットワークのMTUが、900バイトだったとします。ルータAによってフラグメント化された1000バイトと520バイトの2つのデータグラムのうち、前者はそのままでは通過できないので、再度フラグメント化されます。ペイロードサイズが980バイトだったので、これは880バイトと100バイトに分けられます。データグラムサイズで言えば、900と120バイトです。520バイトのデータグラムはそのまま通過できるので、フラグメント化されません。

ペイロード500バイトの方にはまだスペースに余裕があるので、100バイトの小さい断片はこちらに集約すればよいではないかと思われるかもしれません。しかし、ルータはそのような操作はしません。フラグメント化では、データグラムを再構成するのは受信ホストであると定められているからです。ルータは分割するだけです。

IPがペイロードをチェックサムに含まないわけ

IPヘッダのチェックサムフィールドの計算対象はIPヘッダだけです（5-3節）。ペイロード部分は検算しないので、IPレベルでは搭載データの誤りは検出できません。

これは意図的です。データグラムがフラグメント化されると、すべてのフラグメントが揃い、それらを再構成するまでペイロードの中身を検算ができないからです。そして、性能の観点から、ルータにそのような負担を強いるのは現実的ではありません。

ペイロードは別の方法でエラーチェックされなければならず、これはたいていは上位層（TCPやUDP）に委ねられます。IPをそのまま用いるICMPも、そのヘッダにチェックサムを用意しています（6-1節の図3）。

フラグメント化の問題点

　フラグメント化はMTUというリンク層の物理的な制約に合わせるための必須の操作ですが、問題がないわけではありません。

　まず、ルータの負担が大きいことです。ルータは受信したIPデータグラムをヘッダとペイロードに切り分け、ペイロードをMTU単位に分解し、それぞれにヘッダを加え直さなければなりません。ヘッダの中身も変更されるので、チェックサムも再計算です。これにはCPUもメモリも消費されます。当然、転送能力も低下します。

　追加のヘッダでバンド幅が浪費されるのも問題です。ペイロードにしか興味のないアプリケーションからすれば、ヘッダ情報は夾雑物にすぎません。それなのに、最初はデータグラム1500バイトに対してヘッダが20バイト、割合にして1.3%だった無駄が、3つのフラグメントに分割されることにより、図3に示すように3.9%に上昇します。

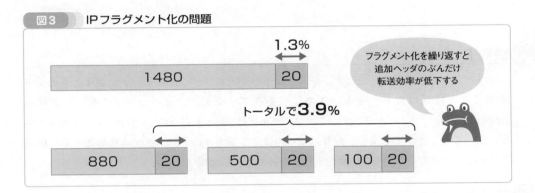

図3 IPフラグメント化の問題

1.3%

1480　20

フラグメント化を繰り返すと
追加ヘッダのぶんだけ
転送効率が低下する

トータルで**3.9%**

880　20　　500　20　　100　20

　この問題に対し、**経路MTU探索**（Path MTU Discovery）という回避策が提案されました。この方法では、送信元ホストは送信に先立ち、宛先までの経路上のすべてのMTUをチェックします。そして、その最小のものに合わせてデータを分割します。これなら経路途上でフラグメント化されることはありません。

　残念ながら、この方法は広く採用されるに至りませんでした。オリジナルのIP仕様に経路上のMTUを報告する手段がなかったためです（試された方法は6-5節で紹介します）。しかし、IPv4の欠点を踏まえて開発されたIPv6では、経路MTU探索をデフォルトで備えるようになりました。そして、フラグメント化という面倒な処理も廃止されました。

最低保証MTU

　フラグメント化されるとIPの処理が重くなるので、大量のデータグラムを高速に処理しなければならないアプリケーションは、送受信するデータ（メッセージ）のサイズを一定以下に抑えるように設計されています。たとえば、DNS（10-6節）では、そのメッセージサイズを512バイトまでと規定しています（トランスポート層ヘッダは含まない）。

　インターネットでは、リンク層ネットワークは最低でも576バイトまでのMTUをサポート

しなければならないと規定されています（RFC 1122）。逆に言えば、576バイト以下のIPデータグラムならばフラグメント化されないことが保証されます。

IPヘッダのフラグメント情報

最終宛先のホストがフラグメントからオリジナルのデータグラムを再構成するには、どのように分割されたかの情報が必要です。これらは5-3節の図1に示した識別子、フラグ、フラグメントオフセットの3つのフィールドから示されます。ヘッダの抜粋を図4に再掲します。

図4　IPヘッダのフラグメント関連フィールド

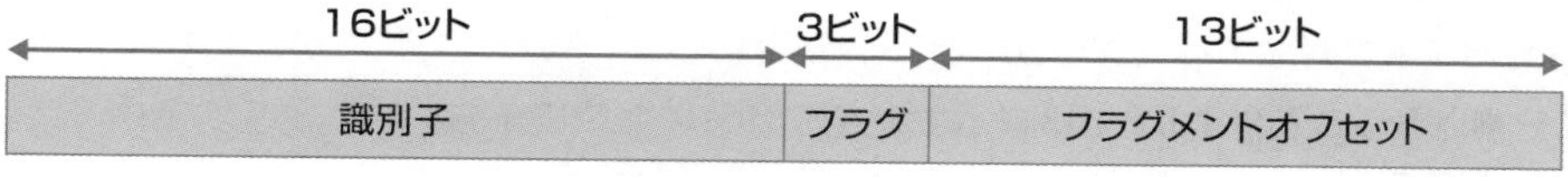

16ビット	3ビット	13ビット
識別子	フラグ	フラグメントオフセット

識別子

フラグメントを受け取ったとき、ホストはそれがどのオリジナルデータに属するものかを識別できなければなりません。この情報を提供するのが、IPヘッダの5番目の**識別子**（Identification）フィールドです。このフィールドは2バイト長なので、0番から65535番までを割り当てることができます。割り当てるのはオリジナルのデータグラムを発送する送信元ホストで、しばらくの間でよいので重複がなければ、値は問いません

フラグ

データグラムの状態は6番目の**フラグ**（Flags）フィールドで示されます。このフィールドは3ビットで、図5に示すように、それぞれのビットがフラグになっています。

図5　IPヘッダのフラグフィールド

予約済み	フラグメント禁止	後続フラグメントあり
常に0	0:フラグメント可 1:フラグメント禁止	0:最後のフラグメント 1:後続フラグメントあり

先頭ビットは予約済みなので、常に0です。

2番目のビットは、このデータグラムをフラグメント化してよいかをルータに指示します。0ならばフラグメント化してよく、これが通常の状態です。1が立っているときは、ルータはフラグメント化してはいけません。「Don't fragment」という意味なので、しばしばDFフラ

グと略記されます。

　しかし、フラグメント化するなと言われても、転送先のネットワークのMTUが現在のデータグラムサイズより小さければ転送できません。そうした矛盾に突き当たったルータは、転送を諦め、データグラムを廃棄します（インターネットがベストエフォート型であることを思い出してください）。このとき、ルータは送信元に「フラグメント化が必要なのにフラグメントをするなとあるので、宛先に送ることはできない」というICMPメッセージを送信することで、廃棄したことを伝えます。具体的な動作は6-5節で説明します。

　3番目のビットは、このフラグメントが最後かそうでないかを示します。最後のフラグメントならここは0です。受信ホストはこれを契機に、これまで集めてきたフラグメントを再構成します。1が立っていれば、これはオリジナルの中間のどこかのフラグメントで、まだ後続があること示します。「まだあるよ」（more coming）という意味で、しばしばMoreビットあるいはMoreフラグと呼ばれます。

フラグメントオフセット

　フラグメントもIPデータグラムなので、順に受信できるとは限りません。そこでばらばらな用紙にページ番号を振るように、フラグメントの順番を示します。これに用いられるのが**フラグメントオフセット**（Fragment Offset）フィールドです。このフィールドは、オリジナルのペイロードにおけるそのフラグメントの先頭位置をバイト単位で示します。

　オリジナルでは1480バイトであったペイロードが、980バイトと500バイトにセグメント化されたときの様子を図6に示します。

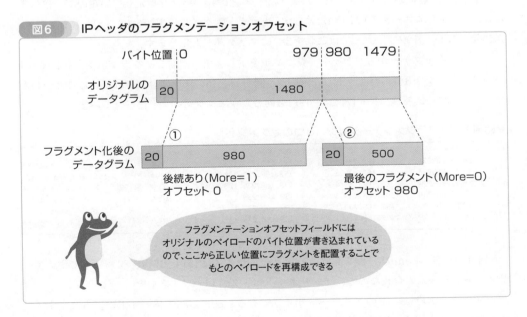

図6　IPヘッダのフラグメンテーションオフセット

バイト位置　0　　　　979　980　1479

オリジナルの
データグラム　20　1480

フラグメント化後の
データグラム　① 20　980　　② 20　500

後続あり（More=1）
オフセット 0

最後のフラグメント（More=0）
オフセット 980

フラグメンテーションオフセットフィールドには
オリジナルのペイロードのバイト位置が書き込まれているので、ここから正しい位置にフラグメントを配置することでもとのペイロードを再構成できる

　①のフラグメントの先頭はオリジナルのペイロードの0バイト目に位置するので、フラグメ

ントオフセットフィールド値は0です。後続があるので、Moreフラグの値は1です。

②のフラグメントの先頭位置は、①の続きなので980バイト目です。したがって、フラグメントオフセットフィールドの値は980です。これが最後のセグメントなので、Moreフラグの値は0です。

パケットキャプチャ

フラグメント化の様子をパケットキャプチャから確認します。MTUを超えたサイズのIPデータグラムの作成には、ここでもpingを用います。

Linuxから、コマンドの実行結果を次に示します。-sオプションでペイロードサイズを3000バイトと指定していますが、これはICMPのペイロードのサイズです。これにICMPメッセージのヘッダ8バイトが加わるので、IPペイロードは3008バイトです（ICMPエコーメッセージのフォーマットについては6-3節）。

```
$ ping -c 1 -s 3000 192.168.239.128 Enter
PING 192.168.239.128 (192.168.239.128) 3000(3028) bytes of data.
3008 bytes from 192.168.239.128: icmp_seq=1 ttl=64 time=0.940 ms

--- 192.168.239.128 ping statistics ---
1 packets transmitted, 1 received, 0% packet loss, time 0ms
rtt min/avg/max/mdev = 0.940/0.940/0.940/0.000 ms
```

宛先は同じ無線LANネットワークに属するホストです。-c 1を指定しているので、送信するping（ICMPエコー要求）は1つだけです。しかし、IPペイロードが3008バイトもあるので、送信元ホストのIPソフトウェアはこれを3つにフラグメント化します。

パケットキャプチャからパケット一覧パネルを示します（画面1）。フラグメント化により1つのメッセージが3つのパケット（左端のNo.欄が14、15、16）に分割されていることがわかります。エコー応答側（No. 17、18、19）も同じようにフラグメント化されています。

▼**画面1** IPフラグメンテーション（3つのセグメント）

No.	Time	Source	SrcPort	Destination	DstPort	Protocol	Length	Info
14	22.005024	192.168.239.1		192.168.239.128		IPv4	1514	Fragmented IP
15	22.005024	192.168.239.1		192.168.239.128		IPv4	1514	Fragmented IP
16	22.005024	192.168.239.1		192.168.239.128		ICMP	82	Echo (ping) re
17	22.005240	192.168.239.1...		192.168.239.1		IPv4	1514	Fragmented IP
18	22.005295	192.168.239.1...		192.168.239.1		IPv4	1514	Fragmented IP
19	22.005319	192.168.239.1...		192.168.239.1		ICMP	82	Echo (ping) re

8列目の長さ（Length）欄を見ると、それぞれサイズは1514、1514、82バイトです。イーサネットフレームの全長なので、イーサネットヘッダの14バイトとIPヘッダの20バイト（計34バイト）を引けば、IPのペイロードサイズである1480、1480、48バイトが得られます。足すと3008バイトです。図7に計算を示します。

図7 IPフラグメンテーション（フラグメント化後の構成）

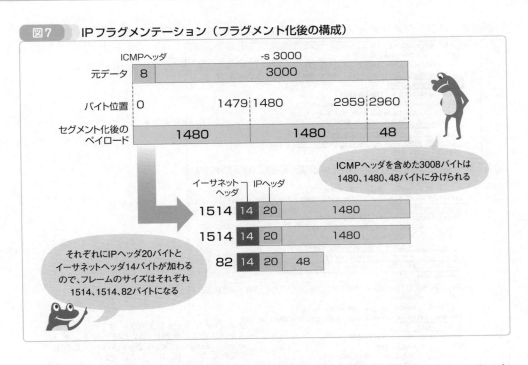

続いて、それぞれのフラグメントをパケット詳細パネルから確認します。チェックすべきフィールドは全長（Total Length）、フラグ（Flags）、フラグメントオフセット（Fragment Offset）なので、その部分を抽出して画面2にまとめて示します。

▼**画面2 IPフラグメンテーション（各フラグメントのフィールド）**

① ```
Internet Protocol Version 4, Src: 192.168.239.1, Dst: 192.168.239.128
    0100 .... = Version: 4
    .... 0101 = Header Length: 20 bytes (5)
  > Differentiated Services Field: 0x00 (DSCP: CS0, ECN: Not-ECT)
    Total Length: 1500
    Identification: 0xc7f8 (51192)
  v 001. .... = Flags: 0x1, More fragments
       0... .... = Reserved bit: Not set
       .0.. .... = Don't fragment: Not set
       ..1. .... = More fragments: Set
    ...0 0000 0000 0000 = Fragment Offset: 0
    Time to Live: 128
```

② ```
Internet Protocol Version 4, Src: 192.168.239.1, Dst: 192.168.239.128
    0100 .... = Version: 4
    .... 0101 = Header Length: 20 bytes (5)
  > Differentiated Services Field: 0x00 (DSCP: CS0, ECN: Not-ECT)
    Total Length: 1500
    Identification: 0xc7f8 (51192)
  v 001. .... = Flags: 0x1, More fragments
       0... .... = Reserved bit: Not set
       .0.. .... = Don't fragment: Not set
       ..1. .... = More fragments: Set
    ...0 0101 1100 1000 = Fragment Offset: 1480
    Time to Live: 128
```

③ ```
Internet Protocol Version 4, Src: 192.168.239.1, Dst: 192.168.239.128
    0100 .... = Version: 4
    .... 0101 = Header Length: 20 bytes (5)
  > Differentiated Services Field: 0x00 (DSCP: CS0, ECN: '
    Total Length: 68
    Identification: 0xc7f8 (51192)
  v 000. .... = Flags: 0x0
       0... .... = Reserved bit: Not set
       .0.. .... = Don't fragment: Not set
       ..0. .... = More fragments: Not set
    ...0 1011 1001 0000 = Fragment Offset: 2960
    Time to Live: 128
```

> 全長（Total Length）はIPデータグラムのサイズを示すので、全部足せば3068バイト。オフセット（Fragmentation Offset）はペイロードの位置なので、順に0、1480、2960

　3つのフラグメントの全長は順に1500、1500、68バイトです。フラグメントはIPデータグラムなので、これには20バイトのヘッダが含まれています。なので、ペイロードとしては1480、1480、48バイトです。

　フラグ（Flags）フィールドのMoreビットは、最初の2つは後続があるので1、最後のものはこれで最後のフラグメントなので0です。

　フラグメントオフセットフィールドは、最初のフラグメントは当然0からスタートします。続くセグメントはもとデータの1480バイト目、最後は2960バイト目です。図7のバイト位置から確認してください。
```

5-5 IPv6

●IPv6データグラムフォーマット

　RFC 8200で定義されたIPv6データグラムのヘッダは、IPv4の最小長20バイトから40バイトに拡張されました。しかし、これはアドレスが128ビット（16バイト）と長くなったためで、フィールドの数は12から8つに削減されています。使われなくなったものを整理したからです。図1にフォーマットを示します。

図1	IPv6データグラムフォーマット

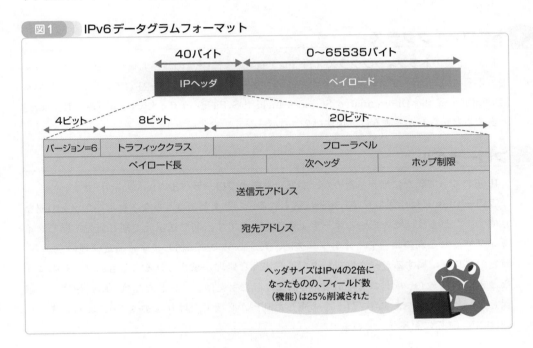

　IPv4から削減されたのはヘッダ長、識別子、フラグ、フラグメントオフセット、ヘッダチェックサムです。

　ヘッダ長は40バイト固定になったので不要です。ただ、IPv4ではヘッダに収容されていたオプション（パディングを含めて最大40バイト）が後述する拡張ヘッダという別の仕組みに置き換えられただけなので、正確にはヘッダ部分が必ず40バイトというわけではありません。

　識別子、フラグ、フラグメントオフセットはフラグメント化（5-4節）のための情報なので、IPv6では不要です。経路MTU探索を用いて経路上の最小のMTUをあらかじめ知っているので、フラグメント化が発生しないからです（6-5節）。

　ヘッダチェックサムは、速度向上を目的に削除されました。IPヘッダにエラーが混入しているかはイーサネットのFCS（2-7節）が確認していますし、ペイロードについてはTCP（第8章）でもさらにチェックが入ります。インターネット層でもやらなければならないという必

然性はありません。

　5つ削減した代わりに、フローラベルという新しいフィールドが加わりました。これはあとで説明します。

バージョン

　バージョン「6」を収容したこの先頭4ビットのフィールドは、IPv4ヘッダと唯一共通するところです。IPデータグラムを扱うホスト（ソフトウェア）は、ここをチェックするだけで、中身がIPv4かIPv6かを判断できます（もちろん、イーサネットの長さ／タイプフィールドからもわかります）。

トラフィッククラス

　1バイト長の**トラフィッククラス**（Traffic Class）は、IPv4の「差別化サービス」フィールド（旧称なら「サービス種別」）です。このフィールドを規定するRFC 2474のタイトルが「Definition of the Differentiated Services Field (DS Field) in the IPv4 and IPv6 Headers」とあることからわかるように、用法は2つのバージョンで共通です。

フローラベル

　IPv6になって新たに加わったのが、20ビット長の**フローラベル**（flow label）です。

　フロー（flow）は、送信元から宛先に送られる、ひとまとまりとみなされるパケットの連なりです。たとえば、聴いているオーディオのデータです。同じ送信元で同じ宛先で同じタイミングで流れる別のオーディオトラックは、異なるフローに属します。品質管理の点から、特定のフローに属するデータはルータで同じような処理が求められることもあり、そのようなときにこのフィールドの情報が用いられます。たとえば、一定した品質（転送速度）を確保したいときに使います。フローを考慮した制御が必要でなければすべて0で埋めます。詳細はRFC 6437に記述されています。

ペイロード長

　IPv4で**全長**（Total Length）と呼ばれていたフィールドです。名前が変わったのは、IPv4ではヘッダも含めたIPデータグラム全長を示していたのが、IPv6ではヘッダを除いた長さになったからです。ただし、このペイロード長には後述の拡張ヘッダのぶんも含まれます。

　IPv4同様2バイト構成なので、最小値が0、最大値が65535です。ただし、40バイトのヘッダはこれには含まれないので、理論値としてのIPv6データグラムの最大長は65535 + 40 = 65575バイトになります。

　蛇足ですが、IPv6は64 kB以上の巨大サイズのデータグラムもサポートしています。これを**ジャンボグラム**（jumbogram）と言います（RFC 2675）。最大で4 GBまでカバーすると称していますが、そのように巨大なペイロードを扱うリンク層プロトコルが一般には存在しないので、まず見ることはないでしょう。

次ヘッダ

　次ヘッダ（Next Header）フィールドはIPv4のプロトコルフィールドに相当し、このヘッダに続くデータのプロトコルを示します。たとえば、ヘッダに続くペイロードがTCPなら、IPv4と同じ6番を書き込みます。

　IPv4と大きく異なるのは、ヘッダに後続するのがペイロードとは限らず、別のオプションヘッダなこともあるところです。その場合、この値からそのオプションヘッダを識別するようになっています。この追加のヘッダを**拡張ヘッダ**（extension header）と言います。

　拡張ヘッダは、先頭のIPv6ヘッダから図2のように数珠つなぎに配置されます。

図2　IPv6拡張ヘッダ

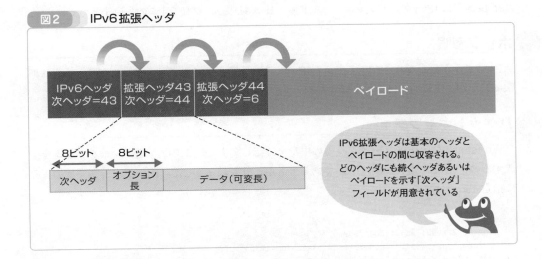

　図では、先頭の基本ヘッダに次ヘッダフィールドに43が書き込まれています。これは経路制御ヘッダです（中身は気にしないでください）。拡張ヘッダは次ヘッダ（1バイト）、オプション長（1バイト）、拡張ヘッダ依存のオプションデータ（可変長）からなっており、長さぶんだけ読んだあとのその先に何が来るかを伝えます。図では、43番拡張ヘッダの次に来るのは、44番拡張ヘッダです。44番には次は6番であると示されています。これは、IPv4のプロトコルフィールド同様、TCPです。つまり、この44番以降がTCPセグメント（IPデータグラムのペイロード）です。

　上図で用いた番号のものを含めて、次の表1に次ヘッダの例を示します。

▼表1　代表的なIPv6次ヘッダ

値	名称	説明
4	IPv4	続くペイロードはIPv4データグラム。
6	TCP	続くペイロードはTCPセグメント。
17	UDP	続くペイロードはUDPデータグラム。
41	IPv6	続くペイロードはIPv6データグラム（IPv6-in-IPv6）。

43	経路制御ヘッダ	Routing Header。宛先に到達するまでに経由しなければならないルータのリストを示す。IPv4の経路記録に相当。
44	フラグメントヘッダ	Fragment Header。IPv6データグラムをフラグメント化したときに加える情報。なお、フラグメント化はIPv4のようにルータではなく、送信元ホストが行う。
58	ICMPv6	続くペイロードはICMPv6メッセージ。

注目してほしいのは、ペイロードそのものを示す値は5-3節の表1のIPv4プロトコルフィールドと一致しているところです。つまり、IPv4プロトコルフィールドとIPv6次ヘッダフィールドは実質的には同じものと考えても差し支えありません。実際、IANAの「Protocol Numbers」は、IPv4プロトコルフィールド値とIPv6拡張ヘッダ値を1つの表にまとめています。

● ホップ制限

IPv4で言うところの「TTL」です。IPv4でも、定義こそ秒数で示すデータグラムの賞味期限でしたが、実質的にはホップできるルータの上限数となっていました。

● パケットキャプチャ

Wiresharkから IPv6データグラムの中身を確認します。ここでは、IPv6データグラムを生成するのに ping を用います。IPv6であっても用法は変わりません。IPv6アドレスを次のように指定するだけです。

```
$ ping -c 2 fe80::3a02:3dd4:730a:6b77 Enter
PING fe80::3a02:3dd4:730a:6b77(fe80::3a02:3dd4:730a:6b77) 56 data bytes
64 bytes from fe80::3a02:3dd4:730a:6b77%eth3: icmp_seq=1 ttl=64 time=0.836 ms
64 bytes from fe80::3a02:3dd4:730a:6b77%eth3: icmp_seq=2 ttl=64 time=1.59 ms

--- fe80::3a02:3dd4:730a:6b77 ping statistics ---
2 packets transmitted, 2 received, 0% packet loss, time 1001ms
rtt min/avg/max/mdev = 0.836/1.212/1.589/0.376 ms
```

上記では、筆者の仮想マシンに ping を送っています。先頭が fe80::/64 なので、これは IPv6リンクローカルアドレス（3-5節）です。パケットキャプチャを画面1に示します。

▼画面1　IPv6データグラムのパケットキャプチャ（ICMPv6）

　パケット詳細パネルに示されているように、イーサネットフレームの中に「Internet Protocol Version 6」が収容されています。バージョンフィールドが6（0110）であることからもそれは読み取れます。とくに変わったことはしていないので、トラフィッククラスフィールドは0、つまり未指定です。

　注目してほしいのは「Next Header」（次ヘッダ）の箇所です。拡張ヘッダが含まれていないので、IPv4のプロトコルフィールド同様、ペイロードに搭載されているデータのプロトコル（ここではICMPv6）を示します。

5-6 まとめ

本章では、リンク層ネットワークをまとめることでインターネットを形成するインターネットプロトコル（IP）を説明しました。重要な点は次の通りです。

ポイント

- IPはインターネット層（L3）に属します。パケット構成的には、IPデータグラムはイーサネットフレームのペイロードに搭載されます。
- プロトコルとしてのIPの機能は、1）アドレスの規定（第3章）、2）フラグメント化の2点です。
- IPはエラー報告、ルーティング、通信の信頼性の機能は提供しません。エラー報告は第6章のICMP、ルーティングはOSPFなど別のプロトコル（本書では割愛）、信頼性機能は第8章のTCPでそれぞれ扱われます。IPアドレスとMACアドレスを対応付けるには第4章のARPを用います。
- ホストは、宛先が同一ネットワークならイーサネットを介して直接、他ネットワークならネットワーク上のルータ（デフォルトゲートウェイ）にいったん送信することで、そこから間接的に宛先まで転送してもらいます。このとき、宛先IPアドレスに応じてどこにフレームを送信すればよいかを判断するため、ルーティングテーブルが必要です。
- IPv6はIPv4からスリム化されましたが、拡張ヘッダによってより多くの機能を取り込めるように設計されています。

ICMP

• •

　ベストエフォートで配送されるIPデータグラムは、障害に遭遇すると廃棄されます。しかし、IPには通知機能がないので、送信元はデータの消失を知ることすらできません。そこで、ICMPと呼ばれるエラー報告機能が別枠で設計されました。

6-1 インターネット 制御プロトコル

エラー報告の必要性

　IP（第5章）には、故障障害を自律的に回避したり修復したりする機能は備わっていません。データグラムを受信したとたんにルータが落ちた、ルーティング情報が壊れていたためにとんでもないところにデータグラムが転送されたなど、事故があればデータグラムは経路途中で消失します。そして、そのことは送信元には知らされません。

　そこで、エラー報告用のプロトコルが設けられました。これが、本章で説明する「ICMP」（Internet Control Message Protocol）、訳して「インターネット制御メッセージプロトコル」です。このプロトコルにはエラー報告と情報収集の2機能が含まれていますが、後者はほとんど使われなかったため、今ではエラー報告主体で用いられます。

　IPにはIPv4とIPv6があり、それぞれにICMPが用意されています。普通にICMPと言ったときはIPv4用ですが、両者を区別するときはICMPv4、ICMPv6と書きます。本章では主としてICMPv4を説明しますが、IPv6についても若干触れます。

　ICMPv4はRFC 792で、ICMPv6はRFC 4443でそれぞれ定義されています。

ICMPとOSI参照モデル

　IPに付属するICMPは、IPと同じくインターネット層（L3）に属します（図1）。

図1　OSI参照モデル上のICMPの位置

OSI参照モデル		TCP/IP	プロトコル
L7	アプリケーション層	アプリケーション層	DNS、FTP、HTTP、SMTP、POP3...
L6	プレゼンテーション層		
L5	セッション層		
L4	トランスポート層	トランスポート層	TCP、UDP...
L3	ネットワーク層	インターネット層	ICMP、IP...
L2	データリンク層	リンク層	イーサネット、ARP...
L1	物理層		

ICMPはIP付属の機能（プロトコル）なので、層的にもIPと同じインターネット層に属する

ICMPメッセージは、IPデータグラムのペイロードに収容されて搬送されます。IPデータグラムもローカルネットワークではイーサネットや無線LANなどのローカルネットワーク技術のフレームに収容されて搬送されるので、ICMPメッセージは図2に示すように2重にカプセル化されます。

図2　ICMPメッセージのカプセル化

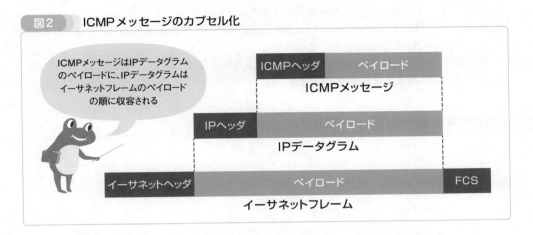

ICMPメッセージを搬送するIPデータグラムの一部のヘッダフィールドの値は、値があらかじめ定められています。図3で濃くハイライトされた箇所が規定値のあるフィールド、薄い箇所がペイロードやフラグメント化に応じて変わるフィールドです。

図3　ICMPメッセージを搬送するIPデータグラムのヘッダ

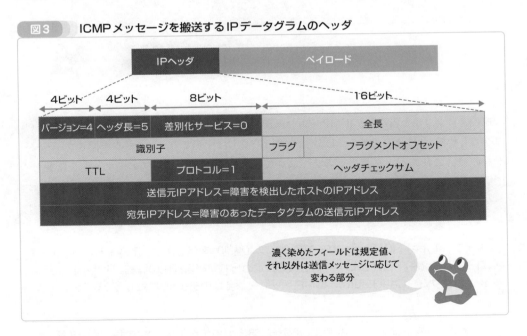

規定値のあるフィールドを以下に説明します。

- ・バージョン（Version）：IPのバージョンは4です（IPv4）。
- ・ヘッダ長(Internet Header Length)：通常の運用ではIPオプションを使用しないので、IPヘッダは基本部分だけの20バイトです。4バイト単位でヘッダ長を示すので、5で固定です（20÷4）。
- ・差別化サービス（Differentiated Service）：0で埋められます。
- ・プロトコル（Protocol）：ICMPを示す1です。
- ・送信元IPアドレス（Source Address）：送信元のIPアドレスは、このメッセージを発するホストのものです。
- ・宛先IPアドレス（Destination Address）：宛先IPアドレスは、故障原因となったIPデータグラムの送信元IPアドレスです。

● ICMPメッセージフォーマット

ICMPメッセージのフォーマットを図4に示します。

図4　ICMPメッセージフォーマット

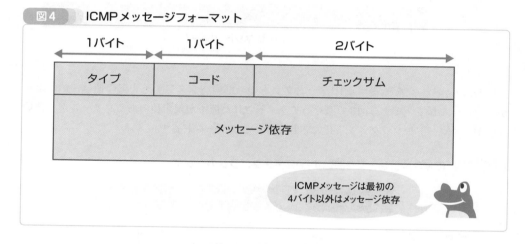

他のプロトコルと異なり、ICMPメッセージには「ヘッダ」と「ペイロード」の区別は（少なくても仕様上は）ありません。しかし、先頭4バイトはすべてのメッセージで同じフォーマットなので、これをヘッダ相当と考えてよいでしょう。実際、同じフォーマットを踏襲したICMPv6はこの部分をヘッダと呼んでいます。残りはメッセージに応じて異なり、可変長です。

全ICMPメッセージに共通する先頭4バイトは、次の3つのフィールドで構成されています。

- ・タイプ（Type）：ICMPメッセージのタイプ（種別）を示します。1バイト。
- ・コード（Code）：各メッセージでそれぞれ定められる障害理由の詳細。1バイト。
- ・チェックサム（Checksum）：ICMPメッセージ全体のチェックサム。2バイト。

タイプフィールドは1バイトなので、0から255までの値が指定可能です。現在定義されているのは（予約済みや非推奨も含めて）32タイプですが、通常用いられるのは表1の6点です。

▼**表1 ICMPメッセージタイプ**

タイプ番号	名称	用途
0	エコー応答（Echo Reply）	エコー要求に対し、宛先が到達可能であることを通知。
3	宛先到達不能 （Destination Unreachable）	ルータが宛先方向にパケット転送をできないとき、送信元に通知。
5	リダイレクト（Redirect）	送信元のルーティングが最適でないことを通知。
8	エコー要求（Echo Request）	宛先が到達可能かを宛先に問い合わせる。
11	時間超過（Time Exceeded）	TTLを超過したパケットを廃棄したことを通知。
12	パラメータ障害 （Parameter Problem）	IPヘッダ中に正しくない情報があり、配送できない。

　完全なリストは、次にURLを示すIANAの「Internet Control Message Protocol (ICMP) Parameters」から取得できます。

```
https://www.iana.org/assignments/icmp-parameters/icmp-parameters.xhtml
```

6-2 ICMPの動作

障害報告機能

　ICMPには主として2つの機能があります。1つが障害報告、つまり、ネットワーク上で問題が発生し、データグラムを廃棄してしまったことを送信元に通知する機能です。何かあったら連絡をもらうという意味では、受動的な機能です。もう1つが情報収集機能で、こちらはホストが能動的に自分の環境情報（ルータの所在や時刻など）を収集するために使う能動的な機能です。

　まず障害報告機能について説明します。

　IPデータグラムは、インターネット上のルータを順次転送されていきます。図1では、データグラムはホストAからルータX、Y、Zの順に転送され、最終宛先のホストBに届けられます。このとき、何らかの理由で経路途上のルータ（ここではY）が転送に失敗すると、ルータはそのデータグラムを廃棄します。そして、送信元のホストAに宛てて、障害理由を示したICMPメッセージを送信します。

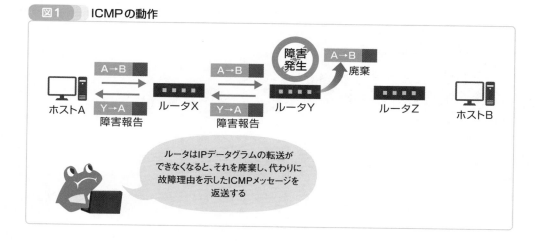

図1　ICMPの動作

　廃棄と障害報告は、宛先（図のホストB）で受信に問題が生じたときにも行われます。

　障害報告を受け取るのは送信元ホストだけです。本来ならデータグラムが通過するはずだった図のルータZやホストBは、データグラムが廃棄されたことを知ることはできません。また、ICMPメッセージを仲介するルータXも、メッセージの宛先ではないので障害に気付きません。経路の間に何があろうと、IPは送信元と宛先をエンドツーエンドで結ぶメカニズムだからです。

　ICMPは障害の「報告」だけをするメカニズムです。能動的に運用状況を監視したりはしませんし、ましてやエラーを修正する機能はありません。それらは、報告を受けた管理者に委ねられます。

情報収集機能

ICMPには障害報告に加え、ネットワークの情報を収集する機能もあります。

情報収集機能として最もよく知られたものが、宛先にIPデータグラムを配送できるかを確認するエコーメッセージ（6-3節）です。他にも、時刻同期のために他ホストに時刻を問い合わせるタイムスタンプ（Timestamp）メッセージもあります。

しかし、情報収集系メッセージはほとんど使われていません。しかも、その大半が、同等の機能が他メカニズムによって置き換えられたために非推奨（deprecation）扱いになっています。たとえば、ネットワークで使用中のIPアドレスを確認するための情報(Information)メッセージの機能は、今ではDHCP（9-5節）が提供しています。

そういう意味では、エコーという例外を除けば、ICMPは障害報告メカニズムであると考えても問題ありません。次の表に、ICMPメッセージの利用状況を示します。正式に非推奨となったICMPメッセージについてはRFC 6918を参照してください。

▼表1　ICMPv4の利用状況

割当状況	機能	数
割当済	障害報告用	4
	情報収集用	8
	実験用	4
	非推奨	16
	予約済み	12
未割当	--	212
計		256

ただし、この不活発な状況はIPv4の話で、IPv6では情報収集機能はICMPv6に戻されています。これについては6-6節で触れます。

ICMPの制約

ICMPにはいくつか制約があります。

まず、ICMPメッセージ自体が、途中で消失することもありえます。ICMPメッセージを搬送するのはIPデータグラムで、配送が保証されないからです。つまり、障害があってもそれを知ることができないかもしれません。

ICMPメッセージそのものに障害が生じても、それに対するICMPメッセージは生成されません。これは重要な制約です。ICMPメッセージの障害を報告してよいとすると、データグラムのピンポンが生じるからです。たとえば、図2のようにルータYが生成したA宛のICMPメッセージを、ルータXが転送できなかったとします。送信元がYなので、XはYにICMPメッセージを送信します。そしてYが転送できずにXに…となり、無限ループが形成されます。

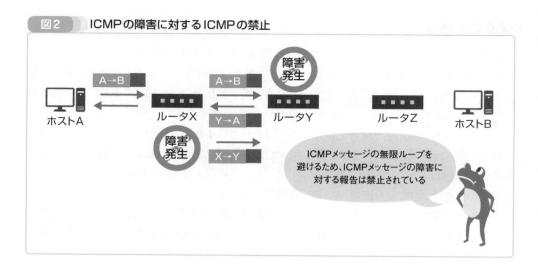

図2　ICMPの障害に対するICMPの禁止

　ICMPメッセージを受け取れたとしても、障害が経路途中のルータにある場合、ICMPメッセージからでは原因を特定できないこともあります。たとえば、本来の転送先ではないルータにIPデータグラムを転送してしまうケースです。悪いのはあさっての方向に転送してきた1つ前のルータですが、データグラムを廃棄しICMPメッセージを返信するのはそのルータです。これを受信したホストのユーザ（管理者）は、送信元IPアドレスにあるルータが壊れていると誤って判断することでしょう。

6-3 エコーメッセージとping

到達可能性のテスト

　情報収集型ICMPメッセージのICMPエコーは、宛先への**到達可能性**（reachability）を調べるときに使います。凝った言い方ですが、要は相手にデータグラムが届くか否かです。エコーメッセージの要求と応答の交換の様子を図1に示します。

図1　ICMPエコーメッセージの動作

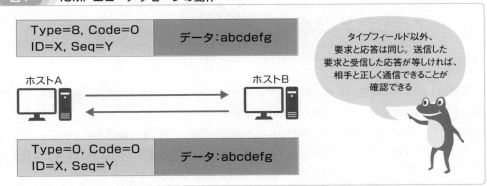

Type=8, Code=0
ID=X, Seq=Y　　　データ：abcdefg

ホストA　　　　　　　　　　　　　　ホストB

タイプフィールド以外、要求と応答は同じ。送信した要求と受信した応答が等しければ、相手と正しく通信できることが確認できる

Type=0, Code=0
ID=X, Seq=Y　　　データ：abcdefg

　宛先ホストBにIPデータグラムが支障なく届くかを知りたいホストAは、ICMPヘッダのタイプフィールドにエコー要求を示す8を書き込んだICMPメッセージをホストBに送信します。エコー要求メッセージを受信した宛先は、エコー応答を示すタイプ0を書き込んだICMPメッセージをホストAに返送します。このとき、後述するデータフィールド、識別子、シーケンス番号の値は、要求にあったものをそのまま使います。

　ICMPエコーメッセージは、ネットワーク障害のトラブルシューティングで必ずと言ってよいほど用いられる重要な機能です。たとえば、あるWebサイトへアクセスできなくなった、DNSの調子がおかしい、Webサーバが沈黙している、途中のネットワークが断絶しているなど、いろいろな可能性が考えられます。このとき、インターネット通信で最も基本であるIPが動作しているかを最初に確認するのがセオリーだからです。

　TCP/IPを備えたOSはすべて、ICMPエコー要求とエコー応答を処理できるように設計されているので、ユーザはソフトウェアを追加することなくこれを利用できます。

メッセージフォーマット

　ICMPエコーメッセージのフォーマットを図2に示します。

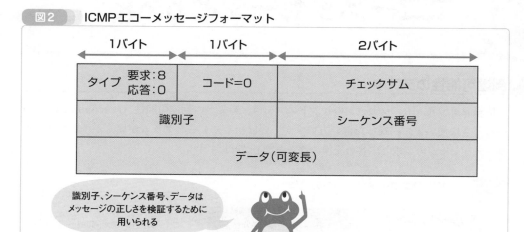

図2　ICMPエコーメッセージフォーマット

識別子、シーケンス番号、データは
メッセージの正しさを検証するために
用いられる

最初の4バイトは共通ヘッダと同じです。タイプフィールドは要求なら8、応答なら0です。コードは用いられないので、常に0をセットします。

ホストは、複数のプロセスから同時にエコー要求を送信できます。識別子（Identifier）フィールドは、送信元のプロセスに受信したエコー応答を正しく引き渡すのに使われます。2バイトの値は何でも構いませんが、同じプロセスなら同じ番号を使いまわします。

プロセスは連続してエコー要求を送信できますが、応答が送信順に受信できるとは限りません。そこで、シーケンス番号（Sequence number）フィールドの値から要求と応答を対応付けます。2バイトの値は何でも構いませんが、通常、通番を使います。

データフィールドにはテスト用データを書き込みます。フィールドは可変長なので、サイズも中身も自由に決められます。バイナリデータでも構いません。

エコー要求に示された識別子、シーケンス番号、データは、エコー応答では「やまびこ」のように一字一句コピーして用いなければなりません。送受したデータを照合することで、途中でデータが壊れていないかが確認できます。

ping

pingは、ICMPエコーメッセージを処理するネットワークツールです。WindowsでもUnixでも同じ名前ですが、コマンドオプションが互いに異なるので、使い慣れない他機で操作するときにはヘルプ（Windowsならping/?、Unixならping -h）で確認してください。

次の例は、www.shuwasystem.co.jpに宛ててpingを実行したものです（Windows）。

```
C:\temp>ping www.shuwasystem.co.jp Enter

cdn.01.server.hondana.jp [113.43.215.242]に ping を送信しています 32 バイトのデータ:
113.43.215.242 からの応答: バイト数 =32 時間 =171ms TTL=50
113.43.215.242 からの応答: バイト数 =32 時間 =177ms TTL=50
113.43.215.242 からの応答: バイト数 =32 時間 =170ms TTL=50
```

```
113.43.215.242 からの応答: バイト数 =32 時間 =175ms TTL=50

113.43.215.242 の ping 統計:
    パケット数: 送信 = 4、受信 = 4、損失 = 0 (0% の損失)、
ラウンド トリップの概算時間 (ミリ秒):
    最小 = 170ms、最大 = 177ms、平均 = 173ms
```

　Windowsではデフォルトで4回ICMPエコー要求を送信します。Unixでは^cで中断するまで継続するので、これと同じにするのなら-c 4で回数を指定します。

　上記の結果のように、pingは（一般に）要求に対する応答を得るまでの時間、そしてその統計情報を示します。メッセージのやりとりにかかる往復時間を**ラウンドトリップタイム**（roundtrip time）と言います。

　各試行でラウンドトリップタイムにばらつきがある点に注意してください。ホスト間でデータグラムを往復させる時間は、間のネットワークの状態で変わります。エコーメッセージの送受信時にネットワークの負荷が通常よりも高ければ、ラウンドトリップタイムは長くなります。これは、電車で移動をするとき、時間帯や乗り換えのタイミングなどで所要時間にばらつきが生じるのと同じイメージです。

コラム　pingとエコー

　pingはピンポン（卓球のping-pong）の「ピン」と同じく、モノを弾いたときの鋭い音を示す擬声語です。潜水艦が距離を測定するために発するソナーの愛称から採られた、あるいは後付けっぽいですがPacket InterNet Groper（インターネットを手探りするパケット）の略という説があります。
　エコー（echo）は「やまびこ」という意味で、送信したデータと同じものが返されるこのメッセージの動作を示してます。辞書には「対象に反射して返ってくるレーダー波」という意味も示されています。

パケットキャプチャ

　pingのパケットのやり取りをWiresharkから確認します。画面1に示すのは、パケット一覧パネルです。他のパケットも混入しているので、フィルタフィールドに「icmp」（小文字）を指定することで、ICMPメッセージだけを表示させています（付録A）。

▼**画面1　ICMPエコーメッセージ例**

No.	Time	Source	Destination	Protocol	Info
6	2.595744	192.168.239.128	113.43.215.242	ICMP	Echo (ping) request　id=0x0528, seq=1/256,
7	2.800373	113.43.215.242	192.168.239.128	ICMP	Echo (ping) reply　　id=0x0528, seq=1/256,
11	3.597812	192.168.239.128	113.43.215.242	ICMP	Echo (ping) request　id=0x0528, seq=2/512,
12	3.801009	113.43.215.242	192.168.239.128	ICMP	Echo (ping) reply　　id=0x0528, seq=2/512,

　注目してほしいのは、右のInfo欄のid=0x0528とseq=x/xxxです。idはICMPメッセージの識別子フィールドで、同じプロセスから発信されたメッセージなのでいずれも同じ値です。

seqはシーケンス番号フィールドです。x/xxxの左側のxの値に注目すれば、1、2と順に繰り上がる様子が読み取れます。

先頭（No.欄が6のもの）に示されたエコー要求の詳細は、パケット詳細パネルに示されています（画面2）。

▼**画面2　ICMPエコー要求メッセージ詳細**

```
> Internet Protocol Version 4, Src: 192.168.239.128, Dst: 113.43.215.242
∨ Internet Control Message Protocol
    Type: 8 (Echo (ping) request)
    Code: 0
    Checksum: 0xc6ee [correct]
    [Checksum Status: Good]
    Identifier (BE): 1320 (0x0528)
    Identifier (LE): 10245 (0x2805)
    Sequence Number (BE): 1 (0x0001)
    Sequence Number (LE): 256 (0x0100)
    [Response frame: 7]
    Timestamp from icmp data: Dec 19, 2022 13:58:29.000000000 ニュージーランド夏時
    [Timestamp from icmp data (relative): 0.457876000 seconds]
  ∨ Data (48 bytes)
      Data: 91fa060000000000101112131415161718191a1b1c1d1e1f202122232425262728292a2b…
      [Length: 48]
```

タイプ（Type）は8、コード（Code）は0、とメッセージフォーマットの規定通りです。

興味深いのは識別子（Identifier）とシーケンス番号（Sequence Number）で、それぞれ2行に分けて示されています。先の行は「BE」、続く行は「LE」とあり、これらはそれぞれ「ビッグエンディアン」（big endian）と「リトルエンディアン」（little endian）です。インターネットのバイトオーダーはビッグエンディアンであると定められているので、ビッグエンディアン欄が正しい解釈です（つまり識別子は0x2805ではなく0x0528が正しい）。しかし、ICMPが定義された1981年にはその規定がまだ明示的でなかったので、複数バイトのフィールドにはどちらが使われるかわかりません。Wiresharkはそのため、どちらでもよいように両方の解釈を示しています。

対応するエコー応答の詳細も確認します（画面3）。タイプが0、コードは0なので、これはエコー応答です。識別子とシーケンス番号は画面2と同じです。データは細かいですが（48バイトある）、こちらも要求と同じ値なことがわかります。

▼**画面3　ICMPエコー応答メッセージ詳細**

```
> Internet Protocol Version 4, Src: 113.43.215.242, Dst: 192.168.239.128
✓ Internet Control Message Protocol
    Type: 0 (Echo (ping) reply)
    Code: 0
    Checksum: 0xceee [correct]
    [Checksum Status: Good]
    Identifier (BE): 1320 (0x0528)
    Identifier (LE): 10245 (0x2805)
    Sequence Number (BE): 1 (0x0001)
    Sequence Number (LE): 256 (0x0100)
    [Request frame: 6]
    [Response time: 204.629 ms]
    Timestamp from icmp data: Dec 19, 2022 13:58:29.000000000 ニュージーランド夏時
    [Timestamp from icmp data (relative): 0.662505000 seconds]
  ✓ Data (48 bytes)
      Data: 91fa0600000000001011121314151617118191a1b1c1d1e1f202122232425262728292a2b…
      [Length: 48]
```

無反応

　エコー要求メッセージを無視するホストも多くあります。これは、6-7節で説明するように、ICMPが攻撃手段として広く使われてしまったためです。Windows 10も同様で、デフォルトでエコー要求を無視するようにファイアウォールが設定されています（有効化の方法は付録Bに示しました）。こうしたとき、ping（あるいは後述のtracert）に応答はありません。

　フラグメント化も同様です（5-4節）。セグメント化されるほど大きなデータを積載するような使い方はあまり考えられないため、怪しいとして途中で廃棄されるケースが多くなっています。

6-4 時間超過とtraceroute

経路循環

　IPデータグラムは、経路途上のルータを転々としながら宛先へと転送されます。しかし、どこかでルーティング情報が誤っているとあさっての方向に転送されてしまいます。最悪の場合、同じところを永遠に回り続けます。

　この無限ループを図1に模式的に示します。送信元ホストAから宛先ホストBの間に3台のルータX、Y、Zがあります。この順にデータグラムが転送されるはずですが、最後のルータZのルーティングテーブルが壊れており、本来ならホストBに向けて転送するところを、誤ってルータXに戻しています。そのため、ルータXは再びYへ転送し…とデータグラムが同じところを廻り続けることになります。この現象を**経路循環**（routing cycle）と言います。

図1　経路循環

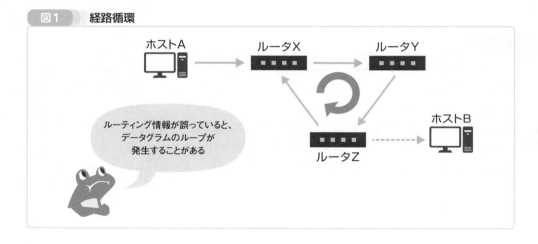

ルーティング情報が誤っていると、データグラムのループが発生することがある

　IPヘッダの生存時間（TTL）フィールドは、こうした経路循環を抑制するために用意されたものです（第5章）。転送されるたびに、TTL値は1つ減じられます。ゼロになったところでルータはこのデータグラムを廃棄し、宛先に届けられなかった旨を**時間超過**（Time Exceeded）メッセージによって通知します。タイプ番号は11です（6-1節の表1）。

メッセージフォーマット

　ICMP時間超過メッセージのフォーマットを図2に示します。

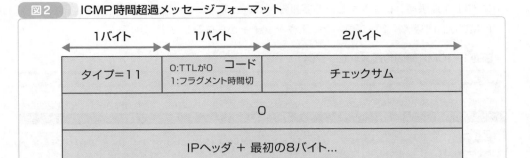

図2 ICMP時間超過メッセージフォーマット

最初のタイプフィールドの値は、時間超過の11です。

障害原因を示すコードには0と1が用意されています。上述のTTLがゼロになった状況では0が使われます。意味は「time to live exceeded in transit」で、訳せば「転送中にTTLを超過した」です。これはルータから発っせられます。

フラグメント化されたIPデータグラムのすべてのフラグメントが宛先に時間内に届かず、再構成に失敗したときは、1が使われます。「fragment reassembly time exceeded」という意味で、「フラグメント再構成時間を超過した」です。フラグメントを再構成するのは宛先ホストなので、これは宛先からです。

続く4バイトのフィールドは未使用なので、0で埋めます。

最後のフィールドがデータで、故障原因となったIPデータグラムのヘッダとそのペイロードの最初の8バイトを収容します。オプションのないIPヘッダは20バイトなので、通常、この部分はトータルで28バイト、ICMPメッセージ全体だとは36バイトになります。

実例

あえて短いTTLを設定したデータグラムを送れば、時間超過を誘引させられます。TTLを指定するコマンドラインオプションはWindows版は-i、Unix版は-tです。ここではWindows版を使用します。1回だけでよいので、回数指定の-nオプションも併記しています。

```
C:\temp>ping -i 5 -n 1 www.shuwasystem.co.jp Enter

cdn.01.server.hondana.jp [113.43.215.242]に ping を送信しています 32 バイトのデータ:
122.56.119.30 からの応答: 転送中に TTL が期限切れになりました。

113.43.215.242 の ping 統計:
    パケット数: 送信 = 1、受信 = 1、損失 = 0 (0% の損失)、
```

あとから試すtracerouteからわかるように、筆者の環境からwww.shuwasystem.co.jpサーバまでの間には15台のルータがあります。これを5台以内でやれというのは無理なので、ICMP要求は宛先に届きません。むろん、応答も受信されません。Windowsのpingは「転送

中にTTLが期限切れになりました」と報告しています。

ICMP時間超過メッセージをパケットキャプチャから確認します（画面1）。

▼**画面1　ICMP時間超過メッセージ例**

パケット一覧パネルの2行目（No. 12）のパケットが黒っぽくハイライトされているのは、Wiresharkがこれをエラーに類するものだと判断したからです。

パケット詳細パネルの3行目のIP情報を見ると、送信元は122.56.119.30です。これは、試験機と宛先の間のどこか（5台目）のルータです。

4行目以下がICMP時間超過メッセージ（タイプ11）の中身です。コード（Code）が0なので、障害理由はTTL不足です。

4バイトがすべて0のUnusedフィールド以下が可変長のデータです。メッセージフォーマットの箇所で説明したように、ここには障害元のIPヘッダとペイロードの最初の8バイトが収容されます。Wiresharkはこの中身も解釈するので、ICMPの下にIPとICMPが入れ子になるという、一見して不可解な構造になっています（画像の枠内）。これをチェックすると、IPヘッダも含めて送ったICMPエコー要求そのものです。ただし、ICMP部分は8バイトまでなので、含まれているのは先頭のタイプフィールドからシーケンス番号フィールドまでです。

⬤traceroute

ネットワークツールのtracerouteは、このTTLの不足と時間超過の返信を使うことで経路途中にあるすべてのルータのIPアドレスをリストします。コマンド名はUnix系はtracerouteですが、Windows版はなぜか短縮してtracertです。

その動作原理を図3に模式的に示します。

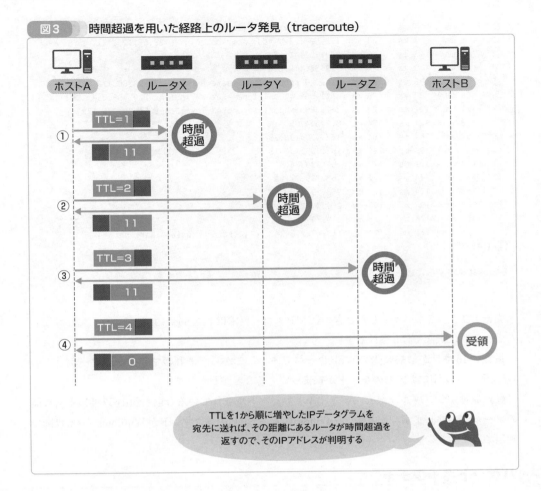

図3 時間超過を用いた経路上のルータ発見（traceroute）

TTLを1から順に増やしたIPデータグラムを宛先に送れば、その距離にあるルータが時間超過を返すので、そのIPアドレスが判明する

　この図では、送信元のホストAから宛先のホストBまでの間に3台のルータがあります。

　tracerouteは、まずTTLを1にセットしたIPデータグラムを送信します。ペイロードは何でも構いません。このデータグラムを受信したルータXはTTLを1つ減じるので、TTLは0となります。これは時間超過なので、Xは転送はせず、AにICMP時間超過メッセージ（タイプ11）を返します。このIPデータグラムには送信元IPアドレスが記載されているので、XのIPアドレスがこれで判明します。続いてTTL値を2にして送信すれば、Xを通過して、2番目のYが時間超過メッセージを返します。このように、TTL値を順に大きくしていけば、通過するルータすべてを補足できます。

　筆者のPCからwww.shuwasystem.co.jpまでの経路をWindowsから確認します。

```
C:\temp>tracert www.shuwasystem.co.jp Enter

cdn.01.server.hondana.jp [113.43.215.242] へのルートをトレースしています
経由するホップ数は最大 30 です:
```

```
  1     1 ms     1 ms    <1 ms   VRV9517-D123 [192.168.128.254]
  2     5 ms     3 ms     4 ms   123-52-123-1-vdsl.sparkbb.co.nz [123.52.123.1]
  3     5 ms     3 ms     3 ms   222.152.41.139
  4     3 ms     3 ms     4 ms   122.56.119.216
  5    29 ms    30 ms    28 ms   et1-0-0.sgbr3.global-gateway.net.nz [122.56.119.30]
  6    28 ms    29 ms    28 ms   cntl-pni.sgbr3.global-gateway.net.nz [202.50.234.150]
  7   121 ms   122 ms   122 ms   ae2.3605.edge3.Singapore3.level3.net [4.69.206.178]
  8   120 ms   121 ms   124 ms   8.245.4.82
  9   164 ms   164 ms   164 ms   163.139.136.28
 10   192 ms   193 ms   199 ms   163.139.136.18
 11   173 ms   172 ms   172 ms   163.139.38.58
 12   171 ms   174 ms   172 ms   163.139.77.98
 13   173 ms   174 ms   174 ms   210.79.7.6
 14   193 ms   194 ms   193 ms   210.79.7.13
 15   174 ms   178 ms   175 ms   210.79.7.26
 16   171 ms   171 ms   173 ms   113x43x215x242.ap113.ftth.arteria-hikari.net
[113.43.215.242]

トレースを完了しました。
```

先ほどTTL=5をセットしたときのICMPエコー要求は122.56.119.30でエラーになりましたが、これは上記では5番目です。

最後の16番目が最終宛先のWebサーバです。ここから、筆者のマシンからターゲットのWebサーバの間には15台のルータが挟まっていることがわかります。

動作原理がシンプルなため、デフォルトでバンドルされているtraceroute以外にも同機能のツールが存在します。たとえば、Windowsならpathpingコマンドが Windows 2000以降で利用できます。

パケットキャプチャ

Windowsの tracert 実行中のパケットのやり取りを Wiresharkから確認します（画面2）。

▼**画面2** tracertのパケットキャプチャ

No.	Time	Source	SrcPort	Destination	DstPort	Protocol	Length	Info
1929	34.720664	222.152.41.139		192.168.		ICMP		134 Time-to-live exceeded (T
2733	40.257669	192.168.		113.43.215.242		ICMP		106 Echo (ping) request id=
2734	40.262796	122.56.119.216		192.168.		ICMP		70 Time-to-live exceeded (T
2735	40.264057	192.168.		113.43.215.242		ICMP		106 Echo (ping) request id=
2736	40.270787	122.56.119.216		192.168.		ICMP		70 Time-to-live exceeded (T
2737	40.272256	192.168.		113.43.215.242		ICMP		106 Echo (ping) request id=
2738	40.278711	122.56.119.216		192.168.		ICMP		70 Time-to-live exceeded (T

Windowsの実装はICMPエコー要求
を送信し、時間超過を受信する

tracertは1つのTTLについて3回ICMPエコー要求を発するので、同じルータから3個の
ICMP時間超過メッセージが届きます。画面最初の行は最後の応答、2行目からが3回のエコー
要求と4台目のルータからの返信です。

tracerouteの実装

ICMPメッセージにはセキュリティ上の懸念があるため、途中のルータが時間超過を返して
くれないこともあります。これでは、ルータの情報が入手できません。

そこで、TTLさえコントロールできればペイロードは何でも構わないというtracerouteの
原理に着目し、異なるプロトコルを使う実装もあります。たとえばLinux版のtracerouteは、
適当なポート番号を指定したUDP (7-3節) データグラムを用います。経路途中のルータは「適
当」かどうかは判断できないため、正当なデータグラムであるとして転送します。もちろん、
時間超過すればその報告をします。

ただし、このUDPパケットを受信する最終宛先はそのUDPポートを開いてはいないはず
なので、後述のICMP宛先到達不能メッセージを返します。ICMPエコー応答が返ってくる
ICMPエコー要求とは応答が異なるところに注意が必要です。

TCPのSYNパケット (8-3節) を用いたタイプもあります。また、過去にはIPオプション
を用いたtracerouteも考案されましたが (RFC 1393)、ルータに処理機能を追加しなければ
ならないために、広く採用されることはありませんでした。

このように、tracerouteにはセキュリティ上の対策とその迂回策がいたちごっこを繰り返し
てきた歴史があります。

6-5 宛先到達不能と経路MTU探索

宛先に届かない

ベストエフォート型通信システムであるIPでは、データグラムを宛先に届けられないこともあります。たとえば、IPアドレスの指し示すネットワークが存在しない、ネットワークは存在するがそこに目的のホストが存在しない（あるいは稼働していない）、トランスポート層プロトコルで指定したポート番号で宛先が待ち受けていない（第8章）、あるいはファイアウォールがパケットを拒否している（9-3節）などの理由があります。

そうしたとき、経路上のルータあるいは宛先ホストはパケットを廃棄し、ICMP宛先到達不能（Destination Unreachable）メッセージを送信元に返送します。本節ではこのメッセージとこれを用いた経路MTU探索を説明します。

メッセージフォーマット

ICMP宛先到達不能メッセージのフォーマットを図1に示します。

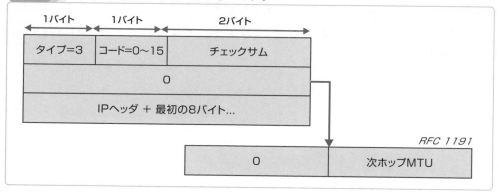

図1　ICMP時間超過メッセージフォーマット

RFC 1191

見ての通り、フォーマットは最初のタイプフィールドが宛先到達不能を示す3で、続くコードフィールドが0から15の値である以外、6-4節の時間超過（図2）と同じです。ただし、後述の経路MTU探索では、中央の0で埋められた2バイトの後半が「次ホップMTU」（Next-Hop MTU）として使われます。

コードフィールドは現在16種類を定義していますが、ほとんど使われていないものもあります。主要なものを表1に示します。

▼表1　宛先到達不能（3）メッセージのコード

コード	名称	説明
0	Net Unreachable	宛先IPアドレスが示すネットワークに到達できない（IPアドレスのネットワーク部がおかしい）。ユーザが指定したアドレスがおかしいか、ルーティングに問題がある。
1	Host Unreachable	宛先IPアドレスが示すネットワークには到達したが、ホストに到達できない（IPアドレスのホスト部がおかしい）。上記同様、ユーザが指定したアドレスがおかしいか、ルーティングに問題がある（間違えて別のネットワークに送ってしまったなど）。
2	Protocol Unreachable	IPヘッダのプロトコルフィールドが示すプロトコルに対応できない（サポートされていないトランスポート層プロトコル）。
3	Port Unreachable	TCP/UDPヘッダで指定したポートが開いていない。
4	Fragmentation Needed and Don't Fragment was Set	フラグメント化しなければ転送できないMTUに出くわしたが、IPヘッダにフラグメント禁止フラグが立っている。

　ほとんどは（IPアドレスも含めて）IPデータグラムそのものの問題に関わるものですが、一部、上位（IPデータグラムのペイロード）に関わるものもあります。たとえば、3番のPort Unreachable（ポート到達不能）はIPペイロードに収容されているTCPあるいはUDPのポート番号に関わるものです。2番のProtocol Unreachable（プロトコル到達不能）はIPヘッダのプロトコルフィールドに記述された値に関わりますが、それはペイロードの中身を示すものなので、上位プロトコルの問題とも考えられます。

　完全なリストは、次にURLを示すIANAの「Internet Control Message Protocol (ICMP) Parameters」から取得できます。

```
https://www.iana.org/assignments/icmp-parameters/icmp-parameters.xhtml
```

フラグメント禁止と経路MTU探索

　ルータを転々と転送されていくIPデータグラムは、当然、ルータ間をつなげるネットワークを通過します。このとき、データグラムのサイズがそのネットワークのMTU（最大転送サイズ）より大きいときは、フラグメント化されます（5-4節）。これ自体は想定内の動作なのでそれ自体には問題はありません。しかし、フラグメント化には余分なヘッダが加わり、分割と再構成に手間もかかるため、通信効率が低下します。

　経路上の最小のMTUに合わせて送信元であらかじめ分割しておけばフラグメンテーションは発生しないので、経路途上の処理の分だけ高速に転送できます。経路上の最小MTUを探し出すメカニズムを**経路MTU探索**（Path MTU Discovery）と言います。

　経路MTU探索では、IPヘッダに用意されているフラグメント化を禁止するフラグ（DFフラグ）を使います。ここにビット1を立てると、ルータはフラグメント化しません。しかし、フラグメント化しなければ次のネットワークにデータグラムは流せないので、ルータはその

データグラムを廃棄し、コード4番「フラグメント化が必要だが禁止されている」を示した
ICMP宛先到達不能メッセージを返送します（以下、長いので「4番メッセージ」とのみ書き
ます）。このとき、ルータが次に転送する先のネットワークのMTUをついでに報告すれば、
どれだけ小さく分割すればよいかが、送信元にはわかります。

　動作原理を図2に示します。

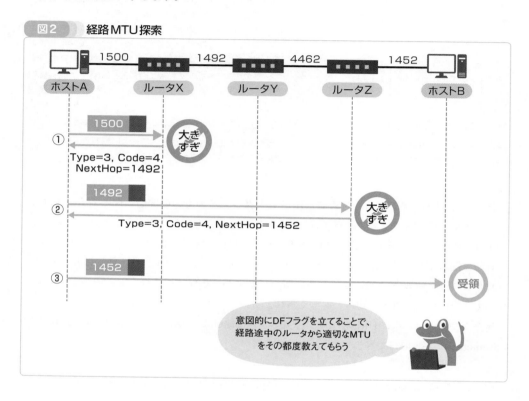

図2　経路MTU探索

　発信元のホストAは自ネットワークのMTUに合わせて、1500バイトのIPデータグラムを
送信します。ルータXはこれを受け取りますが、次のルータへのネットワークのMTUが
1492バイトなので、フラグメント化しなければ転送できません。しかし、DFフラグが立って
いるので転送を諦め、4番メッセージを返信します。このとき、次ネットワークのMTUが
1492バイトであることを4番メッセージに書き込みます。

　次のネットワークのMTUを記述するフィールドを「次ホップMTU」（Next-Hop MTU）と
言い、本来ならば0で埋められた5〜8バイト目の右半分に用意されています（図1）。この
フィールドはICMPを定義しているオリジナルのRFC 792では定められておらず、RFC 1191
で追加されました。

　ホストAは続いて1492バイトのIPデータグラムを送信します。ルータYとZの間のMTU
はそれよりも大きいので、ここはスルーです。しかし、ルータZから先のMTUが1452バイ
トなので、ここもフラグメント化が必要です。そこで、ルータZは次ホップMTUは1452と
示した4番メッセージを返送します。これで、ホストAはホストBにデータグラムを送るとき

はサイズを1452にすることで、フラグメントなしで効率よく通信できることを知ります。

　賢いやり方ではありますが、残念ながら広く採用されることはありませんでした。RFC 1191に対応するには経路上のすべてのルータをアップデートしなければならないからです。また、パケットの経路は常に一定ではないため、少しでも変わるとこれまでの経路MTUが使えなくなってしまうという問題もあります。

　ルータが次ホップMTUを教えてくれないときの代替手段として、段階的な探索も提案されました。上図でルータZがRFC 1191対応でなければ、4番メッセージを誘起した1492バイトから徐々にデータグラムサイズを下げていくというやり方です。しかし、それは（たとえ2分探索を用いたとしても）面倒であり、結局定着しませんでした。

IPv6の経路MTU探索

　経路MTU探索は試験に出るくらいで、現場ではまず見かけません。広く利用されるには、障害が多すぎました。

　しかし、新しく制定されたIPv6では、経路MTU探索は必須機能となりました。送信元ホストは通信を開始する前に経路MTU探索を実行し、経路上の最小のMTUを決定します。これにより、IPv6ではフラグメント化は不要になりました。IPv6ヘッダからも、フラグメント化に関わるフィールドが取り除かれています（5-5節）。

　IPv6の経路MTU探索の方法はRFC 1191と同じですが、いくつか変更点があります。

- ・IPv4では「宛先到達不能」メッセージ（タイプ3）の「フラグメント化が必要だが禁止されている」（コード4）と長い名称だったのが、「パケット過大」（Packet Too Large）と短くなり、独立したタイプ2が割り当てられました。コードは常に0です。
- ・RFC 1191で追加された2バイトの「次ホップMTU」フィールドは、「MTU」という名の4バイトのフィールドとなりました。メッセージフォーマットを図3に示します。

図3　ICMPv6のパケット過大メッセージ

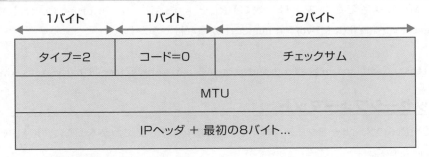

IPv6では、経路MTU探索専用の
ICMPv6メッセージが用意されている

6-6 ICMPv6

2種類のメッセージタイプ

　非推奨化されたり、セキュリティ上の理由から拒まれたりと不遇なICMPですが、IPv6では、これまでに無効化された機能が復活し、さらには新たな機能が加わるなど復権しています。

　ICMPv4の機能は障害報告と情報収集に分類できましたが（6-2節）、ICMPv6ではこれらが役割的にもメッセージタイプ番号的にも明確に分けられました。

　ICMPv4の障害報告に相当する機能はICMPv6エラーメッセージ（Error message）と名を改められ、タイプ番号は0〜127の範囲と定められました。もっとも、番号が付け変わったこと以外は中身はほとんど変わりません。表1にこれらを示します。

▼表1　ICMPv6のエラーメッセージ

タイプ番号	名称	用途
1	宛先到達不能 (Destination Unreachable)	ICMPv4に同じ（タイプ3）。ただし、コードは整理された。
2	パケット過大（Packet Too Large）	ICMPv4のタイプ3、コード4に同じ。メッセージには正式にMTUフィールドが加わった。
3	時間超過（Time Exceeded）	ICMPv4とまったく同じ（タイプ11）。コードが2種類なもの同じ。
4	パラメータ障害 (Parameter Problem)	ICMPv4に同じ（タイプ12）。ただし、コードは整理された。

　情報収集型はICMPv6情報メッセージ（Informational message）と名付けられ、タイプ番号は128〜255の範囲です。こちらには、お馴染みのエコー要求応答（コードは128と129）があります。これらに加え、ICMPv4の情報機能、DHCP、ARPを置き換える機能が用意されました。

　ICMPv6の完全なリストは、次にURLを示すIANAの「Internet Control Message Protocol version 6 (ICMPv6) Parameters」から取得できます。

https://www.iana.org/assignments/icmpv6-parameters/icmpv6-parameters.xhtml

メッセージフォーマット

　ICMPv6のメッセージフォーマットを図1に示します。見てわかるように、ICMPv4とまったく同じです。

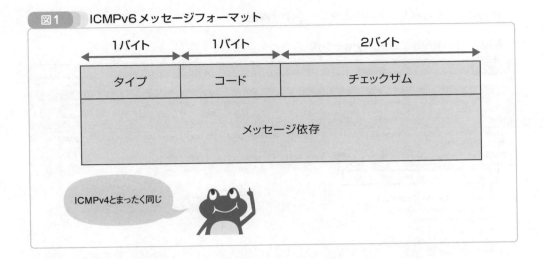

図1 ICMPv6メッセージフォーマット

← 1バイト →	← 1バイト →	← 2バイト →
タイプ	コード	チェックサム
メッセージ依存		

ICMPv4とまったく同じ

　強いて異なる点を挙げると、ICMPv4ではヘッダとペイロードが公式には未分化でしたが、ICMPv6では先頭4バイトがヘッダと定義されたことです。

　各メッセージについても、エラーメッセージでは4バイトのヘッダ、続く追加情報の4バイト（多くの場合0埋め）、そして障害元になったIPv6データグラムと変わりません。最後の可変長フィールドについては、ICMPv4では「ヘッダとそのペイロードの最初の8バイト」であったのが、「パケットをできるだけたくさん、しかし最小MTUに収まる分だけ」と変わった点です。IPv6の最小MTUは1280バイト（IPv4は576バイト）です。

パケットキャプチャ

　pingからICMPv6エコーメッセージを生成します。pingの用法はICMPv4と同じで、とくに細工は要りません。ただ、インターネットプロバイダがIPv6を提供している、IPv6の契約もしている、などなどいろいろな障壁を乗り越えないと他とは接続試験ができないので、IPv6リンクローカルアドレス（3-5節）からテストします。

```
C:\temp>ping fe80::908e:470f:4c6f:a021 Enter

fe80::908e:470f:4c6f:a021 に ping を送信しています 32 バイトのデータ:
fe80::908e:470f:4c6f:a021 からの応答: 時間 <1ms
fe80::908e:470f:4c6f:a021 からの応答: 時間 <1ms
fe80::908e:470f:4c6f:a021 からの応答: 時間 <1ms
fe80::908e:470f:4c6f:a021 からの応答: 時間 <1ms

fe80::908e:470f:4c6f:a021 の ping 統計:
    パケット数: 送信 = 4、受信 = 4、損失 = 0 (0% の損失)、
ラウンド トリップの概算時間 (ミリ秒):
    最小 = 0ms、最大 = 0ms、平均 = 0ms
```

Wireshark からパケットの中身を示します（画面1）。

▼**画面1　ICMPv6エコーメッセージ例**

No.	Time	Source	SrcPort	Destination	DstPort	Protocol	Leng
	icmpv6						
177	3.743515	fe80::908e:470f:4c6f:a021		fe80::908e:470f:4c6f:a021		ICMPv6	
178	3.743672	fe80::908e:470f:4c6f:a021		fe80::908e:470f:4c6f:a021		ICMPv6	
219	4.762256	fe80::908e:470f:4c6f:a021		fe80::908e:470f:4c6f:a021		ICMPv6	

```
> Frame 177: 84 bytes on wire (672 bits), 84 bytes captured (672 bits) on interface \Device\NPF_Loopback, id
> Null/Loopback
> Internet Protocol Version 6, Src: fe80::908e:470f:4c6f:a021, Dst: fe80::908e:470f:4c6f:a021
∨ Internet Control Message Protocol v6
    Type: Echo (ping) request (128)
    Code: 0
    Checksum: 0x4f8f [correct]
    [Checksum Status: Good]
    Identifier: 0x0001
    Sequence: 10
    [Response In: 178]
  ∨ Data (32 bytes)
      Data: 6162636465666768696a6b6c6d6e6f707172737475767761626364656667686869
      [Length: 32]
```

6-3節の画面1〜3と変わりません。マイナーな点で異なるのは、フィルターに「icmpv6」
を指定しているところと、エコー要求のタイプ番号が128であるところくらいです。

6-7 ICMP を用いた攻撃

● ICMP の危険性

　TCP/IPを利用するすべてのホスト、端的にはインターネットに接続したすべてのデバイスは、ICMPメッセージを送受するよう設計されています（無線LANネットワークに接続しているiPhoneにですらpingできます）。これに加え、メカニズムもメッセージ構成もシンプルなため、ICMPは攻撃者に絶好の手段となっています。

　本節では、ICMPを用いた攻撃方法を数点紹介します。いずれも、ずいぶん前にその問題点が指摘されたものなので、今ではこれらを用いた攻撃はあまり考えられません。しかし、その考え方はICMPの弱点を理解するのに役立ちます。

● Ping of Death

　IPの仕様の欠陥を突いた攻撃に「Ping of Death」があります。

　この攻撃は、IPデータグラムの上限サイズが65535バイトであるにもかかわらず、フラグメント化を通じてそれよりも大きなデータを送信できるという欠陥を利用します。OSは（この問題が出始めた当時）65526バイト以上のIPデータグラムを処理できるメモリを確保していなかったので、これ以上のデータを受け入れたためにメモリバッファがオーバフローを起こしました。

　名称にpingとあるのは、ICMPエコー要求が主に用いられたためです。IPの仕様に関わる問題なので、原理的には他のペイロードでも可能です。

　もちろん現在のOSならば対処済みです。2013年にはWindowsにICMPv6のPing of Deathが発見されましたが、それ以降は聞きません。

コラム 「死の...」

　英語には「xx of death」という表現がいくつかあります。その中でもよく聞くのは「Kiss of Death」ですが、もとネタは古く、Meriam-Websterは新約聖書にまでさかのぼっています。ユダがイエスを裏切る有名なシーンがそれです。

　イエスを裏切ろうとしていたユダは、「わたしが接吻するのが、その人だ。捕まえて、逃がさないように連れて行け」と、前もって合図を決めていた。ユダはやって来るとすぐに、イエスに近寄り、「先生」と言って接吻した。人々は、イエスに手をかけて捕らえた（マルコによる福音書14:44-46）。

　同名の映画の邦題が「死の接吻」だったので、「Ping of Death」は無理に訳せば「死の探索」にでもなります。

Ping flooding

　矢継ぎ早にICMPエコー要求を送りつけることで、相手のマシンを麻痺させる攻撃です。Unix版のpingには-f（flood）という、システムが可能な限りICMPエコーを連続送信するテスト用のオプションがあり、これを使うことから「ping flooding」（pingの洪水）と名付けられました。

　送り手が早ければ相手を圧倒するという腕力自慢な方法で、技術的にはとくに見るべきものはありません。ただ、多数のホストから同時多発的に攻撃することで効果を得ることは現在も可能です（いわゆるDDOS、分散DOS）。

　今も-fオプションは利用できますが、管理者でなければ連続速射はできません（Windows版にはオプションすらありません）。次に使用例を示します。最初のものは一般ユーザの実行で、エラーメッセージが出るだけです。

```
$ ping -f localhost Enter
PING localhost (127.0.0.1) 56(84) bytes of data.
ping: cannot flood; minimal interval allowed for user is 200ms
```

　管理者として実行すると連続速射ができます。次の例では、-c 10000から1万個のICMPエコー要求を送信しています。timeコマンドを併記することで、実行時間も調べています。

```
$ sudo time ping -c 10000 -f localhost Enter
PING localhost (127.0.0.1) 56(84) bytes of data.

--- localhost ping statistics ---
10000 packets transmitted, 10000 received, 0% packet loss, time 1564ms
rtt min/avg/max/mdev = 0.066/0.091/1.761/0.100 ms, pipe 3, ipg/ewma 0.156/0.088 ms

0.03user 1.21system 0:01.59elapsed 78%CPU (0avgtext+0avgdata 1360maxresident)
0inputs+0outputs (0major+378minor)pagefaults 0swaps
```

　末尾2行がtimeの結果で、2秒ほどの実時間で1万個なので、1個あたり0.2 msです。

Smurf攻撃

　Ping floodingの類型ですが、よく考えられた攻撃です（1997年）。図1にその仕組みを示します。

図1 Smurf攻撃

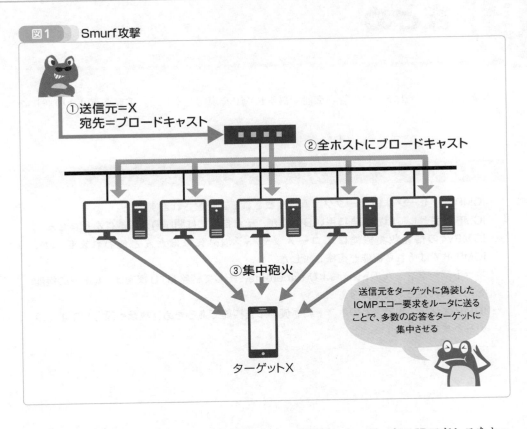

①送信元＝X
宛先＝ブロードキャスト

②全ホストにブロードキャスト

③集中砲火

送信元をターゲットに偽装した
ICMPエコー要求をルータに送る
ことで、多数の応答をターゲットに
集中させる

ターゲットX

　攻撃者は、宛先にブロードキャストアドレスを、送信元にターゲットのIPアドレスをセットした偽造（spoofed）ICMPエコー要求を送信します。これを受信したルータは（ブロードキャストであるので）、そのネットワークのすべてのホストにエコーメッセージを伝搬します。すると、そのネットワーク上のすべてのホストがICMPエコー応答を送信元だとされるターゲットに送ります。つまり、Ping floodingでは攻撃者から1個1個送らなければならなかったのが（本人にも腕力が必要）、1個送るだけで大量に（他所から）送られるわけです。効率的です。

　名前のもとは「身長がりんご3個分」とされる妖精のスマーフです。小さいながらも大量に動員することで大きな敵を倒せるから名付けられたとされています。

6-8 まとめ

　本章ではIPネットワークの管理機能であるICMPを説明しました。重要な点は次の通りです。

> **ポイント**
>
> ・ICMPメッセージはIPデータグラムに搭載されて送受信されます。
> ・ICMPは主として障害報告に用いられるが、それ自体には問題解決機能はありません。
> ・ICMPv4の情報収集機能はエコーメッセージ以外にはほとんど使われませんが、ICMPv6ではそれら機能が復権しました。
> ・ネットワークツールのpingおよびtraceroute、そして経路MTU探索は、ICMPの機能を用いて実装されています。
> ・ICMPはシンプルで、どのホストにも備わった機能であるため、攻撃手段としてよく用いられました。

トランスポート層と
UDP

本章では、トランスポート層プロトコル（Transport layer protocol）を説明します。その代表はTCPですが、トランスポート層の最も重要な機能である「アプリケーションの識別」に話題を絞るため、本章ではシンプルな構成のUDPを先に取り上げます。TCPは第8章で扱います。

7-1 トランスポート層プロトコル

トランスポート層はL4

　トランスポート層プロトコルは、図1に示すようにOSI参照モデルでは下から4層目に位置します。階層位置から、しばしば**L4**（エル フォー）と略称されます。

図1　OSI参照モデル上のトランスポート層プロトコルの位置

OSI参照モデル		TCP/IP	プロトコル
L7	アプリケーション層	アプリケーション層	DNS、FTP、HTTP、SMTP、POP3…
L6	プレゼンテーション層		
L5	セッション層		
L4	トランスポート層	トランスポート層	TCP、UDP…
L3	ネットワーク層	インターネット層	ICMP、IP…
L2	データリンク層	リンク層	イーサネット、ARP…
L1	物理層		

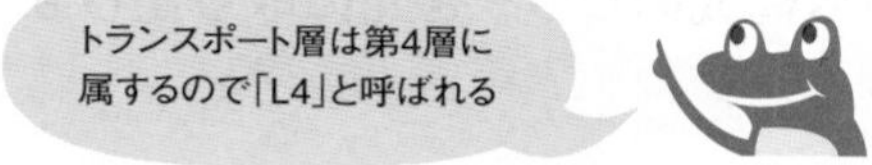

トランスポート層は第4層に属するので「L4」と呼ばれる

　TCP/IPのトランスポート層プロトコルはTCPまたはUDPです。TCP/IPが登場してからこの2頭体制に変わりませんでしたが、ここ十数年はUDPライト、SCTP、あるいはHTTP/2で用いられるQUICなども登場し、にぎやかになっています。

トランスポート層はアプリケーションの識別に必要

　トランスポート層プロトコルの重要な機能の1つは、OS上で稼働するプロセス（アプリケーション）を識別することにより、送信元プロセスから宛先プロセスへとデータを伝達することです。インターネット層の上位に別の層が必要なのは、IPには宛先ホストを識別することはできても、その上で動作しているいくつものプロセスを区別する機能が備わっていないからです。このことは、5-3節で示したIPヘッダフォーマットにプロセス識別番号を示すフィールドがないことからもわかります。

　TCP/IPのトランスポート層は、プロセス識別に**ポート番号**（port number）を用います。詳細は7-2節で説明しますが、これは2進数16桁（16ビット）の数値です。10進数に直せば、

0から65535の範囲です。

　ここで**プロセス**（process）は、実行中のアプリケーションプログラムを指すOSの用語です。タスク（task）ともジョブ（job）とも呼ばれます。たとえば、図2では左右のホストで音楽プレーヤ、インターネットバンキングアプリ、2つのWebアプリケーションのプロセスが動いています。これらはインターネットを介して互いにデータを交換することでユーザにサービスを提供します。

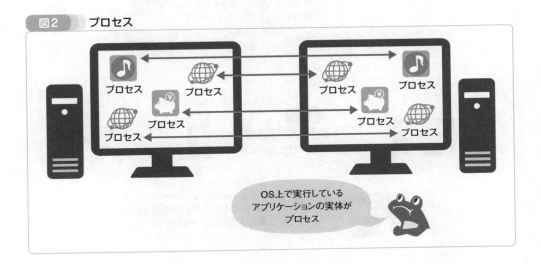

図2　プロセス

OS上で実行している
アプリケーションの実体が
プロセス

● IPアドレスとポート番号の関係

　IPアドレスとポート番号、あるいはネットワーク層とトランスポート層の関係は、郵便宛先の住所と氏名に似ています（図3）。

図3 IPアドレスとポート番号の関係

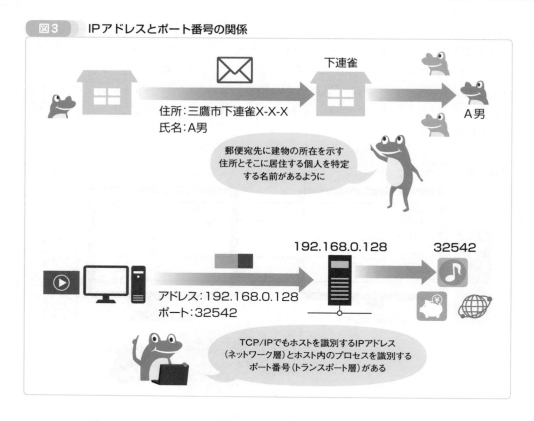

郵便物の表書きの住所は、その郵便を届ける先の建物の所在を示します。郵便屋さんは建物のポストまで届けますが、建物内でどう配布されるかまでは気にしません。最終宛先の特定個人に手渡すのは、そこの家人です。

　TCP/IPも同様です。インターネット層のIPはIPアドレスに従ってIPデータグラムを指定のホストに届けます。どのプロセス宛かまでは頓着しません。これを代表して受け取るのはホストのOS（のネットワークソフトウェア）で、これがポート番号に従って個々のプロセスにデータを届けます。

クライアントサーバモデル

　ネットワーク指向のアプリケーションは**サーバ**（server）と**クライアント**（client）に分けられます。サーバは、ネットワークを介して送られてきた要求（request）を受け入れ、それが提供するサービスを実行し、その結果をネットワークを通じて要求元に応答（response）します。クライアントはサービスを利用する側で、要求をネットワークを介してサーバに送り、応答された結果を享受します。

　これら2つのアプリケーション（プロセス）の相互作用のあり方を、**クライアントサーバモデル**（client-server model）と言います。Webならブラウザがクライアントで、サーバが（文字通り）サーバです。

クライアントサーバモデルにおける通信の様子を図4に模式的に示します。

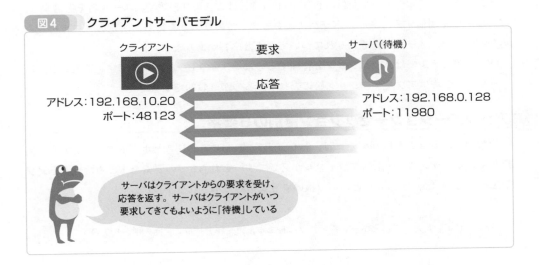

図4 **クライアントサーバモデル**

クライアント　　　　要求　　　サーバ（待機）

応答

アドレス：192.168.10.20　　　　アドレス：192.168.0.128
ポート：48123　　　　　　　　　ポート：11980

サーバはクライアントからの要求を受け、
応答を返す。サーバはクライアントがいつ
要求してきてもよいように「待機」している

　図中、ミュージックプレーヤのクライアントは、音楽サービスを提供するインターネットラジオサーバに音楽データを送る指示（要求）を送信します。宛先はサーバのIPアドレス192.168.0.128とポート番号11980の組です。サーバは音楽データをパケットに収容し、要求元のIPアドレス192.168.10.20とポート番号48123の組に返送します。音楽なのでパケットは連続的に送信され、クライアントはこれらを順次音に直してスピーカーに流します。曲の最後に来たら、この通信は終わりです。

　クライアントサーバモデルで重要なのは、サーバはクライアントのサービス要求を待ち受けなければならない点です。これは、スーパーなどの店舗と同じです。クライアント（お客）はいつどこから来るかわからないので、常時開けていなければなりません。サーバのこの開店状態を、OS用語で「リッスン」（listen）と言います。訳せば「聴取」や「傾聴」ですが、これでは逆にわからなくなるので、カナでお茶を濁すのが通例です。意訳して「待機」とした方がわかりがよいかもしれません。

　サーバの所在がクライアントに明確でなければならないというのも重要なポイントです。店舗が頻繁に移動したら、お客は道に迷います。同様に、サーバは同じIPアドレス、同じポート番号で待ち受けなければなりません。固定的なポート番号については7-2節のシステムポート（ウェルノウンポート）の箇所で説明します。IPアドレスが変化することもありますが、これへの対処方法はDNS（第10章）で取り上げます。

セッション—通信の始まりから終わりまでのひとかたまり

　クライアントとサーバの通信の始まりから終わりまでを**セッション**（session）と言います。セッションの長さ、あるいは複雑さは提供されるサービスによって異なります。ホストの時刻を標準参照時刻と同期するNTP（7-4節）は簡単なものの代表で、クライアントが要求パケッ

トを1つ送信すると、サーバが時刻情報を収容した応答パケットを1つ返信するだけでセッションは終わりです。メール受信のPOP3（11-4節）はこれより複雑で、ユーザ名を送信する、パスワードを送信する、メールボックスにあるメールのリストを得る、所定のメールを読み込むといった、メール操作それぞれについて要求と応答があります。

　OSI参照モデルでは、セッションを管理するのは第5層のセッション層です。TCP/IPではセッション管理はアプリケーション層に委ねられるのが一般的です。

● アソシエーション―セッション識別の5要素

　複数のセッションを区別するには、送信元と宛先のIPアドレスとポート番号の2組と、使用しているトランスポート層プロトコルが必要です。これら5つの要素をまとめたものを**アソシエーション**（association）と言い、次のような格好で示されます。

> （送信元IPアドレス，送信元ポート番号，プロトコル，宛先IPアドレス，宛先ポート番号）

　ミュージックプレーヤクライアントとインターネットラジオサーバの例（図4）では次のように書けます。トランスポート層プロトコルにUDPを用いているとすれば、IPヘッダのプロトコルフィールドの値は17です（TCPは6）。

> (192.168.10.20, 48123, 17, 192.168.0.128, 11980)

　トランスポート層の情報が必要なのは、OS（IPソフトウェア）が複数存在するトランスポート層のプロトコル処理メカニズムのどれに受信パケットを渡すべきかを判断しなければならないからです。この様子を図5に示します。

図5　アソシエーション情報を用いたデータの割り振り

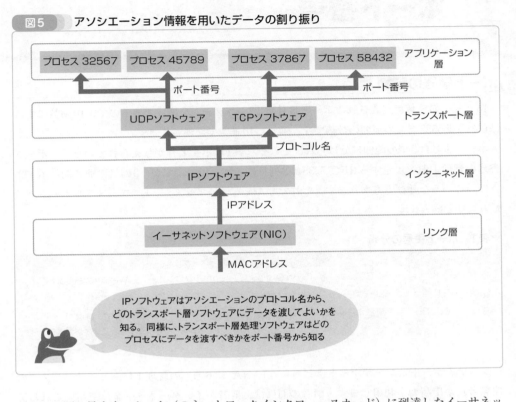

　下から順に見ます。ホスト（のネットワークインタフェースカード）に到達したイーサネットフレームのペイロードは、ヘッダの長さ／タイプフィールドの値に従って、IP処理ソフトウェアに引き渡されます。IP処理ソフトウェアはそのペイロード（UDPデータグラムやTCPセグメントなど）を取り出し、1つ上の層に渡します。いくつか選択肢がありますが（図ではUDPとTCPのみ）、アソシエーションの情報からUDP宛ならUDP処理ソフトウェアに、TCP宛ならTCP処理ソフトウェアに割り振ります。トランスポート層処理ソフトウェアはポート番号に従って、それぞれのプロセスにデータを引き渡します。

ポート番号の種類

16ビットの整数で定義されるポート番号は2^{16}のパターンを構成できるので、10進数にすれば0から655535までの範囲の数値です。通常、10進数で記述されます。

ポート番号は3つの範囲に分けられ、それぞれ表1に示す名称が与えられています。ポート番号の管理手順を規定するRFC 6335は2列目の名称を用いますが、3列目の別名欄に示すようにいろいろな呼び方もあります。どれで呼んでも構いませんが、「エフェメラルポート」は慣れないと噛みます。

▼表1　ポート番号の分類

ポート番号範囲	用途	別名
0〜1023	システムポート（Sysytem ports）	ウェルノウンポート（Well-known ports）
1024〜49151	ユーザポート（User ports）	登録ポート（Registered ports）
49152〜65535	動的ポート（Dynamic ports）	プライベートポート（Private ports）、一時ポート（Ephemeral ports）、エフェメラルポート

システムポートとユーザポートはどちらもIANA（3-6節）の管理下にあり、サービス（の開発者）が申請の上利用します。両者の間には、前者がインターネット全体で用いられる汎用的なサービスで、後者が独自のアプリケーションでそれぞれ用いられるという運用上の違いがある以外、たいした差はありません。

動的ポートは個々のホストで自由に利用してよいものです。

システムポートとサービス名

7-1節で、サーバ側のポート番号は固定的でなければならないと述べました。そのため、Web（HTTP）やメール（SMTPやPOP3）のように一般的なサービスには、0〜1023の範囲のシステムポートがあらかじめ割り振られます。たとえば、Webサービスには80番が与えられているので、Webサーバはポート80番で待ち受けます。ブラウザはサーバのポートが80番であることを先験的に知っているので、そのポートに宛てて要求を送信します。

代表的なサービス名とそのポート番号の対応を表2に示します。

▼表2　システムポート番号とサービス名の分類

ポート番号	サービス名	サービス内容
25	smtp	電子メール（第11章）
43	whois	whoisサービス（3-6節）
53	dns	ドメイン名システム（第10章）
67	bootp	DHCPサーバ（公式にはブートストラップサーバ用）（9-5節）
68	bootp	DHCPクライアント（公式にはブートストラップサーバ用）（9-5節）

80	http	Web（第12章）
110	pop3	電子メール（第11章）
123	ntp	時刻同期（7-4節）
143	imap	電子メール（第11章）
443	https	安全な（暗号化された）Web（第12章および8-4節）

　表にあるサービス名は公式なもので、サービスを提供するアプリケーション層プロトコルの名称（頭字語）を示しています。全リストは次にURLを示すIANAの「Service Name and Transport Protocol Port Number Registry」から入手できます。

```
https://www.iana.org/assignments/service-names-port-numbers/service-names-
port-numbers.xhtml
```

　TCP/IPを備えたOSは、たとえば「httpを使って通信したい」というクライアントの要求を受け付けると、上記の表からそれが80番であることを調べます。表はファイル形式（プレーンテキスト）で収容されています。WindowsならC:\Windows\System32\drivers\etc\services、Unixなら/etc/servicesです。Windowsから、少し見てみます。

```
C:\temp>more C:\Windows\System32\drivers\etc\services Enter
# Copyright (c) 1993-2004 Microsoft Corp.
#
# This file contains port numbers for well-known services defined by IANA
#
# Format:
#
# <service name>  <port number>/<protocol>  [aliases...]    [#<comment>]
#

echo            7/tcp
echo            7/udp
discard         9/tcp     sink null
discard         9/udp     sink null
 ⋮
http            80/tcp    www www-http          #World Wide Web
 ⋮
```

　最初の2つはechoと呼ばれるサービスで、使用するポート番号は7番です。2行あり、一方がTCPの（7/tcp）、他方がUDPの（7/udp）もので、ポート番号はどちらにも共通しています。それなら1行だけでもよいではないかと思われるでしょうが、TCPだけあるいはUDPだけに限定されたサービスもないわけではありません。たとえば、httpには（ここでは）TCPのみ記載されています（現在ではUDPも可）。

　ウェルノウンポートは勝手に使ってはいけませんが、ポート番号の一意性はそのホスト内

あるいは組織単位で満たされればよいので、現場では結構いい加減に使われます。たとえば、組織内の独自サービスにWeb用の80番を使用することも可能です。ただ、事情を知らない外部のクライアントがWebサーバだと思って誤って要求を送ってくることもあるだけです。

ポート番号を管理するのは個々のOS

ポート番号はプロセスの識別子なので、重複がないようOSが管理します。プロセスはクライアント、サーバを問わず、OS（のTCP/IPモジュール）に申請することでポート番号を取得します（図1）。

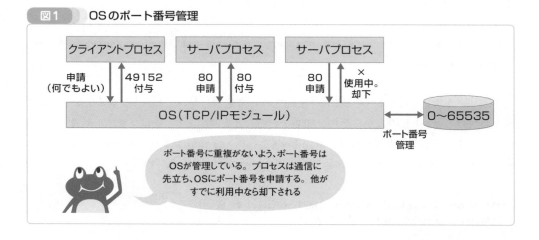

図1　OSのポート番号管理

外部からの要求を受け付けるサーバプロセスは、システムポートを申請します。Webサーバなら80番です。ただし、他のプロセスが利用中なら却下されます。システムポートはシステム系のリソースなので、取得には（そのアプリケーションを起動するには）管理者権限、あるいは明示的なアクセス権限の付与が必要です。

クライアントはどのような番号でもよいので、たいていは動的ポートの範囲（49152～65535）から空いている番号を取得します。どのような番号でもよいのは、通信を開始するのがクライアントだからです。クライアントはサーバと通信を開始するに際し相手のポート番号を事前に知らなければなりませんが、サーバにはクライアントからの要求に書かれている送信元ポート番号から相手の番号がわかります。クライアントは、セッション終了時に割り当てられたポート番号を返納します。次に申請するときは、同じクライアントであっても（たいてい）前回と異なる番号が付与されます。

動的ポートは定義的には49152以上ですが、OSによってはこれより若い番号を割り振ります。たとえば、Linuxは32768以上です。昔のOSは動的ポートをもっと若い番号からスタートしていて、BSD Unixは1024以上でした。この違いは、仕様が過去には曖昧だったからです（RFC 6335の第6章が現在の最新情報です）。

7-3 UDP

カプセル化

　UDPは、プロセス識別の機能（ポート番号）だけを提供するトランスポート層プロトコルです。同じ層に属するTCPに比べて存在感が薄いですが、速度が要求されるシステム系の処理に欠かせない、重要なプロトコルです。

　UDPは**ユーザデータグラムプロトコル**（User Datagram Protocol）の略です。名称に「ユーザ」とあるのは、ユーザレベルのアプリケーションがデータグラムを送受信するのに用いられるからです。

　UDPのパケットは（その名にある通り）データグラムと呼ばれます。この呼称はIPと同じですが、それは、UDPパケットがアプリケーションデータを（ポート番号と共に）搬送するという以外、IPパケットと性質を共にしているところから来ています。つまり、IP同様、搬送途中で消失することもあれば、配送順序が狂ったりと、通信に信頼性が欠けています。

　UDPデータグラムは、IPデータグラムのペイロードに搭載されて搬送されます（図1）。

図1　UDPデータグラムのカプセル化

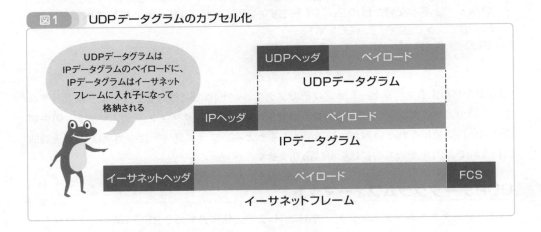

　UDPデータグラムを搬送するIPデータグラムのヘッダの3つのフィールドは、記述する値があらかじめ定められています。図2で濃くハイライトされた箇所が規定値のあるフィールド、薄い箇所がUDPデータグラムに応じて変わる部分です。

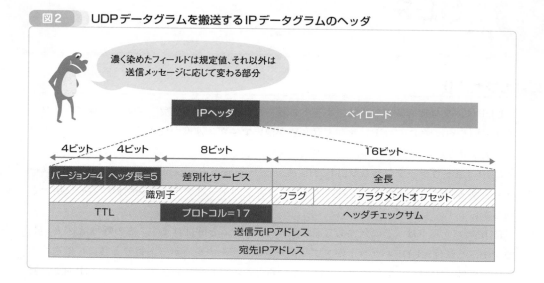

図2　UDPデータグラムを搬送するIPデータグラムのヘッダ

濃く染めたフィールドは規定値、それ以外は
送信メッセージに応じて変わる部分

- バージョン（Version）：IPのバージョンは4です（IPv4）。
- ヘッダ長(Internet Header Length)：通常の運用ではIPオプションを使用しないので、IPヘッダは基本部分だけの20バイトです。32ビット（4バイト）単位でヘッダ長を示すので、5で固定です（20÷4）。
- プロトコル（Protocol）：UDPを示す17です。

　UDPを利用するアプリケーションは極力フラグメント化（5-4節）をしないように設計されているので、フラグメント化にかかわる識別子、フラグ、フラグメントオフセット（図中網掛け部分）は使用されないのが一般的です。もっとも、フラグメント化の処理はIPが透過的に行うので、UDPそのものには影響はありません。

UDPデータグラムフォーマット

　UDPデータグラムフォーマットを図3に示します。仕様書であるRFC 768が「アプリケーションがメッセージを送受するのに必要最小限の機能」と述べているだけあって、4フィールドだけの簡潔な構成です。

図3　UDPデータグラムのフォーマット

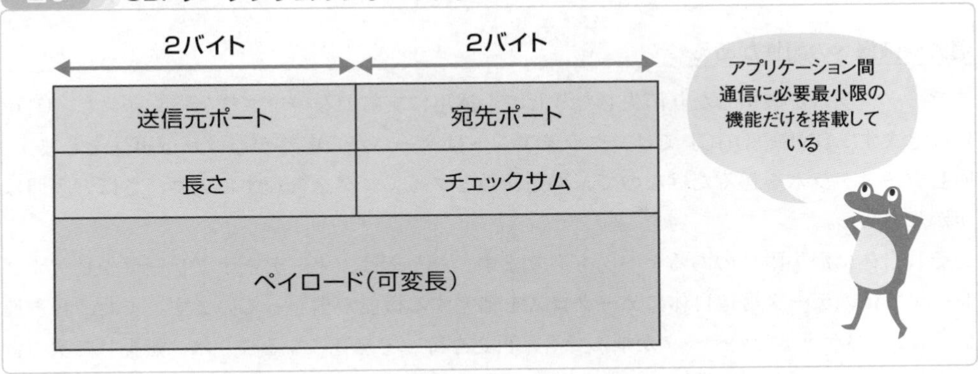

最初の2つのフィールドはそれぞれ2バイトの送信元ポート番号（Source port）と宛先ポート番号（Destination port）を収容します。

長さ（Length）フィールドはヘッダを含む、UDPデータグラムの全長をバイト単位で示します。ヘッダ長が8バイト固定なので、最小値は8です。フィールドの大きさは2バイトなので最大値は2^{16}-1（65535）ですが、IPデータグラムの最大長が65535なので、それよりも短くなります。

2バイトのチェックサム（Checksum）フィールドは、UDPデータグラムが転送途中で壊れていないかを確認するためのものです。計算には、IPのヘッダチェックサムと同じ「16ビットごとの1の補数和を取り、さらにそれの1の補数を取る」という方法を用います（5-3節）。ただし、計算対象はヘッダも含めたUDPデータグラム全体とIPヘッダの一部（送信元と宛先IPアドレスなど）です。詳細はRFC 768にある疑似ヘッダ（pseudo header）を参照してください。チェックサムフィールドはオプションなので、使用しないなら0で埋めます。

UDPの利用

UDPは通信に信頼性を提供しませんが、それが欠点とならない用途なら、逆に優れたメカニズムとも言えます。第8章で取り上げるTCPのように確認応答を送受する手間のないぶん高速に通信できます。

UDPを用いる主要なサービスには時刻同期（7-4節）、DHCP（9-5節）、DNS（第10章）があります。これらサービスには次のような特性があります。

データが小さい

データサイズがMTU（2-1節）以下ならIPのフラグメント化も発生しないので、断片の再構成も順番の管理も不要です。

アプリケーションのデータサイズは576バイト以下とするのが一般的です。というのも、TCP/IPの規定により、すべてのリンク層技術は最低でも576バイトのMTUを提供しなければならないと決められているからです。たとえば、DNSメッセージの最大サイズは512バイ

トと定められています。

● 消失や破損への耐性がある

　データグラムが破損したり消失したりしても運用に支障のないアプリケーションも、UDPに向きます。DNSやDHCPでは、クライアントはサーバから応答がなければ再送をします。同じデータグラムを送るだけなので、再送回数とタイミングを管理する以外、さほど手間はかかりません。

　それ自体に消失耐性のあるデータもあります。たとえば、オーディオプレーヤやビデオプレーヤでは、データ構造自体にデータロスを補完する機能が備わっています。また、音声通信では、1パケット分のデータが飛んでも、再送を待って無音になるよりは、無視して次の音を再生した方がかえって聞きやすいくらいです。こうしたメディア系にはUDPは最適です。

● 複数に同時に対応しなければならない

　TCPでは、コネクションと呼ばれる信頼性のある仮想通信チャネルが用意されます（8-1節）。このコネクションを維持するのにも、コンピュータのリソースが割かれます。これに対し、UDPではサーバに1つだけ用意したポートで複数の、異なる送信元からの要求を受け付けることができます。トップレベルのDNSサーバ（ルートDNSサーバ）はインターネット中からトップレベルドメインの問い合わせを受け付けますが、世界に13しかありません（クラスタ化されているのでサーバ台数はもっとありますが）。それでもまかなえてしまうのも、軽量なUDPのおかげです。

　TCPがコネクション指向（8-1節）と呼ばれるのに対し、コネクションを用いないUDPは**コネクションレス**（connection-less）と呼ばれます。

● UDPライト―新しいトランスポート層

　トランスポート層アプリケーションはUDPとTCPだけではありません。たとえば、2004年に登場したUDPライト（RFC 3828）というのもあります。

　OSのUDP処理ソフトウェアは、チェックサムからデータの破損を検出すると、そのデータグラムを廃棄します。しかし、アプリケーションが一部壊れたデータでも十分活用できるのなら、廃棄しないで受領したいものです。たとえば、音声コーデックの中には、そのデータ構造自体にビットエラー耐性のあるものもあります。そこで、UDPのチェックサム検算の要求条件を下げ、指定の範囲が使えるのならアプリケーションに引き渡すトランスポート層アプリケーションが考案されました。これが正式名称「ライトウェイトUDP」、略してUDPライトです。

　具体的には、UDPライトでは、チェックサムで保護したいデータをすべてではなく、一部とします。これで、指定の一部だけが壊れていなければ（他はどちらでもよい）利用可能なデータとして受領します。このチェックサムのカバー範囲は、これまでデータグラム長を収容していた箇所に書き込まれます。この新フィールドを「カバー範囲」（Checksum Coverage）と言います。それ以外には違いはありません。UDPライトのデータグラムフォーマットを図4

に示します。

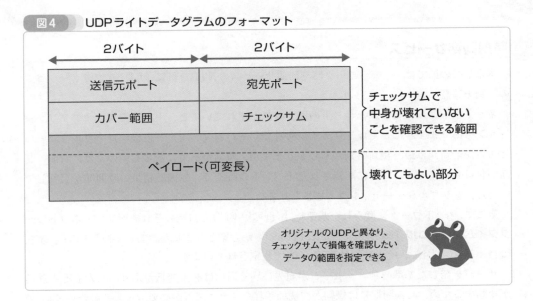

図4 UDPライトデータグラムのフォーマット

この構成ではペイロード長がわかりませんが、UDPライトのヘッダ長は8バイト固定なので、IPデータグラムの全長（長さフィールド）からIPヘッダ長（ヘッダ長フィールド）、そして8バイトを引けば得られるので、問題はありません。

UDPライトはUDPとシステムポート番号を共有しています（したがって、UDPライト用に/etc/servicesがアップデートされることはありません）。そのため、たとえばUDPがポート53番を使用しているときは、UDPライトはそれを利用できません。

IPヘッダに書き込まれるプロトコル番号は136です（UDPは17。5-3節の表1参照）。

UDPライトはLinuxならカーネルバージョン2.6.20（2007年リリース）から利用可能ですが、Windowsではまだ標準では搭載されていません。そういう意味では広く利用されているとは言い難いですが、これで、トランスポート層プロトコルが考えているよりもバラエティ豊かだということはわかってもらえたと思います。これ以外のトランスポート層のプロトコルに興味があれば、SCTP（RFC 9260）やQUIC（RFC 9000）などの最新のプロトコルを調べてください。

◉IPv6との関係

IPv6はIPの仕様変更なので、ペイロードに直接影響はありません。しかし、ペイロード内で送信元・宛先IPアドレスが参照される場合は、32ビットのIPv4アドレスを128ビットのIPv6のものに置き換えて考えなければなりません。

これはUDPではチェックサムフィールドです。チェックサムフィールドをIPv6対応にする方法はTCPと共通なので、8-2節で説明します。

7-4 NTP

時刻同期サービス

　本章最後の節では、ネットワーク時刻同期サービスのNTPを例に、UDPアプリケーションの挙動を確認します。

　ネットワークに接続されたホストの間で時刻がずれていると、不都合を起こすアプリケーションもあります。たとえば、ファイル共有でサーバのファイルと自機のローカルコピーのどちらが最新かは最終更新時刻からわかりますが、時刻があてにならないのでは、新旧の判断が付けられません。ログに記録されたイベントの時刻で、原因と結果の時間順が反転していたら、トラブルシューティングもままなりません。

　そこで、ネットワークに置かれた基準時計（世界標準時）と自機のそれを同期する**ネットワークタイムプロトコル**（Network Time Prtocol）が考案されました。略して**NTP**です。現在のバージョンは4で、その仕様はRFC 5905で規定されています。

　サーバを発した基準時刻メッセージが宛先に届く間には必ず遅延があり、しかもその遅延が変動するため、時刻同期には繊細かつ洗練されたメカニズムが必要です。そのためNTPのアルゴリズムとサーバの構成はかなり複雑です。RFC 5905が110ページなのに対し、遅延は考慮せずに時刻だけをさらっと送る Time Protocolがたったの2ページということからも、その複雑さがうかがい知れます。

プロトコル

　アルゴリズムはかなり複雑ですが、メッセージ交換という観点だけならシンプルです。クライアントがUDPデータグラムに要求メッセージを載せて送信し、サーバがそれに応答するだけです（マルチキャストも利用できますが説明は省きます）。

　システムポート番号はUDP/123番です。TCP/123も定義されていますが、仕様書は再送遅延のために精度が落ちると注意しています。

　NTPメッセージには、バージョンを示すフィールドが用意されています（3ビット幅なので0〜7の8パターンのみ）。現在のバージョンは4ですが、バージョン3（1992年）もまだ各所で使われてます。WindowsはNTPの簡略版のSNTP（Simple Network Time Protocol）を利用しており、NTPv3と互換性があります。したがって、Windowsから発せられるNTPメッセージはバージョン3と認識されます。

パケットキャプチャ

　Windowsで強制的に時刻をシンクロさせ、そのときのパケットをキャプチャします。WindowsにNTP要求を強制発信させるには、［設定］の［日付と時刻］ウィンドウから［今すぐ同期］ボタンをクリックするだけです（画面1）。

▼**画面1 NTP要求の発信（Windows）**

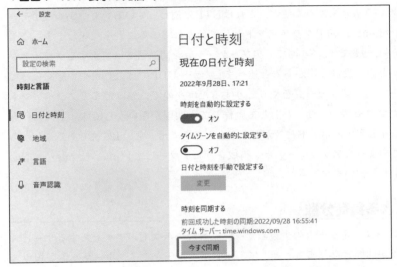

クリック直前にWiresharkでキャプチャを開始します。フィルタフィールドにはntpを指定します。キャプチャ例を画面2に示します。

▼**画面2 NTPメッセージ例（Windows）**

```
ntp
No.       Time          Source            SrcPort   Destination        DstPort  Protocol   Length  In
      790 8.389000      192.168.          123 52.148.114.188             123 NTP          90 N
     1188 24.307499     192.168.          123 52.148.114.188             123 NTP          90 N
     1189 24.434242     52.148.114.188    123 192.168.                   123 NTP          90 N

> Internet Protocol Version 4, Src: 192.168.    , Dst: 52.148.114.188
> User Datagram Protocol, Src Port: 123, Dst Port: 123
∨ Network Time Protocol (NTP Version 3, client)
  > Flags: 0xdb, Leap Indicator: unknown (clock unsynchronized), Version number: NTP Version 3  Mode: client
    Peer Clock Stratum: unspecified or invalid (0)
    Peer Polling Interval: 10 (1024 seconds)
    Peer Clock Precision: 0.000000 seconds
    Root Delay: 0.120468 seconds
    Root Dispersion: 10.079071 seconds
    Reference ID: NULL
    Reference Timestamp: Sep 27, 2022 18:51:13.575359599 UTC
    Origin Timestamp: (0)Jan  1, 1970 00:00:00.000000000 UTC
    Receive Timestamp: (0)Jan  1, 1970 00:00:00.000000000 UTC
    Transmit Timestamp: Sep 28, 2022 01:53:59.606363899 UTC
```

　3つのパケットがパケット一覧パネルに表示されています。最初の2つはクライアント（Windows）が発したもので、両者の間には約16秒の間隔が空いています（2列目のTime列）。これは、最初のNTPメッセージに対する応答を受け取れなかったため、一定時間を置いてリトライしたことを意味しています。このように、UDPは要求を送信しても応答がもらえるかわからないので、クライアントにはリトライ機能を実装する必要があります（数回リトライしてもだめなら諦めてエラーを上げる機能も必要）。

　パケット詳細パネルからNTPメッセージを見ます。これは最初の要求（第1列目が790の

もの）です。目に付くのはNTPのバージョンが3になっているところでしょう。

　「Mode: client」という表示もありますが、これはNTPに備わっているいくつかの運用モードを示しています。clientはNTPクライアントとして動作していることを意味します。ここがserverならサーバモードです。7-1節で、アプリケーション間通信では要求するクライアントと応答するサーバという役割分担があると述べましたが、UDPではこれがやや緩くなっています。互いのポート間でメッセージをやりとりするだけなので、先ほどまでクライアントとして動作していたプロセスが、サーバとして動作しても問題がないからです。どちらにもなれることは、送信元と宛先のポート番号がどちらもシステムポートの123番であることからも察せられます。このようなアプリケーション構成を「ピアツーピア」（peer-to-peer）、訳せば「対等なもの同士」と言います。

●NTPプールによる負荷分散

　NTPのように、インターネット上の少数のサーバに無数のホストがアクセスするサービスでは、サーバの混雑が問題となります。とくに、家庭用のルータやインターネット監視カメラのように利用者が設定を変更しない（できない）製品に宛先サーバが焼き込まれていると、その製品が売れれば売れるほど、特定のサーバにストレスがかかるようになります（実際にそのようなことが過去にありました）。

　そこで、NTPサーバは複数用意します。当然、いずれもIPアドレスは異なります。ただ、ドメイン名は共通させます。そして、DNSサーバにそのドメイン名のIPアドレスを要求したとき、毎回異なったIPアドレスを返すようにします。これで、複数のサーバにアクセスを分散させることができます。このような負荷分散方法を「DNSラウンドロビン」と言います（詳細は12-4節で説明します）。

　NTPプール（NTP pool）は、まさに負荷分散を図る目的で世界中にある多数のNTPサーバを1つのドメイン名に集結することを目指したプロジェクトです。そのドメイン名はpool. ntp.orgです。

　ドメイン名解決ツールのnslookup（10-4節）からNTPプールの挙動を確かめます。時間をおいて2回実行したところ、1回目の先頭は130.217.74.63、2回目の先頭は101.100.146.146と変化しています。Windowsは複数のIPが返答されたときは最初のものを使うので、これで2度目のアクセスでは違うサーバと通信することになります。

```
C:\temp>nslookup pool.ntp.org Enter
サーバー:  VRV9517-1234
Address:  192.168.124.254

権限のない回答:
名前:    pool.ntp.org
Addresses:  130.217.74.63        ←1回目
           162.159.200.1
           101.100.146.146
           103.106.65.219
```

```
C:\temp>nslookup pool.ntp.org Enter
サーバー:  VRV9517-Đ652
Address:  192.168.1.254

権限のない回答:
名前:    pool.ntp.org
Addresses:  101.100.146.146          ←2回目（数秒後）
          103.106.65.219
          130.217.74.63
          162.159.200.1
```

7-5 まとめ

　本章ではトランスポート層の概略とその実装の1つであるUDP（ユーザデータグラムプロトコル）を説明しました。重要な点は次の通りです。

ポイント

- トランスポート層の第1の機能は、IPデータグラムにはないホスト上のプロセスの識別です。これには、16ビット長（0〜65535）のポート番号を用います。
- アプリケーションは役割に応じて、クライアントとサーバに分けられます。クライアントはサービスを要求する側、サーバは要求を待ち受け、要求に対して応答する側です。このような構成をクライアントサーバモデルと言います。
- ポート番号の上位（0〜1023）はシステム（ウェルノウン）ポートとして割り当てられており、そのサービスを提供するサーバが使用します。たとえば、Web（HTTP）では80番です。
- UDPには送信元と宛先のポート番号を示す以外の機能はほとんどないので、通信の信頼性のなさについては、IPと変わりません。
- UDPは信頼性がない代わり高速であるので、DNSやNTPなどのインターネット全域に広がるシステム系の共通サービスや、データそのものに損失耐性のあるオーディオビジュアル系データで好んで用いられます。

第 **8** 章

TCP

● ●

　IP（第5章）やUDP（7-3節）はベストエフォートな通信プロトコルです。高速に、効率よくデータを送受信できる優れモノですが、パケットの紛失や再送には対応してくれません。そこで、通信の信頼性を加えたトランスポート層プロトコルが用意されました。これが本章のトピックであるTCPです。

8-1 信頼性のあるトランスポート層プロトコル－TCP

TCPもL4

インターネットの中核をなすTCP（Transmission Control Protocol）も、図1に示すように UDPと同じトランスポート層（L4）に属するプロトコルです。

図1　OSI参照モデル上のTCPの位置（7-1節の図1の再掲）

OSI参照モデル		TCP/IP	プロトコル
L7	アプリケーション層	アプリケーション層	DNS、FTP、HTTP、SMTP、POP3...
L6	プレゼンテーション層		
L5	セッション層		
L4	トランスポート層	トランスポート層	TCP、UDP...
L3	ネットワーク層	インターネット層	ICMP、IP...
L2	データリンク層	リンク層	イーサネット、ARP...
L1	物理層		

TCPも、UDP同様 トランスポート層の第4層に属するので 「L4」と呼ばれる

アプリケーション（プロセス）をポート番号から識別するという機能面では、UDPとTCP に違いはありません。IPデータグラムのペイロードに収容されて搬送されるところも同じで す（図2）。ただ、パケットは**セグメント**（segment）と呼ばれます。「部分」や「断片」とい う意味です。

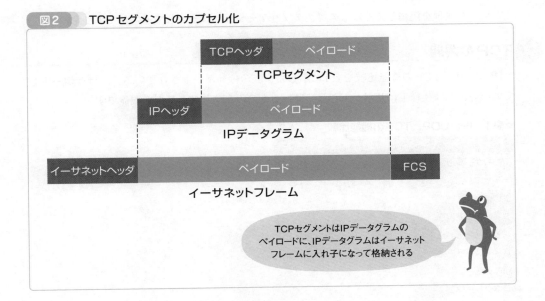

図2 TCPセグメントのカプセル化

TCPヘッダ｜ペイロード
TCPセグメント

IPヘッダ｜ペイロード
IPデータグラム

イーサネットヘッダ｜ペイロード｜FCS
イーサネットフレーム

TCPセグメントはIPデータグラムの
ペイロードに、IPデータグラムはイーサネット
フレームに入れ子になって格納される

　UDPとTCPの大きな違いは、アプリケーションでの使い勝手にあります。前者ではデータをパケット単位で管理するのはアプリケーションの役目ですが、後者ではファイルアクセスのようにデータを連続して読み書きできます。データサイズに制限もありません。もちろん、IPのパケット指向に変わりはないので、TCPソフトウェアはデータをセグメント単位に分割します。ただ、その操作がアプリケーションからは見えないだけです。

　インターネットのプロトコル群を総称して「TCP/IP」と呼ぶのは、インターネットに必要な機能をすべて集約していた黎明期のTCPが、あとからTCPとIPという2層に分化したという歴史的経緯によるものです。

　TCPの仕様はRFC 9293で規定されています。

通信の信頼性とは

　TCPはまた、ベストエフォート型の通信メカニズムであるIPに通信の信頼性を提供します。

　IPやUDPでも、問題さえなければパケットは宛先に配送されます。しかし、経路途中のルータが故障する、過負荷状態に陥る、あるいは誤動作すれば、パケットは消失します。送信元は、うまくすればICMP（第6章）でエラー理由を教えてもらえるかもしれませんが、うまくいかなければ届いたか消えたかすら知りようがありません。

　IPはパケット単位でルーティングするので、オーディオデータのように相互に関連しているはずのパケットも、それぞれ独立なものとして取り扱われます。場合によっては、同じ流れに属するパケットが異なる経路をたどることにより、送信時とは異なる順序で宛先に到着することもあります。順に出発した車が、ばらばらに到着するのと同じ塩梅です。

　こうした問題が生じても、IPにはそれを修正したり回避したりする機能はありません。しかし、TCPは宛先からの受信の確認、消失時の再送、重複への対処、正しい順序への入れ替

239

えといった処理を担当してくれるので、アプリケーションは安心して通信ができます。

TCPの機能

IP、UDP、TCPの機能比較を表1に示します。〇はサポートされている、×はサポートしていない、△は仕様上はサポートされてはいるもののあまり使われない機能です。

▼**表1　IP、UDP、TCPの機能比較**

サービス	IP	UDP	TCP
アプリケーション識別	×	〇	〇
チェックサム	×	△	〇
受信確認	×	×	〇
タイムアウト再送	×	×	〇
バッファ制御	×	×	〇
バイトストリーム	×	×	〇
順序保証	×	×	〇
コネクション	×	×	〇

アプリケーション識別

UDPとTCPのどちらのヘッダにも2バイト長（0〜65535番）の送信元と宛先のポート番号があり、ここからホスト上のアプリケーションを識別します（7-1節）。ポート番号はTCPとUDPで別々に管理されるので、番号が重なっても識別に問題は生じません。

チェックサム

ペイロードに誤りがないかを確認するチェックサム機能は、UDPとTCPで共通です。チェックサムフィールドが2バイト長なのも同じなら、計算対象と計算方法も同じです（7-3節）。ただ、UDPではオプションであったのが、TCPでは必須項目となっています。

受信確認とタイムアウト再送

TCPでは、送信データには宛先から受領確認が返信されます。これにより、送信元はデータが相手に確実に受領されたことを知ります。受領確認が返ってこなければ、送信元はセグメントが消失したと仮定し、再送します。当然ながら、セグメント送信から受領確認の受信までには時間があるので、TCPには待ち時間をカウントするタイマーも備わっています。受領確認の詳細は8-3節で説明します。

バッファ制御

TCPは、アプリケーションから引き渡されたデータをそのままは送信せず、いったんバッファ（一時的なデータ格納庫）に収容します。バッファリングは効率のよいネットワーク利用に不可欠です。たとえば、ユーザのキーボード入力のたびに1バイトずつ送信したら、1バイトにつき1フレームが用いられます。イーサネットフレームはヘッダと最小サイズのペイロー

ドだけで60バイト（2-7節）もあり、それを1バイトのために用いるのでは無駄が多すぎます（図3上）。そこで、ある程度まで（たとえば改行が打たれるまで）バイトをバッファに貯めてから送信します（図3下）。

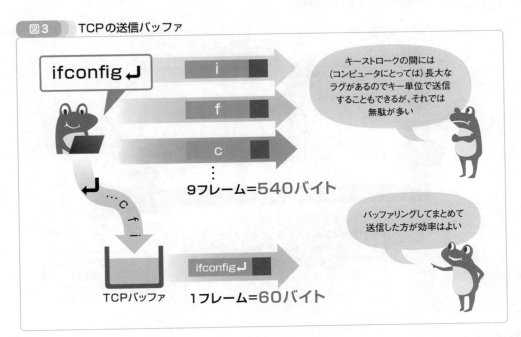

図3　TCPの送信バッファ

キーストロークの間には（コンピュータにとっては）長大なラグがあるのでキー単位で送信することもできるが、それでは無駄が多い

9フレーム＝540バイト

バッファリングしてまとめて送信した方が効率はよい

TCPバッファ　　1フレーム＝60バイト

　TCPに勝手にバッファリングされては困るアプリケーションもあります。たとえば、ボタンクリックのたびに画面に変化が現れなければならないネットゲームです。100連打の間は何も起こらず、101撃目に一気に弾幕が飛び出すようなレスポンスの悪いシューティングゲームで遊びたい人はいないでしょう。そのような目的のため、TCPには強制的にデータを押し出すプッシュ機能が用意されています。これについては8-2節で触れ、8-3節で例を示します。

● バイトストリーム

　パケット指向であるIPやUDPでは、送受信するデータは常にサイズに制限のあるかたまりです。アプリケーションはこの制限を超えないように注意する（たとえばDNSメッセージの最大サイズは512バイトと規定されている）、あるいは超えるようなら事前に分割しなければなりません。

　前述のように、アプリケーションから見たTCPにはサイズ制限はありません。アプリケーションは送信データを切れ目なく、あたかも漏斗に水を注ぎこむかのようにTCPソフトウェアに流し込むことができます（図4）。この切れ目のない、バイト単位のデータの流れを**バイトストリーム**（byte stream）と言います。「バイト」の「流れ」と呼んでいるのは、データがビット単位ではなく、アプリケーションが用いるバイト単位であることを強調するためです。TCPは上述のようにバイトストリームをバッファに貯め、下位層に合わせてセグメント

に分割にして送信します。受信側もいったんバッファに収容してから、バイトストリームにしてアプリケーションに流し出します。

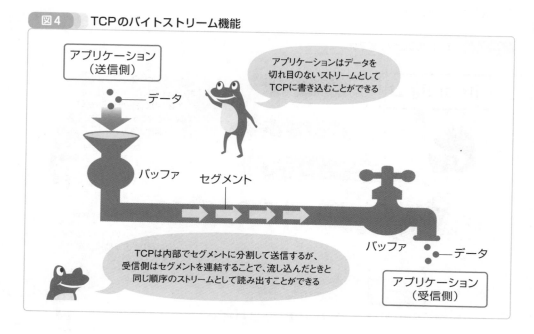

図4 TCPのバイトストリーム機能

●順序保証

TCPセグメントはIPデータグラムで搬送されるので、送信時とは異なる順に受信されることもあります。そこで、TCPはセグメントに番号を付けることで、受信バッファ内で順序の入れ替えをします。この順序保証機能は、バイトストリーム処理のメカニズムであると共に、TCPの信頼性機能の1つでもあります。具体的な方法は次節で説明します。

●コネクション

バイトストリームは、2つのアプリケーション間の専用通信チャネルとみなすことができます。TCPソフトウェアに用意された専用の入り口にデータを流し込めば相手に誤りなく届き、図4で模式的に示した両者間のパイプに他のアプリケーションのデータが混入することありません。これは、電話などの回線交換（1-2節）と同じ性質です。そこで、このTCPのチャネルを**仮想回線接続**（virtual curcuit connection）、あるいは短く**コネクション**と言います。そして、このコネクションの両端（図4の漏斗と水栓）を**ソケット**（socket）と言います。

TCPは2つのアプリケーションの間にコネクションを確立するので、**コネクション指向**（connection oriented）なトランスポート層プロトコルと呼ばれます。反対に、コネクションを形成しないむき出しのパケット指向なUDPは、**コネクションレス**（connection-less）と呼ばれます（7-3節）。

コネクションの確立、管理、終了の方法は8-3節で説明します。

TCPセグメント

TCPセグメントフォーマット

TCPセグメントのフォーマットを図1に示します。オプションと予約済みフィールドを除いて9フィールド構成ですが、8ビット長のフラグフィールドのそれぞれのビットに固有の機能が付与されているので、機能数的には16と考えることもできます。

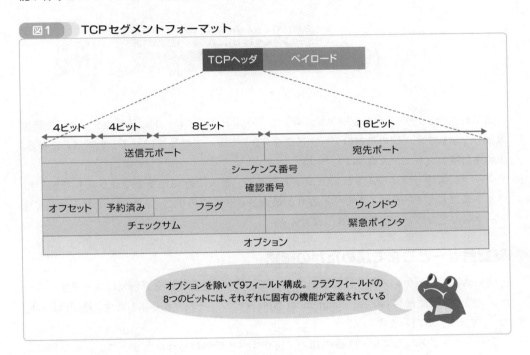

図1 TCPセグメントフォーマット

> オプションを除いて9フィールド構成。フラグフィールドの8つのビットには、それぞれに固有の機能が定義されている

TCPヘッダはオプションがあるので可変長ですが、固定長の基本部分だけなら20バイト構成です。送信元ポートと宛先ポート、チェックサムはすでに説明したので、以下、これらを除くフィールドを順に取り上げます。

シーケンス番号－送信バイトストリーム上の位置

8-1節で、TCPは受領確認を送信元に返すことで通信の信頼性を確保すると述べました。このときの確認はバイト単位で行われます。管理対象のバイトストリームに切れ目はないからです。

バイトストリームの各バイトには**シーケンス番号**（sequence umber）と呼ばれる連番が付されます。図などでは、しばしば「Seq」と略記されます。図2のバイトストリームの上部に示したのがシーケンス番号です。図では0番（相対位置）から始めていますが、一番最初（送信データの先頭）の開始番号はランダムに決められます。このことは8-3節で説明します。

243

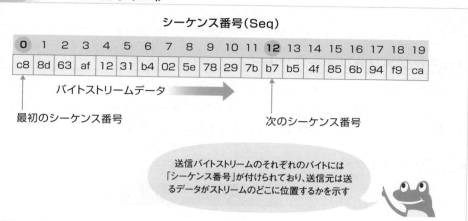

図2 シーケンス番号（Seq）

シーケンス番号（Seq）

0	1	2	3	4	5	6	7	8	9	10	11	12	13	14	15	16	17	18	19
c8	8d	63	af	12	31	b4	02	5e	78	29	7b	b7	b5	4f	85	6b	94	f9	ca

バイトストリームデータ

最初のシーケンス番号　　　　　　　　　　　次のシーケンス番号

送信バイトストリームのそれぞれのバイトには「シーケンス番号」が付けられており、送信元は送るデータがストリームのどこに位置するかを示す

送信側は、TCPヘッダのシーケンス番号フィールドにペイロードに載せたデータの先頭位置番号を示します。図の最初のデータ送信なら0番です。このとき12バイトを送信したなら、次の送信時のシーケンス番号は12です。

シーケンス番号フィールドは32ビット長なので、最大で約43億番までカウントできます。バイト数にして4ギガバイトです。番号が最大値に達したら0に戻るので、それが送信可能データ量の上限というわけではありません。

確認番号－どこまで読めたかの確認

受信側は、シーケンス番号にしてどこまで読んだかの確認応答を送信元に返します。シーケンス番号は**確認番号**（Acknowledgement Number）フィールドから示します。略記は「Ack」で、「アック」と読みます。

シーケンス番号にして0～11番の12バイトがすべて受け取られたとき（図2）、受信側は次に受信する予定の12番を確認番号フィールドに載せ、そのセグメントを送信元に返します。受信バイトストリームの最後の番号ではなく、そこから1バイト先の、次に来るはずのセグメントのシーケンス番号なところがポイントです。

確認応答は累積的です。過去にいくつものセグメントが交換されたあとで、たとえば（0番からスタートしたとして）12345番が確認応答されたということは、0バイト目から12344番までのバイトストリームが1バイトも漏らさず受信されたことを意味します。その状態でシーケンス番号が12300番のセグメントが送られてきたら、それは重複です。シーケンス番号と確認応答は重複検出の機能も担っているのです。

シーケンス番号は送るもの、確認番号は受け取ったもの

TCPヘッダにはシーケンス番号と確認番号、つまりこれから送るものの番号とここまで受け取ったものの番号が併記できます。互いにデータを送受しあうホストAとBの様子を図3に示します。

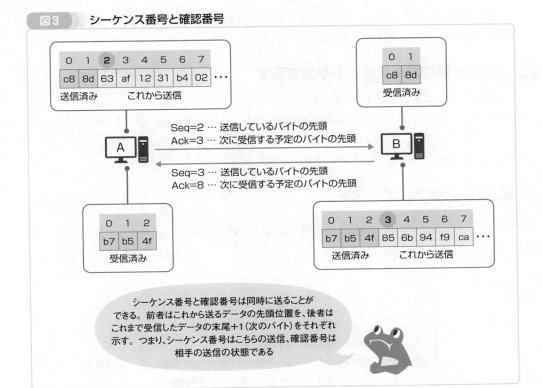

図3 シーケンス番号と確認番号

　ここでは、AとBはどちらもトータルで8バイトのデータを相手に送るとします。Aはそのうち2バイトを送信済みです。残りは6バイトです（図左上）。Bは3バイトを送信済みで、残り5バイトです（図右下）。この状況から、ホストAが送信を開始します。

　ホストAは残りの6バイトを「今から（0からカウントして）2バイト目から送る」ことをシーケンス番号で示します（図のSeq=2）。同時に、「そちらからはこれまでに3バイトを受信しているので、次に受け取るのは（0からカウントして）3バイト目から」ということを、同じセグメントのヘッダの確認番号でホストBに伝えます（Ack=3）。

　ホストBはAから受信すると、残りを送信します。このとき「今から3バイト目以降を送る」ことをSeq=3で示します。ホストBは今しがたトータルで8バイトを受信したので、ここでは「次は8バイト目から」を意味するAck=8をホストAに提示します。

オフセット―ヘッダのサイズ

　TCPヘッダはオプションを含むことができるので、その長さは可変です。そこで、4ビット長の**オフセット**（Offset）フィールドからヘッダサイズを示します。4ビットが表現できる範囲は0〜15なので、そのままでは基本部分の20すら記述できません。そこで、この値に4を乗じたものをヘッダの長さとします。

　この4倍単位の指示方法は、IPのヘッダ長フィールドと同じです。最小値が5（4倍にする

と基本部分の20バイト）で、最大が15（60バイト）になるのも同じです。値とバイト長のパターンは、5-3節の図2を参照してください。

● フラグ－制御方法をビット単位で示す

予約済みの4ビットを空けて配置された8ビット長のフィールドが**フラグ**（Flags）です。もっともこれは俗称で、RFCの正式な名称は**制御ビット**（Control Bits）で、その名の通りTCPのセグメント交換をコントロールするためのものです。コマンドと呼んでもよいでしょう。図4に示すように、8つのビットにはそれぞれ機能が割り当てられています。

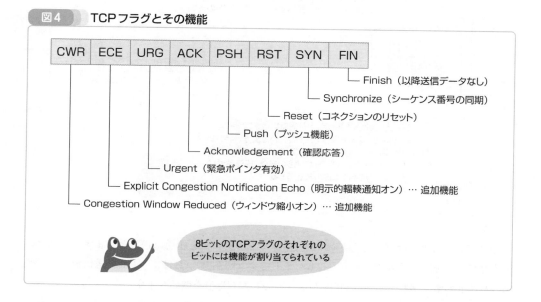

図4 TCPフラグとその機能

末尾の6ビットはオリジナルのTCPで定義されてもので、RFC 793からその機能は変わっていません。

SYN、ACK、RST、FINフラグはコネクションの管理に使われるもので、8-3節でまとめて説明します。

PSHフラグは8-1節のバッファ制御の箇所で説明したバッファリングの挙動に関わる操作です。TCPバッファに送信データを貯めずにそのまま**押し出す**（プッシュ）ときは、このビットに1を立てます。0のときは、後続のデータとまとめて送信しても構いません。

URGフラグは**緊急**（urgent）時に用いられるもので、受信側のバッファにどれだけ未処理のデータがたまっていようと、優先してこのセグメントを処理することを要請するものです。もっとも、最近では使用しないことが推奨されています。そのため、緊急時にのみ用いられる**緊急ポインタ**（Urgent Pointer）フィールドも未使用のままのことがほとんどです（未使用時は0で埋める）。ただし、緊急ポインタが非推奨になったわけではないので、TCPを用いるソフトウェアは緊急ポインタを解釈できるように実装されなければなりません。詳細はRFC 6093を参照してください。

先頭2ビットのCWRとECEフラグは、ネットワークの混雑状況を緩和するために用いられます。オリジナルのTCPではこれらは存在しなかったので、当時のフラグフィールドは6ビット長でした。今では8ビットとなり、代わりにその前の予約済みフィールドが4ビットに削られました。フラグがさらに追加されることがあれば、予約済みフィールドはさらに短くなります（実際、9つ目のビットが提案されたこともあります）。

ウィンドウ─受け付けられるバイト数を通知

ここまで、データの送信サイドを主体に説明してきました。常に問題なく受信されればよいのですが、受け手が受け取れないことも考えられます。たとえば、処理が追い付かなくて受信バッファが溢れそうになっている状態です。**ウィンドウ**（Window）フィールドは、どれだけのデータなら問題なく受信できるかを送信側に通知するためのフィールドです。16ビット長のフィールドなので、表現できるのは0～65535（単位はバイト）です。このフィールドに示されたその時点の受信可能バイト数を**ウィンドウサイズ**と言います。

65535バイトは、TCPが登場したばかりの1980年代なら確かに最大だったでしょう。しかし、昨今のマシンなら64 kB以上のバッファを余裕で用意できます。そこで、16ビット整数よりも大きなサイズを表現するときは、ウィンドウフィールド値を定数倍します。この勘定方法を採用するときは、**ウィンドウスケーリング**（Window Scaling）オプションを用いて倍数（正確には2のべき乗数）を示します。たとえば、ウィンドウフィールドが10000（10進数）、ウィンドウスケーリングが8とそれぞれ指定されているときは、ウィンドウサイズを80000と読み替えます。

ウィンドウスケーリングオプションを用いたウィンドウサイズの例を画面1に示します。このキャプチャは、普通（どちらかというと非力）のPCの普通のブラウザからWebアクセスをしているときのTCPセグメントです。

▼**画面1　TCPセグメントに示されたウィンドウサイズ**

```
✓ Transmission Control Protocol, Src Port: 61035, Dst Port: 80, Seq: 1, Ack: 1, Len: 77
     Source Port: 61035
     Destination Port: 80
     [Stream index: 0]
     [Conversation completeness: Complete, WITH_DATA (31)]
     [TCP Segment Len: 77]
     Sequence Number: 1    (relative sequence number)
     Sequence Number (raw): 4198799631
     [Next Sequence Number: 78    (relative sequence number)]
     Acknowledgment Number: 1    (relative ack number)
     Acknowledgment number (raw): 235719713
     0101 .... = Header Length: 20 bytes (5)
   > Flags: 0x018 (PSH, ACK)
     Window: 517
     [Calculated window size: 132352]
     [Window size scaling factor: 256]
     Checksum: 0x837f [unverified]
     [Checksum Status: Unverified]
     Urgent Pointer: 0
   > [Timestamps]
   > [SEQ/ACK analysis]
     TCP payload (77 bytes)
```

　画面中ほどにウィンドウフィールド（Window）が示されており、その値は517（16進数で0205）です。その下に角括弧で「Calculated window size」とあるのが、スケーリング後の値です。そのさらに下の角括弧の「Window size scaling factor」が倍数です。517×256なので、ウィンドウサイズは132352バイトです。これら角括弧の行はWiresharkが参考に追加したものなので、セグメントには現れません。また、倍数の256はコネクション開設時にTCPオプションから示されたものなので、このセグメントには含まれていません。

　ウィンドウスケーリングオプションの詳細はRFC 7323を参照してください。

スライディングウィンドウ

　データの送信元は、ここまで確認応答されたバイト位置（確認番号フィールド値）からウィンドウサイズまでの範囲のバイトを相手に送信できます。この様子を図5に示します。左手がバイトストリームの送信側、右手が受信側です。

図5 　スライディングウィンドウ

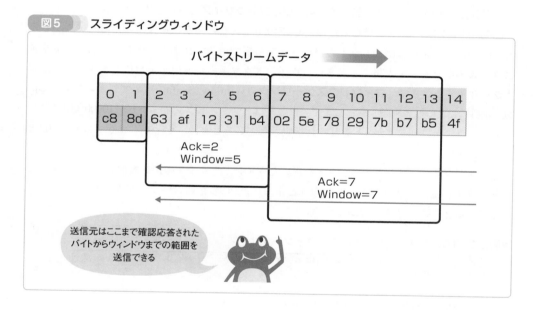

　左手の送信側はすでに2バイトを送信しているとします（図中0、1バイト目）。これに対し、右手はAck=2でその2バイトが受領されていると送信元に伝えます。また、これと同時にウィンドウサイズが5であることも示します。

　これに対し、送信側はシーケンス番号にして2から6の範囲の5バイトを送信します。ウィンドウサイズが5なので、これ以上は送れません。すると右手の受信側がAck=7、Window=7を返します。今度は7バイトまで送れるので、送信側はシーケンス番号7〜13を送ります。

　ウィンドウは、バイトストリームの上を受信側からの確認応答で示された位置に右へ右へとずらされていきます。また、ウィンドウの幅（送信できるバイト数）も伸縮します。この例では5から7に増やされています。このように、連続したバイトストリームの一部をウィンドウという「枠」で囲み、その枠がデータを送信するたびに次第にずれていくことから、こ

の機能を**スライディングウィンドウ**（sliding window）と言います。

TCPオプション

オプションの扱いはIPと同じです。複数のオプションを基本ヘッダ（20バイト）とペイロードの間に順に挿入するところ、ヘッダ長が4ビットのオフセットの値の4倍数でしか表現できないことから最大でも40バイトまでしか加えることができないところ、トータルで4の倍数にならなければパディングするところも同じです（5-3節）。標準的なオプションフォーマットも5-3節の図4のIPのものと変わらず、種別フィールド（1バイト）、オプション長フィールド（1バイト）、オプション依存フィールド（可変長）で構成されています。

本章では8-3節で最大セグメントサイズオプションを取り上げます。これ以外のTCPオプション種別は、次に示すURLのIANAの「Transmission Control Protocol (TCP) Parameters」にリストがあり、そこから各オプションを定義するRFCにリンクが張られているので、そちらを参照してください。

https://www.iana.org/assignments/tcp-parameters/tcp-parameters.xhtml

IPv6との関係

IPv4がIPv6に変わっても、ペイロードには直接影響はありません。しかし、チェックサムフィールドは送信元・宛先IPアドレスを参照するので、チェックサム計算ソフトウェアを128ビットのIPv6に対応できるように変更しなければなりません。また、IPv4とIPv6とで計算対象となるフィールドが微妙に異なります。どちらのIPバージョンでも、TCPとUDPの計算方法は共通です。

チェックサムの計算対象となる一群のフィールドは**疑似ヘッダ**（pseudo-header）と呼ばれます。TCPおよびUDPの疑似ヘッダはIPv4ならRFC 9263に、IPv6ならRFC 8200にそれぞれ記載されています。

8-3 コネクション管理

初期シーケンス番号の決定

バイトストリーム先頭のシーケンス番号は、通信ペアのそれぞれでランダムに決定します。これを**初期シーケンス番号**（Initial Sequence Number）、略して**ISN**と言います。ランダムなので、通信を開始した時点では、互いのISNはわかりません。そこで、ペアの間で2つの数字について提示と了承の対話を2回繰り返します。

> A：こちらはISNにXを使う。
> B：了解。
> B：こちらはISNにYを使う。
> A：了解。

この対話は、Bが了承と提示を同時に行うことで少しだけ短くできます。

> A：こちらはISNにXを使う。
> B：了解。ところで、こちらはISNにYを使う。
> A：了解。

3ウェイハンドシェイク－ISNの交換

上記のA→B→Aの対話をセグメント交換で行うとき、これを**3ウェイハンドシェイク**（three-way handshake）と言います。3回のやり取りなので「3ウェイ」です。

ISNの提示と了承はTCPヘッダのフラグから示します（8-2節の図4）。シーケンス番号フィールドに書き込んだISNを相手に提示するときは、フラグのSYNビットに1を立てます。了承にはACKビットを立て、確認番号フィールドに提示されたISNに1を加えた値のセグメントを送信します。3ウェイハンドシェイクではデータは送らないので、ペイロードはカラです。

3ウェイハンドシェイクの手順を図1に示します。図の垂直方向が時間経過を、横方向の矢印線がパケットの送信を示します。横線が斜めになっているのはパケット転送に時間がかかることを、矢印の先端と次の反対方向への矢印の根本が連結されているのは、ノータイムで返信されている様子を表しています。このような図を**シーケンス図**と言います。個々のメッセージの交換と全体の所要時間が視覚化できるので、ネットワークプロトコルの説明によく用いられます。

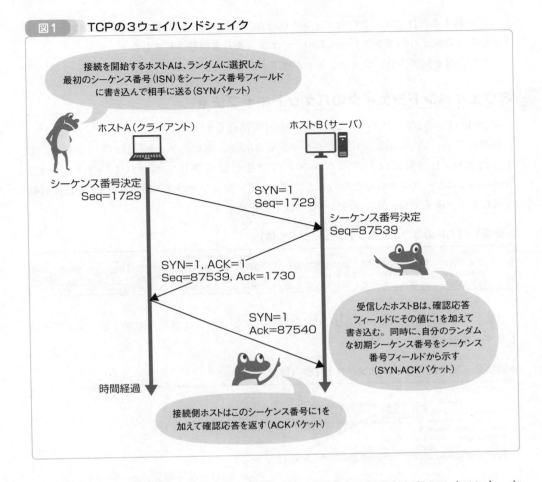

図1 TCPの3ウェイハンドシェイク

図ではホストAがコネクションを開始しています。つまり、ホストAがクライアント、ホストBがサーバです。

ホストAはISNを1729と定め、これをシーケンス番号フィールドに書き込みます。また、このメッセージの目的は相手へのISNの提示なので、SYNフラグに1を立てます。SYNはSynchronize（同期）の略です。この時点では確認するものはないので、確認番号フィールドは0で埋められます。このセグメントは、しばしば「SYNパケット」と呼ばれます。

SYNパケットを受信したホストBは、自分でも独自にISNを87539と定めます。そして、シーケンス番号フィールドには自分のISNを、確認番号フィールドには相手のISNに1を加えた値（1729 + 1）をそれぞれ書き込みます。自分のISNの提示と相手のISNの了承が一気に行われるので、SYNとACKの2つのフラグどちらにも1を立てます。ACKはAcklnowledgement（了承）の略です。このセグメントは「SYN-ACKパケット」と呼ばれます。

これで、ホストAからBに向かうバイトストリームのシーケンス番号は両ホストの間で同じ値になった、つまり同期されました。あとは、ホストB側のISNです。これは、確認番号フィールドにホストBのISN + 1（87539 + 1）を、ACKフラグに1を立てたセグメントをホス

トAが送信するだけです。このセグメントは「ACKパケット」と呼ばれます。これで、ホストBからAに向かうバイトストリームのシーケンス番号も同期されました。

これでISNが同期され、コネクションが確立されました。

3ウェイハンドシェイクのパケットキャプチャ

Wiresharkから3ウェイハンドシェイクの様子を確認します。

最初にSYN、SYN-ACK、ACKのパケットをWiresharakのパケット一覧パネルから示します（画面1）。Info欄にはTCPセグメントの中身が要約されて示されています。ただ、Wiresharkはシーケンス番号を生のままでは示さず、読みやすいようにISNを0とした相対値で示します。画面でSeqが0、Ackが1なのはそのためです。

▼**画面1　TCPの3ウェイハンドシェイク（全体）**

No.	Time	Source	Destination	Protocol	Length	Info
9	0.381117	192.168.※※	18.164.174.123	TCP	66	61035 → 80 [SYN] Seq=0 Win=64240 Len=0
10	0.510148	18.164.174.123	192.168.※※	TCP	66	80 → 61035 [SYN, ACK] Seq=0 Ack=1 Win=
11	0.510257	192.168.※※	18.164.174.123	TCP	54	61035 → 80 [ACK] Seq=1 Ack=1 Win=13235

次に、パケット詳細パネルから3つのセグメントのシーケンス番号、確認番号、フラグを示します（画面2）。

▼**画面2　TCPの3ウェイハンドシェイク（詳細）**

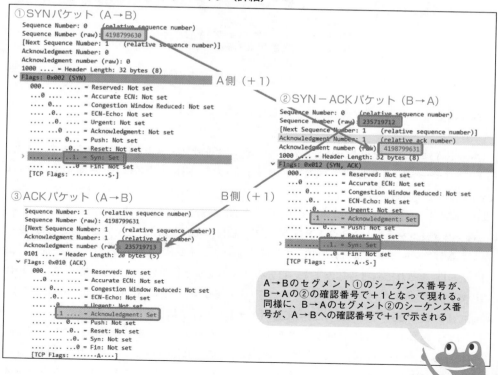

　①がクライアント（ホストA）からのSYNパケットです。シーケンス番号は2行にわたって示されていますが、最初のものがWiresharkによるISNからの相対番号、次の「raw」（そのまま）が実際に使用されているシーケンス番号です。確認番号は0で埋められています。フラグ（Flags）を展開すると、SYNビットだけが立っています。

　②がサーバ（ホストB）からのSYN-ACKパケットです。サーバ側のISNがシーケンス番号フィールドに、相手のISN＋1が確認番号フィールドにそれぞれ示されています。フラグはSYNとACKの両方が立っています。

　③がクライアントからのACKパケットで、②のシーケンス番号＋1が確認番号フィールドに示されています。フラグはACKのみです。

　画面のフラグ部分をよく見ると、ビットが全部で9つあります。追加されているのは最も上位にある「Accurate ECN」ビットで、これが8-2節で言及した「9つ目のビット」です。現在では無効化されていますが、やや古いTCP実装も広いインターネットにないわけではないので、Wiresharkは念のためここも解析してくれます。

データの連続送信

　TCPの通信の信頼性は、送信側がデータと共にシーケンス番号を伝え、受信側がどこまで受け取ったかを確認番号から返信することで確保されます（8-2節）。

　データを受信するたびにACKパケットを返信しなければならないように聞こえますが、その必要はありません。送信側は連続してセグメントを送信でき（当然、次第にシーケンス番号は増加する）、受信側はこれらをあとからまとめて確認応答できます。これを**遅延ACK**（delayed ACK）と言います。そのときのシーケンス図を図2に示します。

図2 データの連続送信

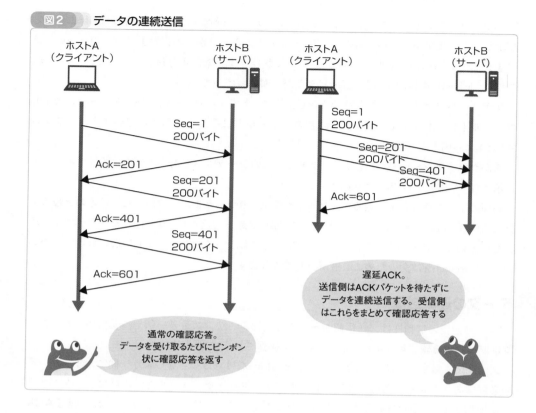

　ホストAが、600バイトのデータを3つに均等に分けてホストBに送信するとします。最初のシーケンス番号を1としたとき、それぞれのセグメントのシーケンス番号は1、201、401です。ホストBはこれに対し、左図の201、401、601の確認番号を3回に分けて返信できます。しかし、右図に示すように、3つ受信したところでまとめて601の確認番号だけを返しても構いません。確認番号はISN（バイトストリームの先頭）からそこまでのバイトすべての確認であるのを思い出してください。遅延ACKの方が早い時間でデータを送信できることは、図の時間経過からも読み取れます。

　Wiresharkから実際の連続送信の様子を確認します（画面3）。パケット詳細パネルからではシーケンス番号のつながりがわかりにくいので、パケット一覧パネルにシーケンス番号、確認番号、フラグ数点を列に加えて示します（列の変更方法は付録Aを参照）。

▼画面3 データの連続送信とまとめられた確認応答

No.	Source	Length	Sequence Number	Acknowledgment Number	Acknowledgment	Push	Info
3546	192.168.※※	130	1	1 Set	Set		GET / HTTP/1.1
3547	192.0.33.8	60	1	77 Set	Not set		80 → 64529 [ACK] Seq=1 Ack=77 Wir
3548	192.0.33.8	1506	1	77 Set	Not set		80 → 64529 [ACK] Seq=1 Ack=77 Wir
3549	192.0.33.8	1506	1453	77 Set	Not set		80 → 64529 [ACK] Seq=1453 Ack=77
3550	192.0.33.8	1506	2905	77 Set	Not set		80 → 64529 [ACK] Seq=2905 Ack=77
3551	192.0.33.8	1506	4357	77 Set	Not set		80 → 64529 [ACK] Seq=4357 Ack=77
3552	192.0.33.8	1394	5809	77 Set	Set		HTTP/1.1 200 OK (text/html)
3553	192.168.※※	54	77	7149 Set	Not set		64529 → 80 [ACK] Seq=77 Ack=7149

　最初の行（No. 3546）がクライアントのWebリクエストです。このときのHTTPのデータサイズは76バイトなので、サーバ（192.0.33.8）からは確認番号77が返ってきます（No. 3547）。

　以降、No. 3548から3532までがサーバからの連続送信です。Info欄に示されているように、TCPセグメントのペイロードサイズは最後のものを除いて一律1452バイトです。したがって、サーバからのシーケンス番号は1から始まり1453、2905、4357、5809と1452ずつ増加していきます。これに対し、確認番号は変わりません。クライアントからは何も送られてきていないので、クライアント→サーバのバイトストリーム位置は変化しないからです。

　No. 3552がサーバからの最後のデータです。このセグメントにPSHフラグが立っているところがポイントです（画面7列目）。8-1節で説明したように、TCPはアプリケーションから受け取ったデータを必ずしもすぐには送信せず、ある程度バッファに貯めてから送信します。そして、送信を強制するときにはPSHフラグを立てます。このセグメントはHTTP応答の最後のデータなので、ここが送りどきです。

　画面最後のNo. 3553はクライアントからサーバへの確認応答です。5列目の確認番号列が示すように、確認のシーケンス番号は7149、つまりここまですべてのデータのぶんです。

　連続送信は、受信側のウィンドウサイズが受け入れられる範囲内ならどこまでもできます。昨今のウィンドウサイズは非常に大きいので、クライアントがよほどの間沈黙を続けていない限り、かなりの数を一気に送信できます。そして、一気に送信できる量が多ければ多いほど通信効率は高まります。

タイムアウト再送

　TCPセグメントは信頼性のないIPデータグラムに載せて搬送されるので、転送途中で消失するかもしれません。そうした事故が発生したときのため、TCPはセグメント送信時にタイマーをスタートさせ、タイマーが切れる前に確認応答がなければ再送します。図3にその様子を示します。

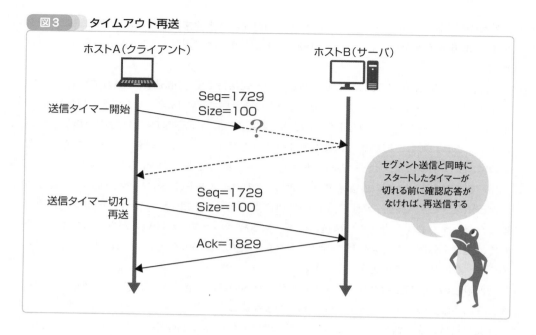

図3 タイムアウト再送

　ホストAは100バイトのデータをシーケンス番号1729を開始点として送信します。期待されているのは、確認番号フィールドに1829を示した確認応答です。ホストAは「普段なら」相手からどのくらいで返事が来るかを推測し（2本目の点線矢印）、タイマーをスタートします。この図では、予想応答時刻を過ぎても確認応答が受け取れなかったので、再送します。

　TCPセグメントは実は消失しておらず、単純に到達するのに思ったより時間がかかっただけのこともあります。たとえば、その経路途中のルータの1台が立て込んでいたときなどです。図4はそんな行き違いを示すシーケンス図です。ホストAは送信タイマーが切れたので（Aの予想は破線）再送をしますが、相手には再送が到達する直前に先のセグメントが届きます。そのため、ホストBは同じセグメントを2つ受信することになります。

図4　タイムアウト再送（重複）

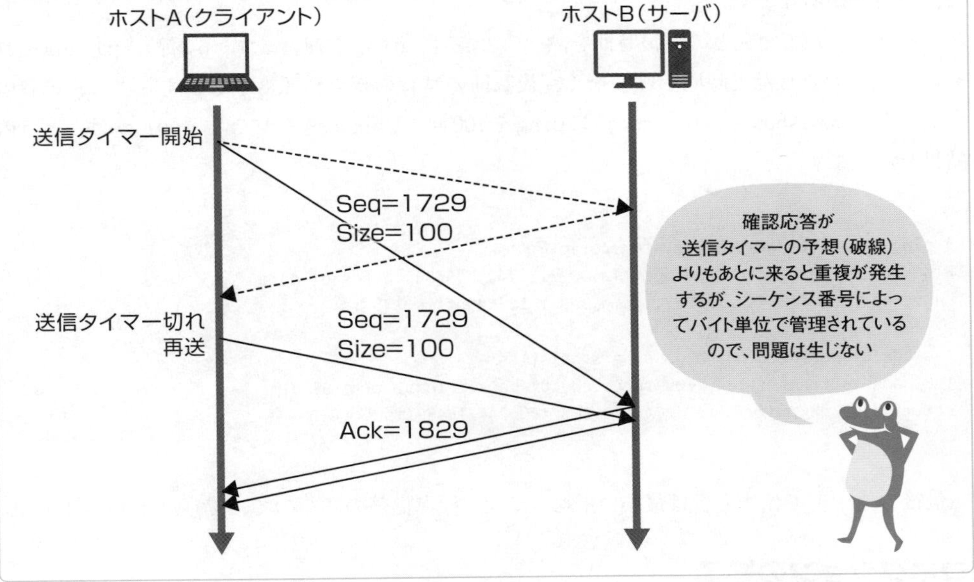

ホストA（クライアント）　　　　　　　　　ホストB（サーバ）

送信タイマー開始

Seq=1729
Size=100

送信タイマー切れ
再送

Seq=1729
Size=100

Ack=1829

確認応答が
送信タイマーの予想（破線）
よりもあとに来ると重複が発生
するが、シーケンス番号によっ
てバイト単位で管理されている
ので、問題は生じない

　しかし、問題はありません。2つのセグメントはどちらもシーケンス番号が1729、サイズが100なので、ホストBは一方を重複であるとして廃棄できます。この重複受信に対し、ホストBは複数の確認応答をホストAに送信するかもしれません。しかし、これも問題はありません。どちらも確認番号が1829なので、その位置までのバイトストリームが受け取れたという事実はホストAにとって変わりはないからです。

いつタイムアウトする？

　タイマーはデータを送信し、確認応答が返るまでの往復時間よりもやや長い程度が最適です。短いと無駄な再送を繰り返すことになり、長いと無用に間が空くため、いずれにせよ通信効率が低下します。しかし、送信元から宛先の間には多数のルータと異なるネットワークがあり、どのくらい時間がかかるかは事前にはわかりません。

　そこで、TCPはこれまでの往復時間（ラウンドトリップタイム）の平均を計算することでタイマー時間を決定します。往復時間は毎回揺らぐので、平均往復時間もセグメントを交換するたびに変動します。

　平均を計算するにはすべてのデータ点の和を取って総数で割るのが正統的な方法ですが、往復時間のリストを宛先単位ですべて保持しておくのはメモリスペースの有効活用とは言えません。そこで、これまでの平均値に定数 a（$0 \leq a \leq 1$）を掛け、それに新規の往復時間に$(1-a)$を掛けたものを加えることで計算します。

新平均　＝　α x 旧平均　＋　(1-α) x 新規往復時間

　ネットワークの遅延計算はそれだけで1つの大きなトピックなので、上記以外にもいろいろな計算方法があります。

　ユーザレベルで宛先との往復時間を調べるときは、pingを使います（6-3節）。pingはそれぞれの試行で要した実時間だけでなく、複数回の試行の統計情報も示します。次に、筆者のマシンからwww.shuwasystem.co.jpにpingを100回（Unixスタイルで-c 100）かけたときの結果を示します。

```
$ ping -n -c 100 www.shuwasystem.co.jp Enter
PING cdn.01.server.hondana.jp (113.43.215.242) 56(84) bytes of data.
64 bytes from 113.43.215.242: icmp_seq=1 ttl=49 time=175 ms
 ⋮
--- cdn.01.server.hondana.jp ping statistics ---
100 packets transmitted, 100 received, 0% packet loss, time 99001ms
rtt min/avg/max/mdev = 172.204/174.902/179.944/1.459 ms
```

　最後の「rtt」で始まる行は最小、平均、最大、標準偏差の順なので、174.9 ± 1.5 msでした。

● コネクションの終了

　送るデータがなくなったとき、ホストはFINフラグを載せたセグメントを相手に送信することでコネクションを終了します。これを「FINパケット」と言います。FINはFinish（終了）の略です。

　終了通知はコネクションの両端（クライアントとサーバ）のどちらからでも開始できます。クライアント側からコネクションの終了を開始するシーケンス図を図5に示します。

図5 コネクションの終了

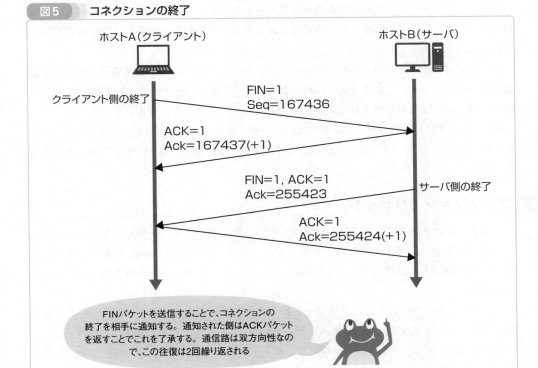

ホストA（クライアント）　　　　　　　　　　　　　ホストB（サーバ）

クライアント側の終了　　FIN=1
　　　　　　　　　　　Seq=167436

ACK=1
Ack=167437(+1)

FIN=1, ACK=1
Ack=255423　　　　　　　　　　サーバ側の終了

ACK=1
Ack=255424(+1)

FINパケットを送信することで、コネクションの終了を相手に通知する。通知された側はACKパケットを返すことでこれを了承する。通信路は双方向性なので、この往復は2回繰り返される

　図では、ホストAがFINパケットを送信する時点のシーケンス番号は167436です。ホストBはこれに対し、これに＋1した値を確認番号に書き込んだACKパケットを送ることで、終了を承認します。これでホストA→Bのバイトストリームは終了です。ホストAからは以降、データは送信されません。

　閉じられたのはA→Bだけなので、この状態ではB→Aのバイトストリームはまだ生きています。ホストAから送るデータがなくなったからと言って、ホストBからも送るものがなくなったとは限らないからです。この状態を「半分だけ閉じた」（half-closed）と言います。

　ホストBは送るデータがなくなったら、ホストAにFINパケットを送ります。これに対してACKパケットが返ってくるのはA→Bのパターンと同じです。この4回の送受が終われば、コネクションは終了です。

　Wiresharkからコネクション終了の様子を確認します（画面4）。画面3でPSHフラグを示していた列（7列目）はFINと入れ替えています。

▼**画面4　コネクション終了（FINパケット）**

No.	Source	Length	Sequence Number	Acknowledgment Number	Acknowledgment	Fin	Info
3555	192.168.	54	77	7149	Set	Not set	[TCP Window Update] 64
3558	192.168.	54	77	7149	Set	Set	64529 → 80 [FIN, ACK]
3561	192.0.33.8	60	7149	78	Set	Not set	80 → 64529 [ACK] Seq=7
3562	192.0.33.8	60	7149	78	Set	Set	80 → 64529 [FIN, ACK]
3563	192.168.	54	78	7150	Set	Not set	64529 → 80 [ACK] Seq=7

　画面は、終了シーケンスの開始直前のセグメントから示しています。このセグメント（No. 3555）はクライアントからサーバへの通知で、そのときのシーケンス番号は77、確認番号は7149でした。

　No. 3558はクライアントからサーバへのFINパケットです。シーケンス番号と確認番号は3555のものから変わっていません。これに対し、サーバがACKパケットを返信します（No. 3561）。確認番号が1つ増やされて77 + 1 = 78になっているところがポイントです。

　続いては、サーバからクライアント方向のバイトストリームの終了です。同様にFINパケット（No. 3562）、ACKパケット（No. 3563）の交換で、確認番号が7149 + 1 = 7150なところも同じです。

コネクションのリセット

　コネクションを強制的に終了しなればならないこともあります。そうしたとき、終了したい側はフラグフィールドのRSTビットを立てたセグメントを相手に送信します。リセット（Reset）の略です。強制終了というと大事故のように聞こえますが、意外とちょくちょく観察できます。

　FINパケットの交換による正常終了と異なるのは、これが双方のバイトストリームを強制的に終了させるところです。送信すべきデータが残っていても、それは廃棄されます。

　Wiresharkからコネクションの強制終了の様子を確認します（画面5）。画面3でPSHフラグを示していた列（7列目）はRSTと入れ替えています。

▼**画面5　コネクションリセット（RSTパケット）**

No.	Source	Length	Sequence Number	Acknowledgment Number	Acknowledgment	Reset	Info
5586	192.168.	54	890	5184	Set	Set	49568 → 995 [R

　WiresharkはデフォルトでRSTパケットを真っ赤に染めるので、かなり目立ちます。

最大セグメントサイズの交換（TCPオプション）

　仮想的な通信路であるTCPバイトストリームにサイズ制限はありませんが、TCPセグメントを搬送するIPデータグラムにはリンク層の制約にもとづくサイズ制限（MTU）があります（2-1節）。したがって、TCPセグメントのペイロードにもサイズリミットがあります。このサイズを**最大セグメントサイズ**（Maximum Segment Size）、略して**MSS**と言います。

　MSSはTCPヘッダを含まない、TCPセグメントのペイロードのサイズです。イーサネットを用いている一般的な環境では、MTUは1500バイトです（2-7節）。この最大IPデータグラムサイズからIPの基本ヘッダの20バイト（5-3節）を引けば、TCPセグメントの最大サイズ1480バイトが得られます。ここからさらにTCPの基本ヘッダの20バイト（8-2節）を引けば、1460バイトです（図6）。これが標準的なMSSです。

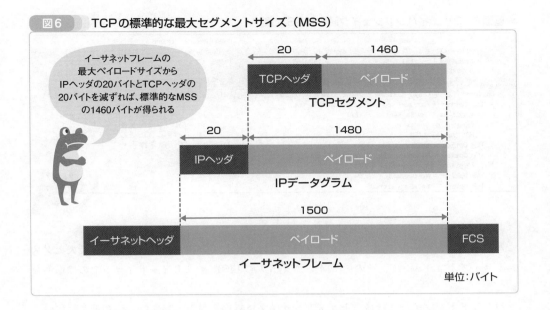

図6　TCPの標準的な最大セグメントサイズ（MSS）

イーサネットフレームの
最大ペイロードサイズから
IPヘッダの20バイトとTCPヘッダの
20バイトを減ずれば、標準的なMSS
の1460バイトが得られる

20　　　1460
TCPヘッダ　　ペイロード
TCPセグメント

20　　　　1480
IPヘッダ　　ペイロード
IPデータグラム

1500
イーサネットヘッダ　　ペイロード　　FCS
イーサネットフレーム

単位：バイト

　2台のホストは、コネクション確立時のSYNパケットに収容したTCPオプションから互い
のMSSを通知しあいます。MSSオプションのフォーマットを図7に示します。

図7　TCP最大セグメントサイズオプションフォーマット

8ビット　　　　　8ビット

オプション種別=2　　オプション長=4

MSS

　オプションの種別番号は2です。オプション依存フィールドは2バイト長のMSSフィール
ドしかないので、オプション長は4バイトです。
　WiresharkからMSS交換の様子を確認します。画面6に示すのは、3ウェイハンドシェイク
の3つのセグメントと最初のSYNパケットの詳細です。

▼画面6　3ウェイハンドシェイク時のMSS交換

No.	Time	Source	SrcPort	Destination	DstPort	Protocol	Length	Info
5	0.149872	192.168.▨▨	49820	192.0.33.8	80	TCP	66	49820 → 80 [SYN] Seq=0 W
8	0.288484	192.0.33.8	80	192.168.▨▨	49820	TCP	66	80 → 49820 [SYN, ACK] Se
9	0.288883	192.168.▨▨	49820	192.0.33.8	80	TCP	54	49820 → 80 [ACK] Seq=1 A

```
▾ Options: (12 bytes), Maximum segment size, No-Operation (NOP), Window scale, No-Operation (NOP), No-Operation
    ▾ TCP Option - Maximum segment size: 1460 bytes
        Kind: Maximum Segment Size (2)
        Length: 4
        MSS Value: 1460
    › TCP Option - No-Operation (NOP)
    › TCP Option - Window scale: 8 (multiply by 256)
    › TCP Option - No-Operation (NOP)
    › TCP Option - No-Operation (NOP)
    › TCP Option - SACK permitted
```

MSSは3ウェイハンドシェイク時にTCPオプションを介して伝達される

　パケット詳細パネルには、オプション部分だけを示しています。先頭のものが最大セグメントサイズオプションで、その値（MSS Value）は1460、つまりイーサネット上の標準的な値です。

　パケットキャプチャには最大セグメントサイズ以外のオプションもいくつか示されています。3番目の「Window scale」は8-2節のウィンドウの箇所で触れた、ウィンドウフィールド値を定数倍するためのオプションです。末尾にある「SACK」は「選択的ACK」（Selective ACK）の略です。通常は、確認番号が示す位置までのバイトストリームがすべて受領確認されますが、これを使うと途中の欠落だけを選択的に再送するように懇請できます。詳細はRFC 2018を参照してください。

8-4 SSL/TLS

トランスポート層データの暗号化

本書でここまで説明してきたネットワーク技術は、アプリケーションから受け取ったデータをそのまま送ります。Wiresharkのパケットキャプチャからもわかるように、ヘッダであろうとペイロードであろうと中身は丸見えです。

これでは安心してインターネットを使うことができません。そこで、パケットが傍受されても第3者には読み取れないように暗号化する仕組みが導入されました。これが**SSL/TLS**と呼ばれる通信プロトコルです。

SSL/TLSの暗号化の対象はTCPのペイロードだけです（図1）。イーサネット、IP、TCPの各ヘッダは暗号化されません。したがって、セグメントを傍受できれば、送信元および宛先の情報は読み取れます。もっとも、郵便物の宛名に大書された住所氏名が第3者に明らかになってもそれほど不都合は生じないのと同じように（気にする人は気にしますが）、インターネットの一般的な利用範囲で問題になることはまずありません。

図1 SSL/TLSの暗号化の範囲

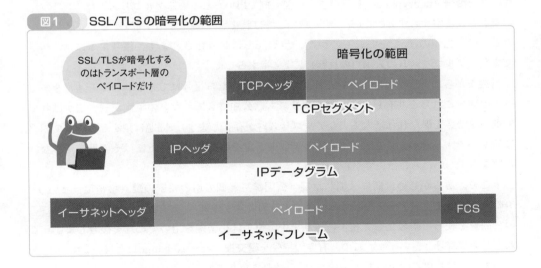

暗号化とは

SSL/TLSの話を進める前に、暗号化について軽く説明します。

暗号化（encryption）は、もとのデータを何らかの方法で変形することで、第3者には判読できないようにする方法です。暗号化にはその方法（アルゴリズム）とそれを駆動する鍵（key）が必要です。図2に暗号化の様子を示します。

図2 暗号の仕組み

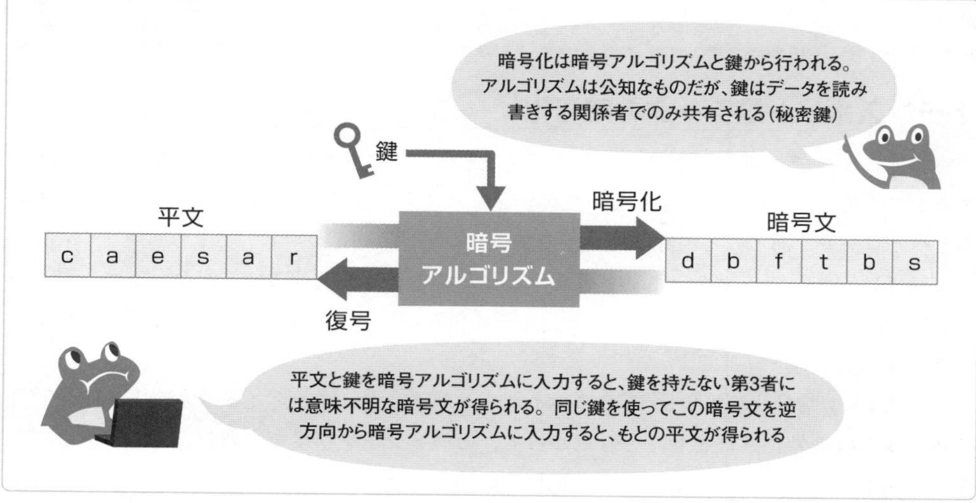

もとのデータを「平文」、暗号化されたデータを「暗号文」と言います。暗号文を平文に戻すことを**復号**（decryption）と言います。図の例で用いられているアルゴリズムは「アルファベットをN文字ずらす」です（シーザー暗号と呼ばれます）。鍵はずらす量で、ここでは1です。たとえば、先頭の「c」を右に1文字ずらせば「d」に暗号化されます。復号するには、暗号文を左（アルゴリズムの入出力の反転）に1文字ずらします。

当然ながら、方法が異なっていたり、鍵が誤っていたら復号はできないので、通信をするペアの間でこれらを共有します。アルゴリズムは公知でも構わないのですが（方法がばれても鍵の秘密さえ保たれれば大丈夫なアルゴリズムが存在します）、問題は鍵をどうやって相手に渡すかです。そのまま送ればもろバレですし、鍵を暗号化して送るにはその鍵を送らなければならず、いたちごっこです。

そこで、あらかじめ世間に公開した鍵（公開鍵）と個人用の秘密の鍵（秘密鍵）という2つの鍵を用います。データを暗号化・復号する両者共有の鍵（「共有鍵」と言います）は、この公開鍵を使って暗号化して相手に送ります。相手は秘密鍵を用いてこれを復号します。これを公開鍵暗号と言います。この共有鍵の授受を**鍵交換**（key exchange）と言います。

つまり、暗号化には次の4つのステップが必要になります。

- 用いる暗号アルゴリズムを共有する（これは平文でよい）。
- 通信相手の公開鍵を取得する（公開なので誰でも見られる）。
- 共有鍵を用意し、公開鍵で暗号化して相手に送る（これは誰も読めない）。
- 相手は自分だけの秘密鍵で共有鍵を復号する（受信者だけが読める）。

以降、通信ペアは共有鍵を使って安全に通信が行えます。

　公開鍵暗号だけでも秘密裏に通信できるのなら、共有鍵はいらないんじゃないかと思われた方は正しいです。公開鍵暗号だけでも問題ありません。ただ、共有鍵を用いた暗号の方が早く暗号化と復号ができるので、大量のデータを送受しあうときは、いったん共有鍵をやりとりした方が効率が高まります。

　SSL/TLSは、公開鍵暗号と共有鍵暗号を組み合わせることでTCP通信の安全性を確保するメカニズム（プロトコル）です。

SSL？　TLS？

　トランスポート層の暗号化プロトコルは、SSLとTLSという2つの名で呼ばれます。異称があるのは歴史的経緯によるものなので、同じものと捉えても構いません。

　当初は**SSL**（Secure Sockets Layer）でした。SSLはバージョン1.0からスタートして、3.0まで進化しました。あるとき、インターネットの標準化団体IETF（Internet Engineering Task Force）がSSL 3.0をベースに同機能のものを別途開発することになり、そのときに名前を**TLS**（Transport Layer Security）と変更しました。その時点では、SSLとTLSは並列して存在していました。どちらかというと、TLSの方がマイナーでした。

　しかし、現在では、SSLのすべてのバージョンは脆弱性があるなどの理由から無効化されています。したがって、本来ならTLSとだけ呼べばよいのですが、今もしばしばSSLと呼ばれます。そこで、本書ではSSL/TLSと併記しています。

　参考までに、図3にSSL/TLSの歩みを示します。ここからわかるように、現在の最新版のTLSは2018年リリースのバージョン1.3です。1.2も並列して使用されているので、今SSL/TLSと言ったときは、TLS 1.2と1.3を指します。TLS 1.3はRFC 8446で定義されています。

図3　SSL/TLS年表

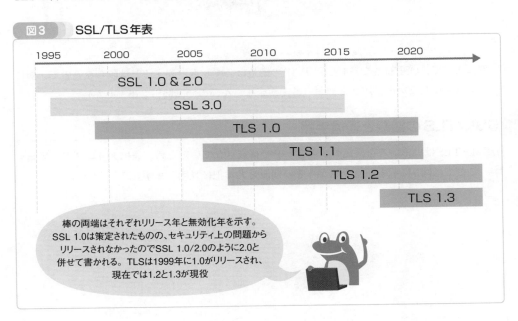

棒の両端はそれぞれリリース年と無効化年を示す。
SSL 1.0は策定されたものの、セキュリティ上の問題から
リリースされなかったのでSSL 1.0/2.0のように2.0と
併せて書かれる。TLSは1999年に1.0がリリースされ、
現在では1.2と1.3が現役

SSL/TLSはどの層に属する？

SSL/TLSはTCPの上位、アプリケーションの下位に位置します。これは、OSI参照モデルでは第5層（L5）のセッション層です（図4）。TCP/IPのトランスポート層とアプリケーション層の間には何もないので、SSL/TLSは明示的にはどこの層にも属していません。アプリケーションとトランスポートとどちらに近いと言われると後者だろうということで、トランスポート層とみなされることが多いようです。

図4　OSI参照モデル上のSSL/TLSの位置

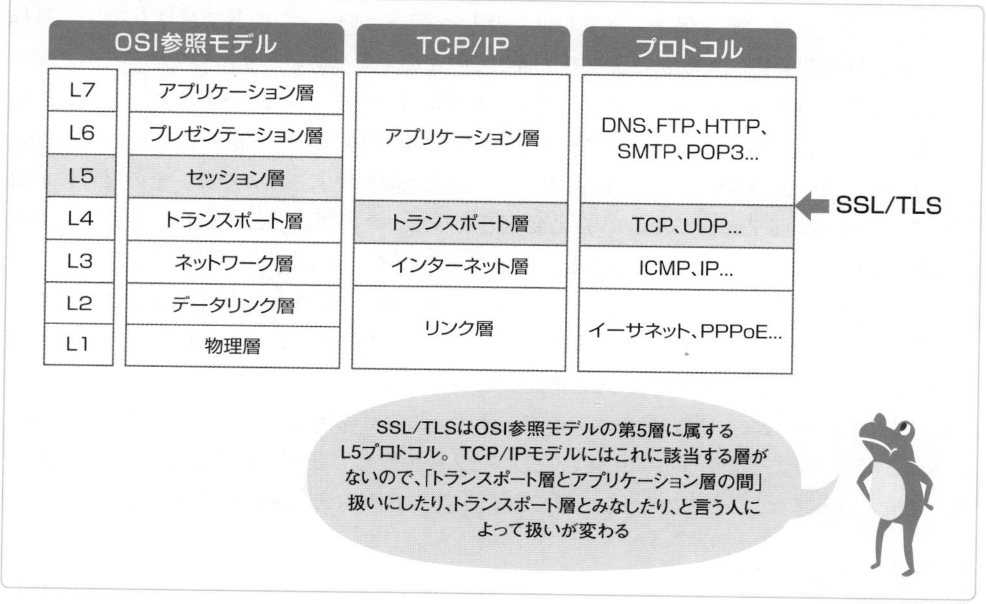

OSI参照モデル		TCP/IP	プロトコル
L7	アプリケーション層	アプリケーション層	DNS、FTP、HTTP、SMTP、POP3...
L6	プレゼンテーション層		
L5	セッション層		
L4	トランスポート層	トランスポート層	TCP、UDP...
L3	ネットワーク層	インターネット層	ICMP、IP...
L2	データリンク層	リンク層	イーサネット、PPPoE...
L1	物理層		

← SSL/TLS

> SSL/TLSはOSI参照モデルの第5層に属するL5プロトコル。TCP/IPモデルにはこれに該当する層がないので、「トランスポート層とアプリケーション層の間」扱いにしたり、トランスポート層とみなしたり、と言う人によって扱いが変わる

例によって、OSI参照モデルとTCP/IPの構造は必ずしも一致するとは限らないので、層については気にしないのがベストです（答えが定まらないので試験にも出ません）。

SSL/TLSの機能と通信手順

SSL/TLSはいろいろな機能の組み合わせで構成されているため、通信メカニズムも複雑です。ここでは図5に示す通信手順からその機能を大雑把に説明します。

図5 SSL/TLSの通信手順

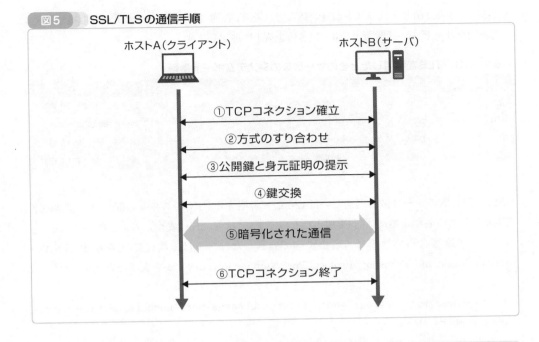

ホストA（クライアント）　　　　　ホストB（サーバ）

①TCPコネクション確立

②方式のすり合わせ

③公開鍵と身元証明の提示

④鍵交換

⑤暗号化された通信

⑥TCPコネクション終了

①クライアントとサーバの間でTCPコネクションを確立します。SSL/TLSはTCPの枠組み内で動作するので、ここは普通の3ウェイハンドシェイク（8-3節）です。

②クライアントとサーバは、このコネクションで使用するSSL/TLSのバージョンと暗号方式を折衝し、合意します。具体的には、クライアントが「これら暗号方法をサポートしている」というリストを送ると、サーバがそこから1つ選ぶという手順を踏みます。リストに示す暗号方式の記述方法はあとで説明します。

③サーバはクライアントに公開鍵を送信します。このとき、サーバは自分の身元を証する証明書（certificate）もクライアントに提示します。クライアントはこの証明書が正しいものかを第3者機関で確認します（警察が、提示された運転免許証が偽造ではないか署に問い合わせるのと同じ塩梅です）。インターネットショップのように公開されたサービスならこれだけですが、会社のサーバのように限られたユーザしかアクセスできないサイトでは、サーバがクライアントに証明書を求めることもあります。

④クライアントは生成した共有鍵をサーバの公開鍵で暗号化して、サーバに送信します。サーバは自分の秘密鍵でこれを復号します（公開鍵暗号）。これで共有鍵は両者で共有されました。

⑤ここまでが、データ通信のための下準備です。あとは共有鍵を用いて高速にデータを交換します。

⑥データ交換が終了したらコネクションを終了します。通常のTCPの終了処理なので、FINとACKの交換です（8-3節）。

● SSL/TLS専用のポート番号

　SSL/TLSがTCPコネクションを開くときのシステムポートは、平文のもの（7-2節の表2）とは異なります。3ウェイハンドシェイクはよいのですが、ページ要求が来るかと待っていた

ところにいきなり暗号方式リストが舞い込んできたら、普通のWebサーバは要求を拒絶します。

代表的なサービスの通常版とSSL/TLS版を表1に併記します。

▼**表1　SSL/TLSを利用したときのサービスのシステムポート番号**

通常サービス名	通常ポート番号	SSL/TLSサービス名	SSL/TLSポート番号	補記
smtp	25	smtps	465	電子メール（第11章）
http	80	https	443	Web（第12章）
imap	143	imaps	993	電子メール（第11章）
pop3	110	pop3s	995	電子メール（第11章）

SSL/TLS版のサービス名（あるいは12-1節で説明するURLのスキーム部）は、通常の平文版サービスの名称末尾に「s」を加えたものです。sはsecure（安全）のsです。

セキュア版も含めてサービス名をすべて列挙したリストは、次にURLを示すIANAの「Service Name and Transport Protocol Port Number Registry」から入手できます。

https://www.iana.org/assignments/service-names-port-numbers/service-names-port-numbers.xhtml

暗号スイート

SSL/TLS通信の最初の段階（図5の②）で、クライアントとサーバは暗号方式をすり合わせます。SSL/TLSはいろいろな暗号技術の組み合わせなので、折衝する要素には次の4点があります。

・共有鍵を使ってデータを暗号化するメインの「共有鍵暗号」の方式（図5の⑤で使用）。
・サーバの公開鍵を使って共有鍵を暗号化して共有する準備段階の「鍵交換」の方式（図5の④）。
・サーバの身分を証する「証明書」の方式（図5の③）。
・メッセージが改ざんされていないかを確認する方式。これは図には含まれていませんが、送ったものと同じデータが受け取れたかを確認するのに用います。**メッセージ認証コード**（Message Authentication Code）、略して**MAC**と呼ばれます。機能的にはイーサネットのCRCやIP/TCPのチェックサム、あるいはMD5（11-5節）ダイジェストと同じようなものです。

これら4つの要素は**暗号スイート**（cipher suites）という1つの文字列にまとめられます。「スイート」はsuiteで、「ひと揃えの」という意味です。音楽なら「組曲」、ホテルなら続き部屋です。TLS 1.2の暗号スイートのフォーマットを図6に示します。

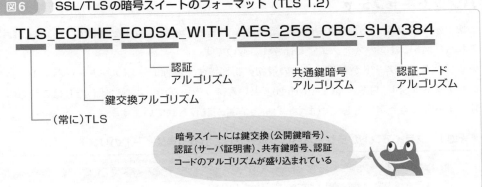

図6　SSL/TLSの暗号スイートのフォーマット（TLS 1.2）

TLS_ECDHE_ECDSA_WITH_AES_256_CBC_SHA384

（常に）TLS

鍵交換アルゴリズム

認証アルゴリズム

共通鍵暗号アルゴリズム

認証コードアルゴリズム

暗号スイートには鍵交換（公開鍵暗号）、認証（サーバ証明書）、共有鍵暗号、認証コードのアルゴリズムが盛り込まれている

　4つの要素はアンダースコア_で連結されます。先頭は常にTLSで、順に鍵交換アルゴリズム、認証アルゴリズム、共通鍵暗号アルゴリズム（ビット数などが入っているのでやや長い）、認証コードアルゴリズムです。ECDHEなどそれぞれの略語は気にしなくて構いません。

　TLS 1.3以降では、これまでの問題点を踏まえて使用できる暗号方法や通信手順の改定があったため、図6の4要素構成が2要素構成になりました。具体的には、図7に示すように、真ん中の3要素がAEAD（Authenticated Encryption and Assocaited Data）という共通鍵暗号方法と改ざん検知のアルゴリズムに置き換わりました。鍵交換と認証部分は別途折衝されることになったので、暗号スイートからは省かれました。

図7　SSL/TLSの暗号スイートの基本フォーマット（TLS 1.3）

TLS_AES_128_GCM_SHA384

（常に）TLS

共通鍵暗号アルゴリズム＋改ざん防止（AEAD）

認証コードアルゴリズム

TSL 1.3では TLS＋AEAD＋認証コードの3要素になった

　暗号スイート一覧は、次にURLを示すIANAの「Transport Layer Security (TLS) Parameters」に示されています。見ていただけるとわかるように、呆れるほどたくさんあります。これは、多種多様な暗号方式が提案されては、クラックされ非推奨になったという闘争の歴史を示しています。

https://www.iana.org/assignments/tls-parameters/tls-parameters.xhtml

● パケットキャプチャ

　使用する暗号スイートの折衝の様子をパケットキャプチャ（画面1と画面2）から示します。これらは図5では②のステップで実行されるものです。

　まずはクライアントからサーバへの最初の折衝です（画面1）。パケット一覧パネルに示したパケットはSSL/TLSの「Client Hello」というメッセージで、ここに「わたしはこれらの暗号スイートならサポートしています」という宣言が収容されています。

▼**画面1　クライアントからサーバへのサポートしている暗号スイートのリスト**

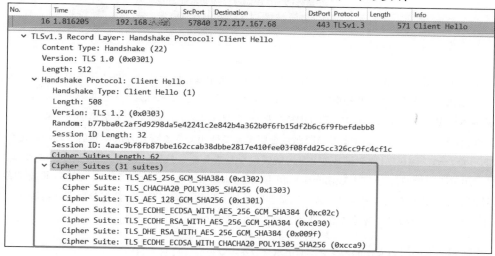

　最初の数行がSSL/TLSのヘッダで、メッセージには「Client Hello」が収容されていることが示されています。TLSのバージョンは1.2です。その先には「Cipher Suites」フィールドがあり、31個の暗号スイートが列挙されています。

　続いて、これに対するサーバからの返答です（画面2）。

▼**画面2　サーバからクライアントへのサポートしている暗号スイートのリスト**

No.	Time	Source	SrcPort	Destination	DstPort	Protocol	Length	Info
20	1.936452	172.217.167.68	443	192.168.	57840	TLSv1.3	1466	Server Hello, Chan

```
▽ TLSv1.3 Record Layer: Handshake Protocol: Server Hello
      Content Type: Handshake (22)
      Version: TLS 1.2 (0x0303)
      Length: 122
    ▽ Handshake Protocol: Server Hello
        Handshake Type: Server Hello (2)
        Length: 118
        Version: TLS 1.2 (0x0303)
        Random: a4ecfbbf59b4e13835cf5310e9892cecbd1a985a68e995d6b5a3d06c1c52cdb6
        Session ID Length: 32
        Session ID: 4aac9bf8fb87bbe162ccab38dbbe2817e410fee03f08fdd25cc326cc9fc4cf1c
        Cipher Suite: TLS_AES_256_GCM_SHA384 (0x1302)
        Compression Method: null (0)
```

　SSL/TLSメッセージは「Server Hello」というもので、これは先ほどの「Client Hello」への
サーバからの応答です。パケットの構造は画面1と同じで、メッセージの「Cipher Suite」
欄にサーバが選択したTLS_AES_256_GCM_SHA384が示されています。これは、「Client Hello」
に示された暗号スイートのリストの先頭にあるものです。クライアントは暗号スイートを優
先順（好ましいもの順）で示すので、サーバはとくに拒否する理由がなければ、たいていは
先頭のものを選びます。

8-5 まとめ

本章では通信の信頼性を確保し、あたかもファイルへの入出力かのようにネットワークを利用できる TCP を説明しました。重要な点は次の通りです。

ポイント

- TCP はトランスポート層に属するプロトコル（L4）なので、IP ペイロードに乗って搬送されます。
- TCP は 2 つの通信ペアの間に「コネクション」と呼ばれる仮想的な専用回線を開設します。これにより、アプリケーションはその入り口（ソケット）にデータを連続して流し込むだけで送信できます（バイトストリーム）。相手も、連続したバイト列として受信データを取り出せます。つまり、インターネットがパケット単位であることを意識することなく、ネットワークが使えます。
- 通信の信頼性を確保するため、TCP は送受するデータにバイト単位でシーケンス番号という番号を振ります。そして、送るときは「この番号から送る」と相手に伝え、相手は「ここまで受け取った」と返信します。これにより、データが相手に確実に届いたことを確証できると共に、欠落などがあれば再送もできます。
- TCP でコネクションを開くには、互いにランダムに定めたバイトストリームの先頭位置を指し示す初期シーケンス番号を交換しなければなりません。TCP はこれを SYN パケット、SYN-ACK パケット、ACK パケットを用いた 3 ウェイハンドシェイクで行います。
- TCP コネクションは FIN パケットで明示的に終了します。
- TCP それ自体はパケットを平文で交換します。これでは重要な情報が漏洩してしまうので、SSL/TLS を用いて TCP ペイロードを暗号化します。

第 **9** 章

プライベートネット ワークと自動構成

・・・・・・・・・・・・・・・・・・・・・・・・

　ネットワークを攻撃から守りたいなら、インターネットから断絶します。しかし、それでは使い勝手が悪いので、安全性を確保しつつ、少しずつインターネットと相互接続していきます。本書ではこのとき用いられるネットワーク技術を紹介します。また、ネットワーク管理を自動化するDHCPも取り上げます。

9-1 プライベートネットワーク

インターネットから（少しだけ）離れたネットワーク

ネットワークを1か所からでもインターネットに接続すれば、世界中のホストと通信できます。非常に便利ですが、反面、外部からの悪意ある攻撃にさらされたり、機密が漏洩するなどの好ましからざる不利益を被る可能性も増します。利便性よりもセキュリティを優先させるのであれば、ネットワークをインターネットから切り離すのが確実です。このような独立型のネットワークを**プライベートネットワーク**（private network）と言います。

しかし、外部から完全に隔絶したネットワークというのも稀です。独立型ネットワークといえども、OSのアップデートくらい必要でしょうし、メールの1本も送りたくなるでしょう。しかし、安全面が不安です。そこで、インターネットとの間に関門をいくつか用意しておき、そこを経由してのみ、許可されたパケットだけが通過する半独立型ネットワークを構成します（図1）。城壁と城門で守られた、中世の城塞都市のようなイメージです。

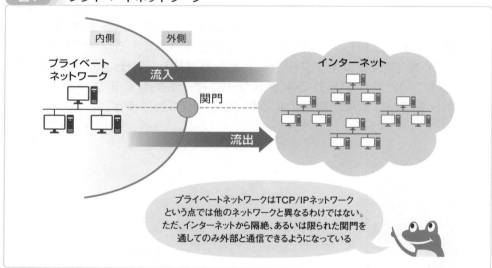

図1　プライベートネットワーク

> プライベートネットワークはTCP/IPネットワークという点では他のネットワークと異なるわけではない。ただ、インターネットから隔絶、あるいは限られた関門を通してのみ外部と通信できるようになっている

プライベートネットワークから見て、保護された自分の領域を「内側」、インターネット側を「外側」と言います。また、インターネットから内側に入ってくる通信の方向を**流入**（ingress）、プライベートネットワークから外側に出ていく方向を**流出**（egress）と言います。

プライベートIPv4アドレス

インターネット上のホストを誤りなく指し示す識別子であるIPアドレスには、重複があってはいけません。しかし、プライベートネットワークのホストなら、外部と（直接は）通信

しないので、内部で一意性が保証されていれば、他所と重複していても問題は生じません。インターネットレジストリ（3-6節）にIPアドレスブロックを申請する必要すらありません。ローカルのネットワーク管理者が勝手に好みの番号を割り振ればよいのです。

しかし、パケットが外部に漏れる事故がないわけではありません。そこで、プライベートネットワーク用にとくに用意されたIPアドレスを使います。これを**プライベートIPアドレス**（private IP address）と言います。プライベートIPアドレスは管理機関によってここからここまでと範囲こそ定められてはいますが、その利用は制限されていません。誰でも、どこでも、使用許諾なしで使えます。

IPv4ではA、B、Cのアドレスクラス（3-3節）にそれぞれブロックが用意されています。これを表1に示します。

▼表1　プライベートIPv4アドレス範囲

クラス	アドレスブロック	範囲	IPアドレス数
A	10.0.0.0/8	10.0.0.0〜10.255.255.255	2^{24}（約1,700万）
B	172.16.0.0/12	172.16.0.0〜172.31.255.255	2^{20}（約100万）
C	192.168.0.0/16	192.168.0.0〜192.168.255.255	2^{16}（65,536）

プライベートIPv4アドレスは、次にURLを示すIANAの「IPv4 Special-Purpose Address Registry」に他の特殊アドレスと共に記載されています。

```
https://www.iana.org/assignments/iana-ipv4-special-registry/iana-ipv4-special-
registry.xhtml
```

どのブロックを選んでも構いません。プライベートネットワークの規模とクラスの関係は考慮する必要はありません。IPアドレスはどのみちクラスレスで扱われますし、大きなアドレスブロックはサブネット化すればよいだけです。たとえば、約100万個あるクラスBから、172.16.1.0/24（256個）を切り出して使います。ホームネットワークを構成する無線LANルータ（2-5節）は、デフォルトの設定ではクラスCの192.168.0.0/24あるいは192.168.1.0/24を用いるケースが多いようです。

プライベートIPアドレスはインターネット上のホストには決して割り当てられないので、インターネットにパケットが漏れ出しても即座に判別できます。そして、そのようなパケットはルータが黙って廃棄します。

プライベートIPアドレスとの対比で、正式に割り当てられた、インターネット上で自由に交換できるIPアドレスは**パブリックIPアドレス**（public IP address）と呼ばれます。

● プライベートIPv4アドレスの問題点

プライベートIPv4アドレスは管理されていないので、誰でも好きなように利用できて重宝します。ホームルータがデフォルトで使用している192.168.1.0/24が気に入らなければ、

172.16.32.0/16に変更もできます。

　問題は、2つのプライベートネットワークを1つにまとめるときに発生します。会社が合併すれば、両社のネットワークも（普通なら）合併します。そんなとき、2つのネットワークが偶然同じプライベートネットワークアドレスを用いていたら、アドレスの競合が発生します（図2上段）。そして、よく用いられるクラスCのプライベートIPアドレスから標準サイズの/24ネットワークを切り出すパターンは256通りしかなく、しかも、誰もが10進ドット記法の3桁目に0や1を選ぶので、競合する確率はさらに高くなります。

図2　プライベートネットワークの合併に伴うアドレス競合

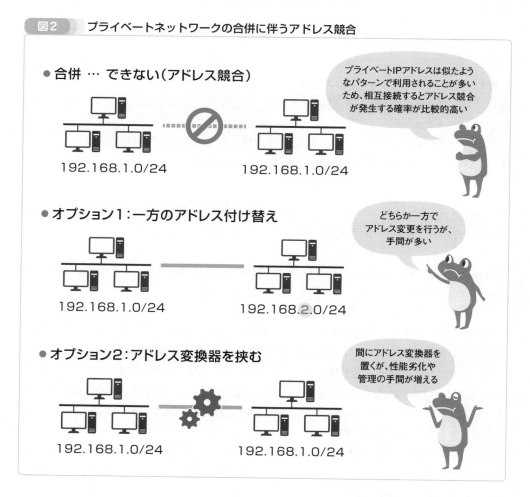

不幸にして競合したら、どちらかがIPアドレスの総付け替えをします（図中段）。これは大変な作業です。2つのネットワークの間にNAT（9-2節）に似たアドレス変換装置を置くという手もありますが（図下段）、当然ながら速度は低下しますし、管理対象が増えるのは好ましくありません。しかし、他に手はありません。

プライベートIPv6アドレス

IPv6版のプライベートアドレスは**ユニークローカルIPv6ユニキャストアドレス**（Unique Local IPv6 Unicast Address）、略して**ULA**と呼ばれます。「ユニキャスト」とあるように、これは個別のホスト（インタフェース）に付与される1対1通信用です（3-5節）。「ユニーク」とあるのは、同じアドレスが使われる可能性が確率的に低いからです。

IPv4プライベートアドレス同様、ULAもインターネットでは用いられません。外部に漏れ出したときには黙って廃棄されます。

ULAはRFC 4193で定義されており、そのアドレスの構成は図3の通りです。

図3 ユニークローカルIPv6ユニキャストアドレス（ULA）

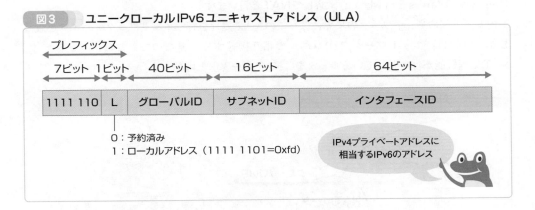

Lは「ローカル」（local）フラグで、このIPv6アドレスがローカル管理者が付けたときに1を立てます。機能としては、MACアドレスのUniversal/Localビット（2-6節）と同じです。このビットは必ず1なので、先頭の7ビットと合わせると、プレフィックスは常にfd00::/8です。

グローバルID部分は40ビット長で、ローカルネットワークの管理者が決定します。たとえば、12 34 56 78 90（$8×5＝40$ビット）を選べば、ネットワークアドレスはfd12:3456:7890::/48です。2^{40}のパターンが生成できるので、IPv4の問題であった他のプライベートネットワークとの重複発生の確率は約1兆分の1です。ただ、すべて0や末尾だけ1など、ありそうなパターンを用いると競合確率が高くなるので、RFCはグローバルIDをランダムに割り振るように指示しています。

サブネットIDはそのプライベートネットワーク内の個々のサブネットに割り当てる部分で、16ビットからなっています。$2^{16} = 65,536$個もあれば、よほど巨大か分断化されているネットワークでもなければ十分です。

以前プライベートIPv6ネットワークで用いられていたサイトローカルIPv6ユニキャストアドレス（Site Local IPv6 Unicast Address）は無効化されたので、利用しないでください（詳しくはRFC 4291）。

9-2 ネットワークアドレス変換

IPアドレスをプライベートからグローバルに変換

　プライベートIPアドレスを用いたパケットは、インターネットに流出しても廃棄されます。そこで、パケットを外側に流すときは、そのIPアドレスをプライベートからグローバルなものに置換します。返信があれば、反対にグローバルなものをプライベートなものに入れ替えることで内側で流通できるようにします。この変換操作を**ネットワークアドレス変換**（Network Address Translation）、略して**NAT**と言います。

　内部と外部のネットワークの境界には、このNAT処理を行うネットワークデバイスを設置します（図1）。ネットワークをIPレベルで相互接続する装置なので、これはルータです。NAT処理機能が付加されているルータを「NATルータ」と呼びます。

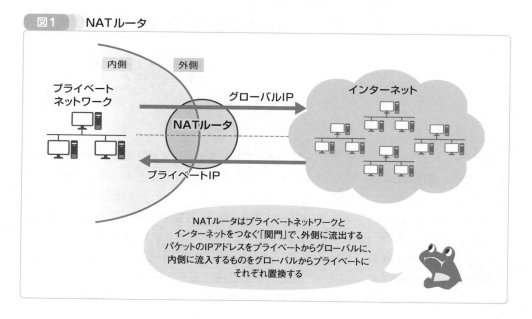

図1　NATルータ

NATルータはプライベートネットワークとインターネットをつなぐ「関門」で、外側に流出するパケットのIPアドレスをプライベートからグローバルに、内側に流入するものをグローバルからプライベートにそれぞれ置換する

　NATのアドレス置換にはいくつか方法がありますが、ここでは動作がわかりやすい基本NATで話を始めてから、現在のネット環境で一般的に用いられるポート併用型のNAPTを説明します。NATのバリエーションは、RFC 2663にまとめられています。

基本NAT－IPアドレスのみ置換

　基本NAT（Basic NAT）は複数のグローバルIPアドレスを用意し、流出時には送信元IPアドレスを、流入時には宛先IPアドレスを置換する方法です。動作例を図2に示します。

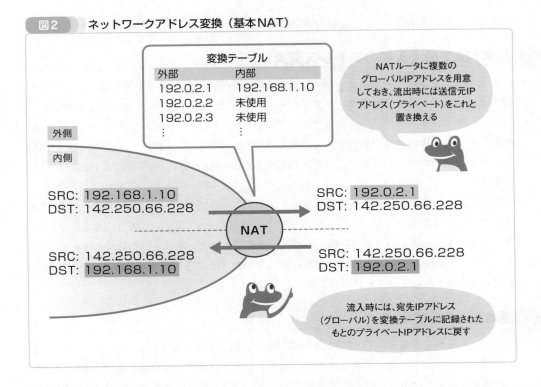

図2　ネットワークアドレス変換（基本NAT）

　NATルータには、いくつかのグローバルIPアドレスが用意されています。この図では192.0.2.1から数個です（なお、192.0.2.0/24は文書例示用なので実際には外へは出ていきません）。NATルータはこれらIPアドレスを外向きのインタフェースにすべて付与しているので、どのアドレス宛でも受信します。これらはまた、NATルータのアドレス変換テーブルに収容されています。初期状態ではすべて未使用とマークされます。

　宛先がグローバルIPアドレスのIPデータグラムが到達すると、NATルータは変換テーブルの中から未使用のグローバルIPアドレスを1つピックアップします。ここでは192.0.2.1です。そして、IPデータグラムの送信元IPアドレス（図では192.168.1.10）をこれと置き換えます。宛先IPアドレスはそのままです。IPヘッダにはヘッダチェックサムフィールドがあるので（5-3節）、これも再計算します。そうしたうえで、インターネットへと転送します。

　送信元IPアドレス192.0.2.1はグローバルなのでインターネットを巡って宛先に届きます。すると、宛先ホストが返信をしてきます。送信元は宛先のもの（142.250.66.228）で、宛先は先ほど置換した192.0.2.1です。このアドレスはNATルータのアドレスなので、ルータに受信されます。

　NATルータは宛先IPアドレスを変換テーブルと照合し、これがもとは内部のプライベートアドレス192.168.1.10であったことを知ります。そこで、宛先IPアドレスをこれと置き換え、内部のプライベートネットワークに転送します。

　192.168.1.10はプライベートネットワークでは正当なIPアドレスです。したがって、相手からの返信データグラムは無事にもとの送信元に届きます。その後、NATルータは変換テー

ブルのこのエントリをクリアし、他の通信に備えます。

基本NATの流入側のアドレス変換

上記では、プライベートネットワーク側のホストからインターネット上のホストに対して通信を開始しています。つまり、プライベート側はクライアント、インターネット側はサーバです。逆の、インターネット側がクライアント、プライベート側がサーバのパターンは、変換テーブルに事前登録が必要です。たとえば、192.168.1.10（内側）＝ 192.0.2.1（外側）のように固定的に登録します。これで、192.0.2.1宛が届いたら、宛先を192.168.1.10に置換できます。

ただし、このような用法はあまり見ません。組織レベルであれば、外部にサービスを提供するサーバには最初からグローバルIPアドレスを付与します（9-3節の図2）。あるとすれば、ホームネットワーク上の（半ば趣味な）サーバを外部インターネットに公開するケースです。もっとも、レンタルサーバやクラウドサービスを利用するほうが簡単でしょうから、こうした用法も少なくなっていると思われます。

基本NATの問題点

シンプルな構造の基本NATは実装も簡単ですが、問題もあります。

それは、いちどきに通信できるホストの数がアドレス変換テーブルに用意できるIPアドレスの数までに限られることです。10個のグローバルIPアドレスがあれば、ホスト10台までです。11台目は、変換テーブルのエントリのどれかがクリアされるまで、外部と通信できません。流入処理用の固定エントリがあれば、そのぶん通信可能ホスト数は減ります。

では、変換テーブルにほしいだけのIPアドレスを与えればよいかというと、そうもいきません。32ビットのIPv4アドレスは全部で2^{32}＝約43億個と、数が限られているからです。そもそも、プライベートIPアドレスが考えられたのは、孤立化による安全確保より、サービスを運用しないクライアント指向のホストに枯渇しつつあるグローバルIPアドレスを割り当てないことで節約をするためだったのです。足りないのに大盤振る舞いはできません。

NAPT－IPアドレス／ポート置換

そこで、NATルータに割り当てるグローバルIPアドレスは1つだけに限ります。しかし、すべての流出パケットに同じIPアドレスをセットしたら、すべての応答パケットの宛先アドレスも同じIPアドレスになるので、どの内側ホストのIPアドレスと置換してよいか判断できません。何らかのホスト識別子が必要です。

この識別子にTCP/UDPのポート番号を流用した方法を、**ネットワークアドレス・ポート変換**（Network Address Port Translation）、略して**NAPT**と言います。ホームネットワークに接続されている無線LANルータで用いられているのも、このNAPTです。NATと呼んだとき、たいていはこのNAPTを指しています。

アプリケーションを識別する重要な情報であるポート番号を他の目的に流用しても構わな

いのは、クライアント側のポート番号が一時的なものであり、システムポートと異なり、それ自体に意味は負わせられていないからです。

NAPTの動作例を図3に示します。ここでは、プライベートネットワーク上のホストA（192.168.1.10）およびB（192.168.1.128）が外部の142.250.66.228:443とパケットを同時に交換します。

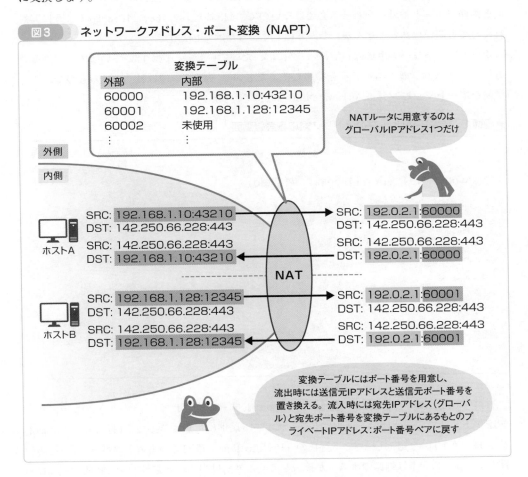

図3　ネットワークアドレス・ポート変換（NAPT）

NATルータの変換テーブルには、今度はポート番号が準備されます。図では60000番以上です。ポート番号はTCPとUDPでそれぞれ独立に割り振られるので、テーブルは2つ必要です（図は一方のみ）。

プライベートネットワークのホストがパケットを送信すると、NATルータは用意したポート番号と送信元IPアドレス：送信元ポート番号の組の対応関係を記録します。ここでは、ポート番号60000をホストAの192.168.1.10:43210に、60001番をBの192.168.1.128:12345に対応付けます。

そのうえで、送信元IPアドレスをNATルータのものに、ポート番号を先に選択したものにそれぞれ変更してから外側に転送します。応答では、要求時の送信元と宛先がひっくり返っ

たパケットが届くので、変換テーブルに従って宛先を戻します。

NAPTの流入側のアドレス変換

プライベートネットワークに外部からアクセスできるサーバを用意するのなら、基本NAT同様、変換テーブルに事前に登録します。たとえば、8080番 = 192.168.1.10:8080です。外側と内側でポート番号を合わせる必要はないので、443番 = 192.168.1.10:8080のように非対称にしても問題はありませんが、わかりにくくなるだけでしょう。

ホームネットワーク用無線LANルータには、たいてい登録機能が付いています（アクセス方法や用法は個々のマニュアルを参照してください）。画面1の例はHuaweiのもので、この機能を**ポートマッピング**（Port mapping）と呼んでいます。

▼**画面1　無線LANルータのアドレス対応表登録画面**

2行目の「Private IP」欄は、プライベートネットワーク側のホスト（サーバ）のプライベートIPアドレスです。変換テーブルはトランスポート層別に用意するので、4行目の「Protocol」からTCPかUDPを選択します。5行目の「Private Port」は内側のホストのポート番号、6行目の「Public Port」は外側のホストが接続してくる外向けのポート番号です。範囲指定になっているのは、まとめて入力できた方が簡単だろうというユーザインタフェースのデザインによるもので、1つずつ個別に指定するタイプもあります。

この設定は、内側のホストのIPアドレスに変更がないことを前提としています。IPアドレスが付け変われば、対応表は変更しなければなりません。これはDHCPを用いたIPアドレスの自動設定で問題になりますが、回避策はあります（9-5節）。

NAPTの問題点

グローバルIPアドレスが1つあればよいNAPTは、IPv4アドレスの枯渇問題を巧みに回避できたため、今ではどのプライベートネットワークでも標準的に用いられています。しかし、

問題がないわけではありません。

　まず、16ビットで定義されたポート番号は2^{16}個しか利用できません。これは、プライベートネットワーク上のホストの台数上限ではありません。アドレス変換テーブルに収容されるのはIPアドレス：ポート番号のペアなので、IPアドレスが同じでも、ポート番号が異なれば異なるエントリとして扱われます。極端な話、3万本レベルのTCPセッションを同時進行するクライアントが2台あれば、NATルータのポート番号は枯渇します。ポート番号枯渇問題はグローバルIPアドレスを増やすことで対処できますが、複数IPアドレス対応のNAPTでなければなりません。画面1は明らかに複数対応ではないので、枯渇問題には対処できません。

　NAPTはパケット識別にポート番号を用いるので、TCP/UDP以外のパケットにはそのままでは対応できません。IPしか使わないICMPはその好例で、対処策は次に説明します。

　同様に、ポート番号に依存するアプリケーション層プロトコルには特別なメカニズムが必要です。たとえばFTP（ファイル転送プロトコル）は、制御とデータ転送にそれぞれ異なるTCPコネクションを用います。データ転送用コネクションは必要に応じて確立されるので、そのポート番号もそのときにならなければわかりませんし、その情報は制御用コネクションのペイロードに書き込まれています。そして、図3に示したように、NAPTはIPとトランスポート層のヘッダは変更するものの、トランスポート層ペイロードには手を付けないのが基本です。つまり、NAPTを介してFTPを利用するのなら、ペイロードを分析する機能も加えなければなりません。

ICMPはどうする

　ICMP（第6章）はインターネット層プロトコルなので、トランスポート層固有のポート番号という情報がありません。これではNAPTができないように思えますが、プライベートIPアドレスを使用したマシンからでも外側宛のpingが問題なく通ります。

　これは、ICMPエコー要求／応答ではポート番号の代わりに識別子フィールドを用いているからです。6-3節の図2に示したICMPエコーメッセージのフォーマットを次に再掲します。

図4　ICMPエコーメッセージフォーマット（6-3節の図2より）

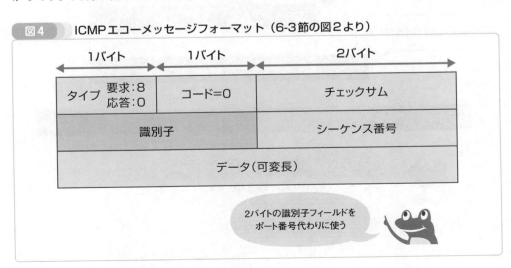

283

　識別子フィールドは、エコー要求送信とエコー応答受信をするアプリケーション（pingなど）を識別するために用意されたもので、アプリケーションが適当な値で埋めます。適当という点ではポート番号と同じなので、同じ要領でマッピングの情報に流用できます。ちょうど同じ16ビット長というのもうれしいところです。

　ICMP時間超過（6-4節）や宛先到達不能（6-5節）は、経路途中のルータから送られてきます。したがって、これらに対応する情報はNAPTの変換テーブルに収容されていません。しかし、これらメッセージには障害元となったパケットのIPヘッダとペイロードの最初の8バイトが含まれているので、そこから内側のホストの情報を得ることができます。

　ICMPメッセージにはメッセージ全体を対象としたチェックサムフィールドがあるので、いずれのケースでもチェックサムの再計算は必要です。また、上記のようにメッセージボディにIPヘッダやTCPヘッダが含まれているときは、それらに埋め込まれた値も置換しなければなりませんし、当然、チェックサムも変わります。NAPTはIPアドレスの枯渇を和らげる必須の技術ですが、非常に高い負荷のかかる処理でもあります。

　NATにおけるICMPの処理方法はRFC 5508で規定されています。

●NATの分類

　NATは、OSI参照モデル上のどのレベルまで分解と再構成をしなければならないかで分類できます（図5）。

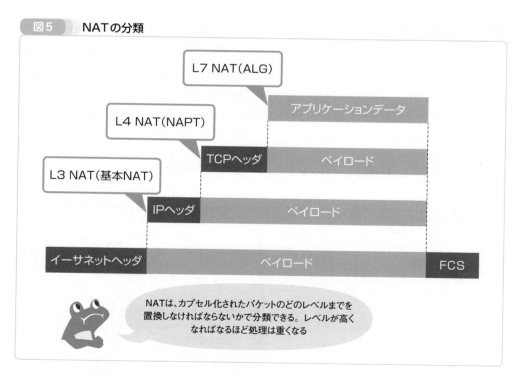

図5　NATの分類

L7 NAT(ALG)

L4 NAT(NAPT)

L3 NAT(基本NAT)

アプリケーションデータ

TCPヘッダ　　ペイロード

IPヘッダ　　ペイロード

イーサネットヘッダ　　ペイロード　　FCS

NATは、カプセル化されたパケットのどのレベルまでを置換しなければならないかで分類できる。レベルが高くなればなるほど処理は重くなる

　基本NATはIPヘッダだけを操作し、そのペイロードにはタッチしないので、インターネット層のNATです。OSI参照モデルでは第3層なので「L3 NAT」です。ルータはどのみちL3レベルのヘッダを解析するので、ルータ機能との親和性が高く、最も高速に動作します。

　NAPTはTCPヘッダも操作するので、トランスポート層のNATです。第4層なので、これは「L4 NAT」です。パケットをTCPレベルまで分解するのでやや大変ですが、ハードウェアによる機械的な処理が可能なので、対処可能です。

　ICMPや前述のFTPのようにアプリケーションレベルのデータにIPアドレスやポート番号が含まれているパケットは、パケットを最後まで分解して操作するので、アプリケーション層のNATです。第7層なので「L7 NAT」あるいは「アプリケーションレベルゲートウェイ」（ALG：Application Level Gateway）と呼ばれます。アプリケーション固有のデータ構造を解析して置換しなければならないので、プログラムは複雑です。端的には、そのアプリケーションのサーバを造り込むのと同レベルのプログラミングが必要になります。また、非常に処理が重くなります。平文ならそれでもまだよいですが、SSL/TLSで暗号化されたらそれも復号しなければなりません。これは結構な計算量なので、通信速度はかなり低下します。

ファイアウォール

流出入するパケットのコントロール

NATは、内側と外側を往来するパケットのIPアドレスやポート番号を置換する装置です。アドレス変換テーブルに載っているパケットのみ受け付けるので、内部からの要求に対する応答だけが通過します。外側から開始されるパケットは基本的に内部に流入しません。そういう意味では、NATだけでもプライベートネットワークの安全をある程度までは確保できます。

しかし、巧妙な攻撃には対処できません。たとえば、正当なアドレスを偽装したパケットであるとか、ペイロードに仕込まれたウィルスなどです。そこで、流出入するパケットをチェックし、安全性を確認できたもののみ、あるいは事前に許可したタイプのもののみ通過させるメカニズムがプライベートネットワークとインターネットの間の関門に導入されるようになりました。それが**ファイアウォール**（firewall）、訳せば「防火壁」です（図1）。

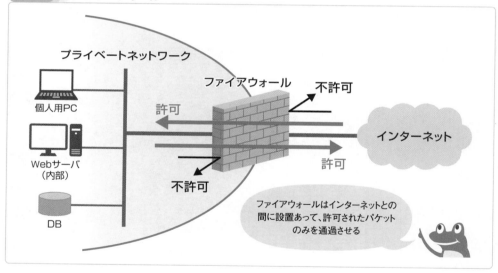

図1　ファイアウォール

ファイアウォールは外側から内側への流入だけでなく、内側から外側への流出もチェックします。ウィルスに感染した内部ホストが外部にこれを伝搬したり、DDOS攻撃（6-7節）に加担したりなど、世間への迷惑を防止するためです。業務上好ましくないサービスへのアクセスを遮断するのにも用いられます（ペアレントコントロールなどと同じ検閲機能）。

なお、Windows Defenderファイアウォールなど個々のデバイスを保護するソフトウェアもファイアウォールですが、これらは「パーソナルファイアウォール」と呼ばれて本節で説明するネットワーク型のものと区別されます。説明は割愛しますが、基本原理は同じです。

DMZ - 外部アクセス用のやや防御の弱いエリア

　プライベートネットワークに、外側からのアクセスを受け付けるサーバも設置したいことはあります。たとえば、外部向けのWebサーバ、メールサーバ、DNSサーバなどです。こうしたホストは、プライベートネットワークとは別のネットワークに接続します。このようなネットワークを**DMZ**（DeMilitarized Zone）と言います。もともとは軍事・外交用語で、軍事活動が条約等で禁止されている「非武装地帯」という意味です。

　DMZネットワークにも保護は必要なので、インターネットとの間にファイアウォールを設けます。通信に支障をきたさない程度に保護レベルを弱めるので、完全なプライベートネットワークほどには頑強ではありません。ファイアウォールはプライベート用とDMZ用にそれぞれ用意しても構いませんが、最もシンプルな構成では、図2のように共用にします。

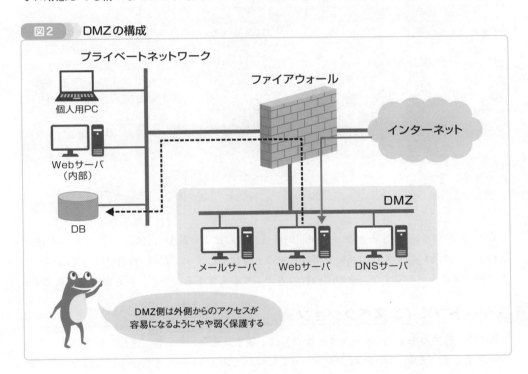

図2　DMZの構成

ファイアウォールのルール設定

　ファイアウォールには、どのパケットを通過させてよいか、あるいはブロックするかをルールの形で設定します。

　たとえば、DMZのWebサーバ用には、「パケットの送信元IPアドレスとポート番号は問わないが、Webサービス以外はアクセスできないように宛先ポート443番（SSL/TLSで暗号化されたHTTP）だけを許可する」というルールを設定します。また、Webサーバから出ていく応答パケットについては、宛先がどこでも許可します。これで、プライベートネットワー

クからも外側のインターネットからも、このサーバのWebサービスだけを選択的に利用できます（図2の実線矢印）。

　データベースサーバは顧客情報などセンシティブな情報を収容しているので、保護の弱いDMZには置きません。内側に置きます（図左手）。そこで、その情報を必要とするDMZ Webサーバだけがアクセスできるようにファイアウォールを設定します。これには「送信元IPアドレスはWebサーバのみ、送信ポートは何でもよい（一時ポートなので予測ができない）、宛先IPアドレスはデータベースサーバ、宛先ポートはデータベースサービスのポート（MySQLなら3306）」のようにより厳格なルールをクリアしたパケットのみ許可します（図中破線）。

　これらファイアウォールルールは、次の表1のように表形式で管理されます。

▼**表1　ファイアウォールのルール表例**

許可不許可	送信元IPアドレス	送信元ポート番号	宛先IPアドレス	宛先ポート番号	補記
許可	すべて	すべて	DMZ Webサーバ	443 (HTTPS)	DMZ Webサーバへの要求（流入）
許可	DMZ Webサーバ	443	すべて	すべて	DMZ Webサーバからの応答（流出）
許可	DMZ Webサーバ	すべて	DB	3306 (MySQL)	DMZ WebサーバからDBへの要求
許可	DB	3306	DMZ Webサーバ	すべて	DBからDMZ Webサーバへの応答
不許可	すべて	すべて	すべて	すべて	あとはすべて不許可

　複数のルールに合致するパケットが届いたら、通常はより厳密な（細かい）ルールが採用されます。あるいは優先度の高いものほど表の上方に示します。表の5行目はすべてのパケットを拒否するルールですが、その上の行の方がより厳密であるので、これらが優先されます。

⬤ ステートフルインスペクション

　表1は、最後のキャッチオールルール以外は、要求（流入）と応答（流出）にそれぞれルールを設定しています。1つのTCPセッションについて2つのルールを書かなければならないのは面倒なだけでなく、ちょっとしたミスで動作不良になる可能性も増やします。そこで、ルールは要求側だけ設定し、その応答は自動的に要求側に従うようにします。

　このような自動対応には、これまでに往来したパケットの記録を利用します。

　TCP接続では、最初に3ウェイハンドシェイク（8-3節）が実施されます。このとき、送信元IPアドレスと送信元ポート番号だけでなく、それ以外のTCPヘッダ情報も記録します。そして、たとえば流入するセグメントの確認番号が送信時のシーケンス番号+データ長とマッチすれば、これは許可された流出セグメントへの応答だと判断できます。

　UDPには送受信パケットの組を明らかにする情報がないので、アプリケーション層のデータに頼ります。たとえばDNSならTransaction ID（10-6節）を使います。

このように、単純にパケットヘッダ単体だけでなく、前後の関連性も加味してフィルタリングを行うファイアウォールをステートフルインスペクション（stateful inspection）型のファイアウォールと言います。訳せば「状態依存型のチェック機構」です。

他にも、新たにパケットを再構成して送受するNATのようなメカニズムを採用したもの、内側のアプリケーションの要求を代行するものなど、各種のファイアウォールデバイスが存在します。しかし、より洗練されたチェックメカニズムを用いているという以外、「パケット記載の情報をルールに照らし合わせて受諾あるいは廃棄を決定する」という基本に変わりません。

1
2
3
4
5
6
7
8
9
10
11
12

9-4 VPN

拠点間を結ぶ回線

拠点の異なるプライベートネットワークを相互に接続したいことはよくあります。たとえば、東京、京都、仙台のそれぞれの支社にプライベートネットワークがあるようなケースです。図1ではクラスCブロックの192.168.0.0/16の中から重複しないようにサブネットを切り出しているので、イーサネットの届く範囲にあれば、問題なくケーブル1本とルータで相互接続できます。しかし、イーサネットは数百キロも敷設できません。

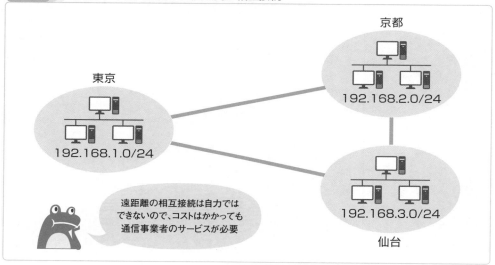

図1　専用線サービスを用いた拠点間の相互接続

もちろん、プライベートIPアドレスはインターネットを通せません。そこで、通信事業者に依頼して回線を敷設してもらいます。大層に聞こえますが、固定電話の開設依頼と同じです。このように、特別注文で開設してもらう公共サービスの回線を専用線（dedicated line）と言います。他の誰も使わない、その組織専用の通信線だからです。

トンネリングと仮想専用回線

専用線には初期費用だけでなく、維持運用にかなりのコストがかかります（大手通信事業者のサイトから専用線の価格表を調べてください）。そこで、アドレスを置換することでインターネットを通すNATの要領が使えないかと考えます。それが次に示す図2の方法です。

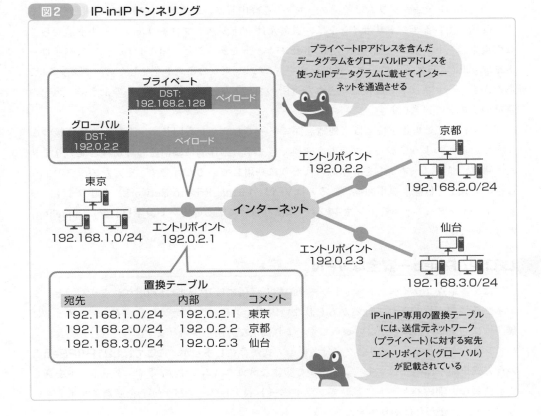

図2　IP-in-IP トンネリング

この方法では、図左上に示すように、グローバルIPアドレスを使ったIPデータグラムのペイロードに、プライベートネットワークで交換されているIPデータグラムをそのまま載せてインターネットに送り出します。IPペイロードには何を乗せても構わないので、当然、IPデータグラムをIPデータグラムをカプセル化しても問題はありません。このインターネット版二人羽織を**IP-in-IPカプセル化**と言います。

　東京ネットワークに属するホストが、京都ネットワークの192.168.2.128にパケットを送るとします。パケットは他ネットワーク宛なので、転送されるために東京ネットワークのルータに届けられます。このルータをエントリポイント（entry point）と言い、外側のインタフェースにはグローバルIPアドレス192.0.2.1が付与されています。

　エントリポイントは、IP-in-IP通信用の置換テーブルを持っています（図左下）。宛先が192.168.2.128ならこれは192.168.2.0/24ネットワーク宛です。このとき、東京エントリポイントはもとのデータグラムを、テーブルに従って192.0.2.2を宛先に指定したIPデータグラムのペイロードに収容してからインターネットに送出します（上のカエル）。送信元IPアドレスは東京エントリポイントの192.0.2.1です。また、IPデータグラムのプロトコルフィールドにはペイロードがIP-in-IPであることを示す4番を書き込みます（ちなみにTCPは6番、UDPは17番です）。

このIP-in-IPデータグラムはインターネットを経由して、京都エントリポイントに到達します。受信した京都エントリポイントは、送信元IPアドレスとプロトコルフィールド値からこれが東京エントリポイントから来たIP-in-IPパケットであることを知ります。そこで、ペイロードを取り出し、自ネットワークに送出します。これで、東京のホストを発したデータグラムは、あたかもイーサネットで直接接続された近所のネットワークから届いたかのように、宛先の京都のホストに到達します。

IP-in-IPカプセル化を使えば、他地点間であってもあたかも同じネットワークに直接つながっているかのようにデータグラムを交換できます。動作的には前述の専用線と変わりません。単に、インターネットを専用線の代わりに利用しているだけです。そのため、このような接続方式を「仮想」専用回線、あるいは**VPN**（Virtual Private Network）と呼びます。パケットがインターネットをトンネルのように潜り抜けて通るので、**トンネリング**（tunneling）とも言います。

⬤ L2TP/IPsec ─安全なVPN

実は、多地点プライベートネットワークの相互通信にはIP-in-IPは利用されません。センシティブな情報が搭載されているかもしれない内側オンリーのパケットを、インターネットに無防備に通すわけにはいかないからです。より安全な方法が採られます。

インターネットのトンネリングには各種の方式が存在しますが、ここでは**L2TP/IPSec**という方式を簡単に紹介します。より精緻で複雑なメカニズムですが、「インターネットを通しても構わない別のパケットに載せてプライベートネットワークパケットを通過させる」というアイデアに変わりはありません。

L2TP/IPsecは名称が示すように2つのプロトコルで構成されています。**L2TP**（Layer 2 Tunneling Protocol）は拠点間をポイントツーポイントで結ぶ専用線のような働きをするプロトコルです。L2TPには暗号化機能がないので、L2TPパケット全体を**IPsec**（Internet Protocol Security）という別のプロトコルでくるんで配送します。IPsecのペイロード部分が暗号化による保護対象です。

カプセル化で言えば多重の入れ子なのですが、L2TP自体がUDPとPPPという別のプロトコルも併用しているので、図にすると6重のカプセル化になります（図3）。

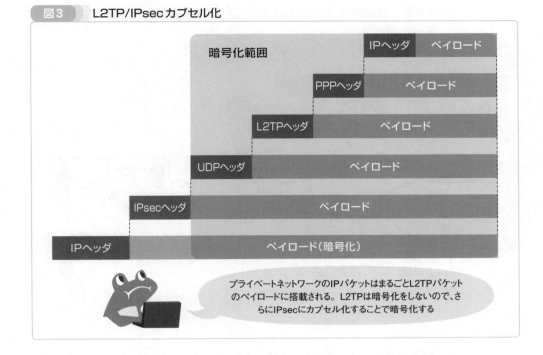

図3 L2TP/IPsecカプセル化

暗号化範囲

	IPヘッダ	ペイロード
	PPPヘッダ	ペイロード
	L2TPヘッダ	ペイロード
	UDPヘッダ	ペイロード
	IPsecヘッダ	ペイロード
IPヘッダ		ペイロード（暗号化）

プライベートネットワークのIPパケットはまるごとL2TPパケットのペイロードに搭載される。L2TPは暗号化をしないので、さらにIPsecにカプセル化することで暗号化する

公衆ネットワークとVPN

　VPNはプライベートネットワークを相互接続するだけでなく、個人のデバイスを組織のプライベートネットワークともつなげます。自宅勤務で用いられるこの接続形態は、単体のデバイスを対象としてはいますが、本来的に組織に属する飛び石エリアを安全に相互接続するという意味では、前述のネットワーク間接続の類型です。

　VPNは、安全ではない環境から個人のデバイスを安全に目的のサイトと接続するときにも用いられます。たとえば、駅やカフェなどの公衆Wi-Fiからインターネットバンキングに接続するケースです。Wi-Fiにも暗号化機能はありますが、アクセスの利便性から暗号化がオフになっていることもあり、また空間を飛び交う電波は容易に傍受できるので漏洩しやすくなっています。こうした環境では、発信元のデバイスそのものから暗号化できるVPNが有効です。

　監視の厳しい国家から情報にアクセスするときにもVPNは便利です（図4）。こうした国では、自国に有益ではないと判断された情報をブロックしたり、あるいはそうしたサイトにアクセスする個人を特定したりします。VPNサーバを飛び石に暗号化してアクセスすれば、最終的な宛先を隠蔽しながら海外にアクセスできます。YouTubeやゲームサイトへのアクセスをブロックしているキャンパスネットワークでも、VPNは生徒らに好評です。

図4　VPNを使った検閲国家（あるいはキャンパス）からの安全なアクセス

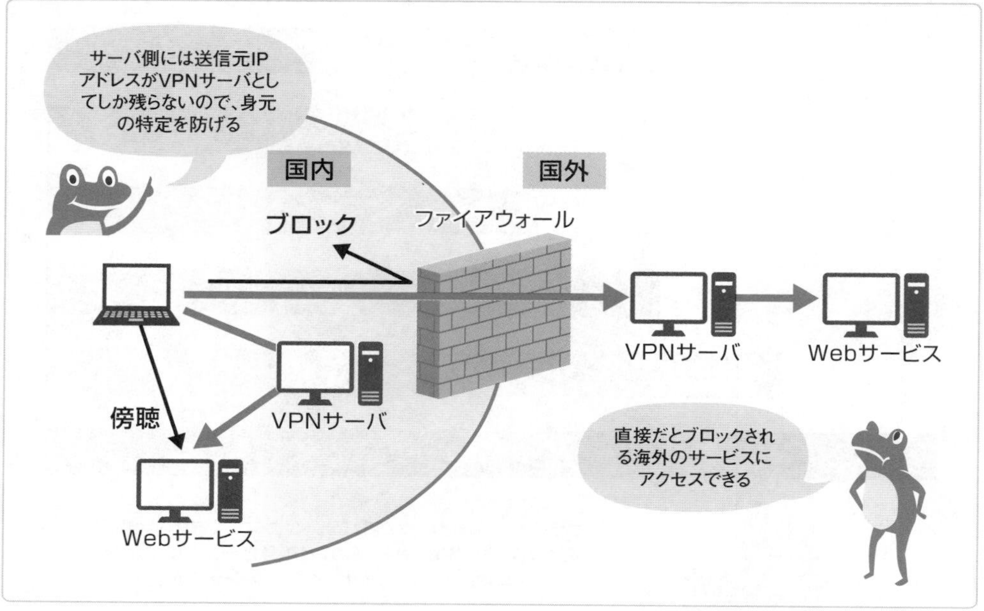

　国内ユーザにのみ公開しているサイトに、他国からアクセスするときにも用いられます。たとえば、他国からのアクセスをブロックする日本のサイトに海外からアクセスするには、国内のVPNサーバ経由することで、あたかも国内からの通信のように見せかけます。

　このような個人レベルでの安全性と利便性を提供するVPNサービスは、有償無償を問わず、いくつも提供されています。国内で著名なのは筑波大学の「VPN Gate学術実験プロジェクト」で、いくつものVPN中継サーバを世界中に分散配置しています。URLは次の通りです。

```
https://www.vpngate.net/
```

　VPN接続方法も主要な4タイプ（SSL-VPN、前述のL2TP/IPsec、OpenVPN、MS-SSTP）が用意されているので、ほとんどのデバイスから利用できます。画面1はつくばVPNのメインページで、VPN中継サーバによって接続方法が異なることがわかります。

▼画面1　つくばVPNメインページ

世界中で 4677 台の VPN 中継サーバーがボランティア提供されています。
すべての VPN サーバーに ユーザー名：'vpn', パスワード：'vpn' で接続できます。

フィルタ：☑ SoftEther VPN (SSL-VPN)　☑ L2TP/IPsec　☑ OpenVPN　☑ MS-SSTP　［サーバー一覧を更新］（あなたの VPN サーバーをこのリストに追加しましょう）
現在、検閲用ファイアウォールがある国から VPN Gate を利用する際は IP アドレスを直接指定する必要があります。.opengw.net のドメイン名の指定はできません。

独自の VPN Gate アプリを開発する場合、以下の HTML テーブルをパースする代わりに、CSV リストを使用することができます。

国・地域 （物理的な位置）	DDNS 名 IP アドレス (ISP ホスト名)	VPN 接続数 連続稼働期間 累積利用者数	回線品質 回線速度および Ping 累積通信量 ログ記録ポリシー	L2TP/IPsec Windows・快適	OpenVPN Windows, Mac, iPhone, Android クライアントソフト不要	OpenVPN Windows, Mac, iPhone, Android	MS-SSTP Windows Vista, 7, 8, RT クライアントソフト不要	ボランティア運営者名 （+ 運営者によるメッセージ）	スコア （品質）
🇺🇸 United States	vpn998612762.opengw.net 98.35.209.65	64 セッション 17 日間 過去 434,841 人利用	599.19 Mbps Ping: 12 ms 29,217.44 GB ログ記録ポリシー： ログ記録 2 週間保存	✓ SSL-VPN 接続方法 TCP: 1758 UDP: サポート		✓ OpenVPN 設定ファイル TCP: 1758 UDP: 1873	✓ MS-SSTP 接続方法 SSTP ホスト名 : vpn998612762.open gw.net:1758	By vtb-PC's owner	4,646,671
🇺🇸 United States	vpn724447264.opengw.net 98.232.192.187	67 セッション 27 日間 過去 83,490 人利用	556.90 Mbps Ping: 16 ms 5,096.40 GB ログ記録ポリシー： ログ記録 2 週間保存	✓ SSL-VPN 接続方法 TCP: 1934 UDP: サポート		✓ OpenVPN 設定ファイル TCP: 1934 UDP: 1931	✓ MS-SSTP 接続方法 SSTP ホスト名 : vpn724447264.open gw.net:1934	By Psykadelik's owner	4,502,539
🇯🇵 Japan	public-vpn-255.opengw.net 219.100.37.224 (public-vpn-14-16.vpngate.v4.open.ad.jp)	200 セッション 73 日間 過去 11,679,250 人利用	101.51 Mbps Ping: 18 ms 570,261.00 GB ログ記録ポリシー： ログ記録 2 週間保存	✓ SSL-VPN 接続方法 TCP: 443 UDP: サポート	✓ L2TP/IPsec 接続方法	✓ OpenVPN 設定ファイル TCP: 443	✓ MS-SSTP 接続方法 SSTP ホスト名 : public-vpn-255.open gw.net	By Daiyuu Nobori, Japan. A cademic Use Only.	2,958,032

　設定は簡単です（画面2）。iPhone/iPadなら［設定］→［一般］→［VPNとデバイス管理］から「VPN構成を追加」で、Windowsなら［設定］→［ネットワークとインターネット］→［VPN］で開く画面から「VPN接続を追加する」でそれぞれ設定します。どちらも、つくばVPNを利用するなら「タイプ」はL2TP/IPsecが推奨です。

▼画面2　VPN設定画面（左：iPhone、右Windows 10）

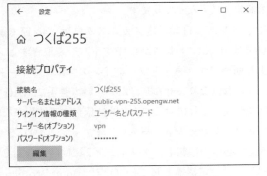

自動IPアドレス管理

アドレスの付与と設定は、プライベートネットワークに限らずすべてのネットワークで発生する業務なので、怠惰と短気と傲慢の3美徳を兼ね備えたネットワークエンジニアにとり、この面倒な業務の省力化は重大事です。

IPアドレスは重複が発生しないように適切に管理しなければなりませんが、数台レベルのホームネットワークでさえ、どれが付与済みでどれが未使用かを把握するのは面倒なものです。勤勉な管理者であっても、いつの間にか使われなくなったホストには気付かないかもしれませんし、不埒なユーザが勝手にIPアドレスを詐称するのを事前には察知できません。重複すればネットワーク全体に不具合が生じます。不幸なことに、IPアドレス重複設定の犯人は、容易には割り出せません。

そこで、IPアドレスの付与と設定を自動化する技術が考案されました。**DHCP**（Dynamic Host Configuration Protocol）と言います。フルに読むときは「ダイナミック ホスト コンフィギュレーション プロトコル」と身も蓋もないカタカナの羅列ですが、意訳すれば「自動ホスト設定機構」です。仕様はRFC 2131で規定されています。

DHCPでは、起動したてのまっさらなホストはDHCPサーバと通信し、IPアドレスやサブネットマスクなどのネットワーク設定情報を自動的に取得します。サーバに必要な情報を設定してしまえば、以降、IPアドレス管理業務はほとんど不要になります。自動なので、ユーザの設定ミスもなくなります。

IPアドレスの自動設定メカニズムには、4-2節で説明したRARP（逆ARP）もあります。RARPはMACアドレスからIPアドレスを取得するメカニズムなので、RARPサーバの管理が少し面倒です。ネットワークインタフェースカードが交換されたらMAC−IP対応表を更新しなければなりませんし、だいたい、勝手にMACアドレスを生成する仮想マシンには追い付けません。これに対し、DHCPは依存する情報がないので管理は簡単で、しかも、サブネットマスクやデフォルトゲートウェイアドレスやDNSサーバなど、ホストがTCP/IP通信をするうえで必須の情報も、クライアントに同時に通知できます。

同じ自動設定機構としてBOOTP（Boot Protocol）を紹介する古い教科書もありますが、まず使われません。ただ、そのポート番号をDHCPが借用したので、サービス名（プロトコル名）は今もbootpと記述されます。IANAの「Service Name and Transport Protocol Port Number Registry」もbootpと記載しています。BOOTPを見たら、よほどのことでもなければDHCPと読み替えても問題ありません。

DHCPの通信方法

DHCPはトランスポート層プロトコルにUDPを用いる、クライアントサーバモデルのサービスです。IPアドレスを持たないホストがTCP/IP通信を行うという一見矛盾した操作を達

成するため、DHCPはリミテッドブロードキャストアドレスと不定アドレス（3-4節）を巧みに利用します。

サーバ側のウェルノウンポートは67番、クライアント側のポート番号は68番です。一時ポートが用いられないのは、偶然、そのポート番号で待ち合わせている他のホストがブロードキャストを受け取らないようにするためです。

DHCPの通信方法を図1に示します。

図1　DHCPのIPアドレス取得セッション

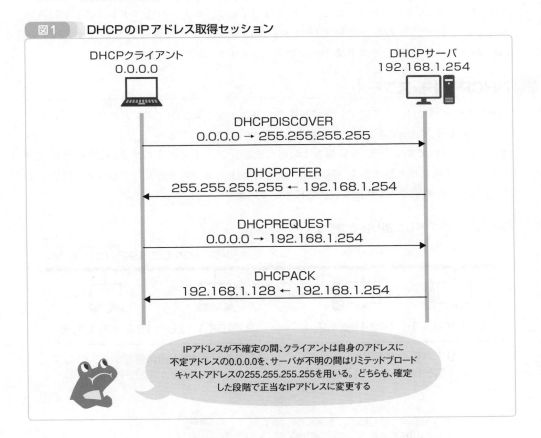

起動直後のホストには、TCP/IP通信のための情報がまったくありません。相談すべき相手のDHCPサーバのIPアドレスすら知りません。そこで、送信元IPアドレスに「不定」という意味で0.0.0.0を、宛先にリミテッドブロードキャストアドレスの255.255.255.255を用いて、ローカルネットワーク全体にDHCPメッセージをブロードキャストします。このメッセージをDHCPDISCSOVER（DHCP発見）と言います。

メッセージはネットワーク上の全ホストに受信されますが、DHCPサーバだけがこのメッセージを受領します。DHCPサーバは、要求元が利用してよいIPアドレスを書き込んだDHCPOFFER（DHCP提示）メッセージを返信します。このとき、送信元IPアドレスはDHCPサーバの正式なもの（図では192.168.1.254）を用いますが、要求元にはまだIPアドレスがないので、宛先にはリミテッドブロードキャストを用います。そのため、このメッセー

ジも全ホストに受信されます。

　ホストは、提示されたIPアドレスを利用すると決めたら、そのIPアドレスを書き込んだDHCPREQUEST（DHCP要求）メッセージを送信することで再確認をします。ホストはDHCPOFFERによってDHCPサーバのIPアドレスをすでに知っているので、このときの宛先IPアドレスはDHCPサーバのものです（ユニキャスト）。

　DHCPサーバがDHCPREQUESTに対してDHCPACK（DHCP確認）メッセージを返信すれば、DHCPによるアドレス取得セッションは完了です。ホストのIPアドレスはすでに確認されているので、このときの宛先IPアドレスは今しがた付与されたものです（図では192.168.1.128）。以降、ホストはこのIPアドレスを正式に利用できます。

DHCPアドレスプール

　DHCPサーバには、クライアントに割り当てることのできるIPアドレスのリストが必要です。これを「アドレスプール」と言います。たとえばネットワークアドレスが192.168.1.0/24であるとき、254個ある利用可能なIPアドレスのうち半分の127個をDHCPクライアント用に取り置きます。残りは、固定的なIPアドレスを必要とするホストに使います。図2は、この割り当て状況を模式的に示しています。

図2 　IPアドレス割り当てプラン

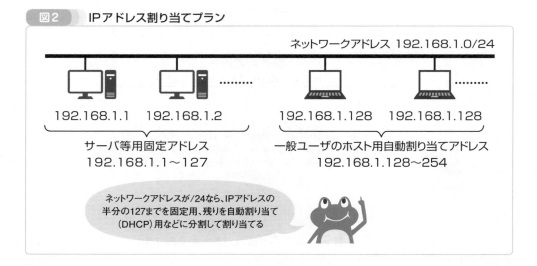

　ホームネットワークでは、DHCPサーバの役割は無線LANルータが担っています。そして、その設定インタフェースには、自動割り当ての範囲を変更するフィールドが用意されています。参考までに画面1にHuaweiのものを示します。

▼画面1　無線LANルータのDHCPサーバ設定画面

| LAN▾ | WAN | LTE Config | LTE Status | Firewall▾ | Dynamic DNS | NAT▾ | QoS▾ | Routing▾ | IPv6 | ▶ |

You can enable DHCP to dynamically allocate IP addresses to your client PCs, or configure filtering functions based on specific clients or protocols.The Smart Modem must have an IP address for the local network.

LAN IP

IP Address	192 . 168 . 124 . 254
IP Subnet Mask	255 . 255 . 255 . 0
DHCP Server	✔

IP Address Pool

Start IP	192 . 168 . 124 . 64
End IP	192 . 168 . 124 . 253
ISP DNS	☐
Domain Name	home
Lease Time	One Day ▾
Customer DNS	☐
Primary DNS	. . .
Secondary DNS	. . .

DHCPサーバの役割も兼ねている無線LANルータには、自動割り当てIPアドレスの範囲を指定する設定画面がある

Help　Save settings　Cancel

　画面ではネットワークアドレスが192.168.124.0/24で、そのうち192.168.124.64から192.168.124.253の190個が自動割り当て用に確保されています。192.168.124.254が含まれていないのは、それがこのルータのIPアドレスだからです。

アドレスの固定化

　利用可能なIPアドレスを固定用と自動割り当て用に分けるのは、DHCPが付与するIPアドレスが常に同じとは限らないからです。

　DHCPメッセージにはクライアントのMACアドレスを示すことができるので、DHCPサーバは過去の割り当て記録から、ホストが何度要求を送ってきても、以前と同じIPアドレスを割り当てることができます。しかし、そのIPアドレスがまだ未割り当てのときに限ります。すでに他ホストに割り当てられていたら、そのIPアドレスは提供できません。

　常に同じIPアドレスを必要とするホストには、固定したIPアドレスを割り振ります。画面1の例なら、198.168.124.1から192.168.124.63までのいずれかです。当然、それらホストには手動設定が必要です。NAPTで、流入側のグローバルIPアドレス・ポートと事前に対応させるプライベート側のIPアドレスも、このように固定化します。

IPアドレスの返納と有効期限

　IPアドレスを必要としなくなったホストは、そのIPアドレスをDHCPサーバに返納します。これは一般にマシンのシャットダウン時です。このとき、クライアントはDHCPサーバにDHCPRELEASE（DHCP解放）メッセージを送信します。これで、DHCPサーバは数少ないIPアドレスをうまく使いまわすことができます。

　もっとも、適切に終了できなかったときはメッセージを送る余裕すらありません。そうしたときのバックアッププランとして、自動割り当てのIPアドレスには有効期限（lease time）が設けられています。画面1では「One Day」、つまり24時間が設定されています。

　有効期限が切れると、DHCPサーバはそのIPアドレスを再割り当ての対象とみなします。有効期限を越えて継続使用をしたいときは、期限前（たとえば期限の半分の時間）にDHCPREQUESTメッセージをDHCPサーバに送信します。延長が認められればDHCPACKが返信されます。認められなければ、DHCPNACK（DHCP拒否）メッセージが返信されます。延長拒否されたら、ホストは有効期限後以降はそのIPアドレスを使用してはなりません。

　なお、有効期限を越えても継続使用する不埒なホストも考えられます。アドレス重複を避けるため、DHCPサーバはそのIPアドレスが使われているかどうかをGARP（4-3節）から確認するのが一般的です。ただし、DHCPにもGARPにも不正使用を正す機能は備わっていないので、問題が生じたら、管理者が出動しなければなりません。

自動割り当てIPアドレスの確認

　自動割り当てされたIPアドレスの情報は、Windowsなら ipconfig/all から確認できます。/all オプションを加えないとDHCP関連情報が出力されません。次に実行例を示します。

```
C:\temp>ipconfig/all Enter
⋮
イーサネット アダプター VMware Network Adapter VMnet1:

   接続固有の DNS サフィックス . . . . .:
   説明. . . . . . . . . . . . . . . .: VMware Virtual Ethernet Adapter for VMnet1
   物理アドレス. . . . . . . . . . . .: 00-50-56-C0-00-01
   DHCP 有効 . . . . . . . . . . . . .: はい
   自動構成有効. . . . . . . . . . . .: はい
   リンクローカル IPv6 アドレス. . . . .: fe80::908e:470f:4c6f:a021%19(優先)
   IPv4 アドレス . . . . . . . . . . .: 192.168.36.1(優先)
   サブネット マスク . . . . . . . . .: 255.255.255.0
   リース取得. . . . . . . . . . . . .: 2022年11月6日 7:49:55
   リースの有効期限. . . . . . . . . .: 2022年11月6日 17:34:55
   デフォルト ゲートウェイ . . . . . . :
   DHCP サーバー . . . . . . . . . . .: 192.168.36.254
   DHCPv6 IAID . . . . . . . . . . . .: 687886422
   DHCPv6 クライアント DUID. . . . . . : 00-01-00-01-26-8F-00-99-00-2B-67-B7-46-A5
   DNS サーバー. . . . . . . . . . . .: fec0:0:0:ffff::1%1
                                       fec0:0:0:ffff::2%1
                                       fec0:0:0:ffff::3%1
⋮
```

これによると、DHCPを介してIPアドレスを取得したのが2022-11-06の朝、有効期限はその10時間後です。

Linuxなら、（ディストリビューションによりますが）たいていは/var/lib/dhcp/dhclient.leasesというファイルに書き込まれています。次にサンプルを示します。

```
lease {
  interface "eth0";
  fixed-address 10.224.129.116;
  option subnet-mask 255.255.255.0;
  option dhcp-lease-time 3600;              ←有効期限
  option routers 10.224.129.1;
  option dhcp-message-type 5;
  option dhcp-server-identifier 10.224.129.1;    ←DHCPサーバ
  option domain-name-servers 10.224.129.1;
  option dhcp-renewal-time 1800;
  option dhcp-rebinding-time 3150;          ←更新タイミング
  option broadcast-address 10.224.129.255;
  option host-name "tk-otc-client";
  option domain-name "dd.otc";
  renew 4 2020/12/03 09:56:25;
  rebind 4 2020/12/03 10:26:09;
  expire 4 2020/12/03 10:33:39;
}
```

Windowsでは、IPアドレスの返納や再取得をコマンドから手動で行なえます。返納はipconfig/release、再取得はipconfig/renewです。前者を実行するとIPアドレスがなくなり、ネット接続が途絶えます。しかし、インターネットと通信を試みるとWindowsが自動的に再取得するので、断絶時間はほんのわずかです。

DHCPメッセージの交換例

クライアントとサーバのDHCPメッセージ交換の様子をパケットキャプチャから確認します（画面2）。

▼画面2　DHCPセッション例

No.	Time	Source	SrcPort	Destination	DstPort	Protocol	Length	Info
480	15.442938	192.168.	68	192.168.1.254	67	DHCP	342	DHCP Release - Transaction ID 0x98943a09
585	31.768723	0.0.0.0	68	255.255.255.255	67	DHCP	342	DHCP Discover - Transaction ID 0x6efc6b38
610	32.781324	192.168.1.254	67	192.168.	68	DHCP	342	DHCP Offer - Transaction ID 0x6efc6b38
611	32.781981	0.0.0.0	68	255.255.255.255	67	DHCP	360	DHCP Request - Transaction ID 0x6efc6b38
613	32.852956	192.168.1.254	67	192.168.	68	DHCP	342	DHCP ACK - Transaction ID 0x6efc6b38

最初のパケット番号480番は、クライアントからサーバに送信されたDHCPRELEASEメッセージです。これは、IPアドレス取得を最初から実行させるためにipconfig/releaseで意図的に発生させたものです。

2番目の585番は、クライアントのDHCPDISCOVERYブロードキャストメッセージです。

ポイントは送信元が不定アドレスと68番ポートの組み合わせである`0.0.0.0:68`、宛先がリミテッドブロードキャストアドレスと67番ポートの`255.255.255.255:67`であるところです。

最も右の列（Info欄）に示されているTransaction IDは、DHCPメッセージの4バイトのフィールドの値です。これは、クライアントとサーバが正しいメッセージの組み合わせを知るためのものです。複数のクライアントが一斉にIPアドレス要請メッセージを送信すれば、サーバも同じ数のブロードキャストメッセージを返送します。DHCPセッション中のクライアントはこれらすべてを受信するので、数ある中から自分に宛てられたものをピックアップしなければなりません。これを確認するのがこのフィールドで、クライアントがDHCPDISCOVERYメッセージを送信するときにランダムにセットします。サーバは応答にこれと同じ値を用います。

あとはDHCPREQUESTとDHCPPACKが続き、DHCPセッションが完了します。

DHCPメッセージにはオプションのフィールドがあり、そこにIPアドレス以外の情報を示すことができます。画面3に示すのは、画面2の最後のDHCPPACKメッセージのオプションフィールド部分です。

▼**画面3** DHCPメッセージのオプションフィールド例

No.	Time	Source	SrcPort	Destination	DstPort	Protocol	Length	Info
613	32.852956	192.168.	67	192.168.	68	DHCP	342	DHCP ACK

```
> Option: (53) DHCP Message Type (ACK)
> Option: (54) DHCP Server Identifier (192.168.    )
> Option: (51) IP Address Lease Time
> Option: (1) Subnet Mask (255.255.255.0)
> Option: (3) Router
> Option: (6) Domain Name Server
> Option: (15) Domain Name
> Option: (255) End
  Padding: 000000000000000000000000000000000000000000
```

メッセージのオプションにはサブネットマスクやデフォルトゲートウェイなど、TCP/IP通信に必要な情報を盛り込むことができる

オプションフィールドに書き込まれた最初の情報は、DHCPメッセージの種別を示すものです。あとは順にDHCPサーバのIPアドレス、リース時間（秒単位）、サブネットマスク、デフォルトゲートウェイアドレス、ドメイン名サーバのIPアドレス、ドメイン名です。可変長フィールドなので、末尾を示すENDサブフィールドでオプションの終了が示されます。

DHCPメッセージのフォーマットは割愛します。詳細はRFC 2131を参照してください。また、これらオプションの識別番号（画面の括弧の間にある数値）、その意味、フォーマットについては、次にURLを示すIANAの「Dynamic Host Configuration Protocol (DHCP) and Bootstrap Protocol (BOOTP) Parameters」に掲載されたリストから確認できます。

https://www.iana.org/assignments/bootp-dhcp-parameters/bootp-dhcp-parameters.xhtml

9-6 まとめ

本章では独立系ネットワークであるプライベートネットワークと、それをインターネットあるいは他拠点のプライベートネットワークと相互接続する方法であるNATとVPNを説明しました。また、IPアドレス設定に欠かせないDHCPも取り上げました。重要な点は次の通りです。

ポイント

- 独立系であるプライベートネットワークもTCP/IPを用い、インターネットと同じ仕組みを用いるネットワークです。ただ、公開され、フリーにアクセスできるインターネット上のホストやネットワークと混在しては事故のもとなので、特別にプライベートIPアドレスが用意されています。
- インターネットを通せないプライベートIPアドレスは、NAT（ネットワークアドレス変換）機構を用いてグローバルIPアドレスに置換してからインターネットで用います。
- 悪意ある攻撃からネットワークを守るには、ファイアウォールによるパケットの流入・流出制限メカニズムを用います。
- プライベートネットワークをインターネットを介して相互接続するにはVPN（仮想専用回線）を用います。
- VPNは、悪意ある環境で個人のデバイスを安全に利用するときにも使います。
- ネットワーク管理者の悩みの種であるIPアドレスの付与と設定は、DHCP（自動ホスト設定機構）を使えば簡単です。

第10章

ドメイン名システム

IPアドレスは4つの恣意的な10進数で構成されているので、まず覚えられません。そこで、文字ベースの名前をIPアドレスに結び付けたアドレス帳を用意することになりました。本章では、この文字記述の名前である「ドメイン名」とアドレス帳システムである「ドメイン名システム」を説明します。

10-1 ドメイン名システムとは

名前と番号を結び付ける「アドレス帳」

　　数字だけの識別子は、電話番号や各種の顧客番号の覚えにくさからわかるように、管理側には都合がよくても、ユーザには苛立ちのもとです。IPアドレスも同様です。2進数32桁をドット10進表記にしたからと言って、数字の羅列の使いにくさに変わりはありません。

　　そこで、文字ベースの名前をIPアドレスに紐付けるようになりました。この文字記述の名称を**ドメイン名**（domain name）と言います。ドメイン名はURL（12-1節）やメールアドレス（11-1節）に用いられています。たとえば、https://www.example.com や user@sales.example.org の下線部分がそれです。

　　ドメイン名はあくまでヒト用なので、TCP/IPは相変わらずIPベースでホストを識別します。そこで、ヒトとマシンを橋渡しする、ドメイン名からIPアドレスを得るメカニズムが必要になります。名前をタップすれば電話番号で発呼する携帯電話のアドレス帳と大枠では同じですが、ドメイン名はインターネット全域で通用するように設計されているので、これよりもやや複雑です。このインターネットワイドのサービスおよびそのメカニズムを**ドメイン名システム**（Domain Name System）、略して**DNS**と言います。また、ドメイン名からIPアドレスを得ることを**名前解決**（name resolution）と言います。

　　DNSの仕様はRFC 1034とRFC 1035で定められています。前者は導入部なので、DNSのコンセプトを理解したい読者向きです。後者はプロトコル（メッセージ構造）やリソースレコードなどの詳細説明なので、細かいことを知りたいときに参照します。DNSでは固有の用語が多用されますが、正確な意味を知りたいときは用語集のRFC 8499がハンディです。2019年発行なので、最新のトピックもカバーされています。

個人用アドレス帳

　　本題のDNSに入る前に、より素朴な個人用のアドレス帳を考えます。ドメイン名を入力したらそれに対応するIPアドレスを取り出して使うだけが目的なので、対応を記述したファイルとそれを参照する機能があれば事足ります。実際、DNSのなかったインターネットの黎明期には、こうしたアドレス帳が用いられていました。

　　このファイルは、Unixで/etcディレクトリ配下のhostsなので、/etc/hosts（エトセ ホスツ）ファイルと呼ばれます。Windowsにも同目的のファイルがやや深いところにあり、C:\windows\system32\drivers\etc\hostsに収容されています。

　　ファイルの中身は、IPアドレスとドメイン名を1行単位で併記したプレーンテキストです。次にWindowsのものの中身を示します。

```
C:\temp>type C:\Windows\system32\drivers\etc\hosts
# Copyright (c) 1993-2009 Microsoft Corp.
```

```
#
# This is a sample HOSTS file used by Microsoft TCP/IP for Windows.
#
# This file contains the mappings of IP addresses to host names. Each
# entry should be kept on an individual line. The IP address should
# be placed in the first column followed by the corresponding host name.
# The IP address and the host name should be separated by at least one
# space.
#
# Additionally, comments (such as these) may be inserted on individual
# lines or following the machine name denoted by a '#' symbol.
#
# For example:
#
#      102.54.94.97     rhino.acme.com          # source server
#       38.25.63.10     x.acme.com              # x client host

# localhost name resolution is handled within DNS itself.
#       127.0.0.1       localhost
#       ::1             localhost
```

#で始まる行、あるいは空行（何も書かれていない行）は無視されるので、実質的には何も書かれていません。つまり、まったく使われていません。先頭の著作権表示の最後の年号が2009年ということは、10年以上は誰も顧みていないわけです。しかし、今も使えます。

ファイル末尾に次の行を加えます（保護されたファイルなので保存には管理者権限が必要）。フォーマットは、「IPアドレス タブ 好みの名前」です。

```
113.43.215.242                     shuwasystem                    ←あと付け
```

これだけで、以降、IPアドレスを使わずとも名前でアクセスできます。pingから試します。

```
C:\temp>ping shuwasystem Enter

shuwa [113.43.215.242]に ping を送信しています 32 バイトのデータ:
113.43.215.242 からの応答: バイト数 =32 時間 =172ms TTL=50
113.43.215.242 からの応答: バイト数 =32 時間 =172ms TTL=50
113.43.215.242 からの応答: バイト数 =32 時間 =172ms TTL=50
113.43.215.242 からの応答: バイト数 =32 時間 =173ms TTL=50

113.43.215.242 の ping 統計:
    パケット数: 送信 = 4、受信 = 4、損失 = 0 (0% の損失)、
ラウンド トリップの概算時間 (ミリ秒):
    最小 = 172ms、最大 = 173ms、平均 = 172ms
```

shuwasystemと入力しただけですが、pingの応答からわかるように、ファイルに記述したIPアドレスでICMPエコーメッセージの送受が行われます。

　シンプルにして効果的ですが、個人単位でメンテナンスしなければならないのがネックです。ホストが増えたりIPアドレスに修正があれば、各人がその都度ファイルを更新しなければなりません。全員で同じ名前を共有するのなら、協調して管理しなければなりません（昔は実際そうしていました）。

　誰が使っても同じ名前から同じIPアドレスを参照でき、アップデートも個人レベルでは必要のないメカニズムがほしい。そう、DNSの出番です。

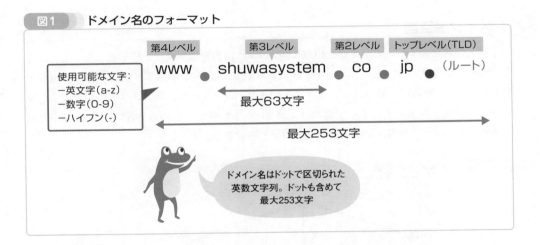

10-2 ドメイン名

ドメイン名のフォーマット

ドメイン名は、図1のように複数の文字列をドット . で組み合わせて構成されます。

図1　ドメイン名のフォーマット

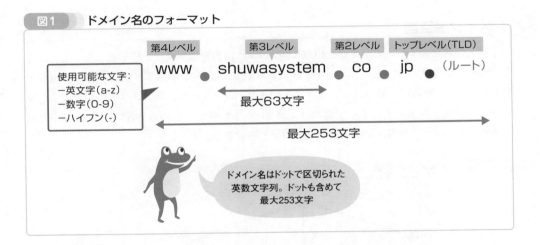

第4レベル　第3レベル　第2レベル　トップレベル（TLD）

www . shuwasystem . co . jp . （ルート）

使用可能な文字:
- 英文字（a-z）
- 数字（0-9）
- ハイフン(-)

最大63文字

最大253文字

ドメイン名はドットで区切られた
英数文字列。ドットも含めて
最大253文字

それぞれの文字列を**ラベル**（label）と言い、使用できる文字はASCII文字のうち次の63文字に限られています。

- 英文字（aからzまでの大文字小文字52文字）
- 数字（0から9までの10文字）
- ハイフン-

大文字小文字は区別されないので、wwwもWWWもwWwも同じラベルとして扱われます。したがって、使える文字は実質37文字です。ハイフンはラベル先頭では使用できないので、たとえば-wwwは認められません。

1つのラベルの最大長は63バイトです。バイト数でカウントしているのは、マルチバイト文字を使える国際化ドメイン名では1文字＝1バイトと限らないからです（10-3節）。DNSそのものには最小長に規定はありませんが、レジストリ（後述）によっては運用上の制約を設けているところもあります。

最も右のラベルを**トップレベルドメイン**（Top Level Domain）、略して**TLD**と言います。図1のTLDはjpです。以降のラベルにはとくに名前はなく、順に第2レベルドメイン（図ではco）、第3レベルドメイン（shuwasystem）と右からの順番で呼ばれます。

TLDの右側のドットの先には、空文字で書かれたラベルが置かれています。ない文字なの

で、図では見えません（ので、「ルート」と薄く書いています）。この空文字を**ルートドメイン**（root domain）と言います。もっとも、ドメイン名を記述するときはたいてい省かれます。ルートドメインの存在を強調したいときは、空文字は省いて.だけ残します。たとえば、www.shuwasystem.co.jp.です（右端のドットに注目）。

1つのドメイン名に収容できるラベルの数にとくに制限はありません。ただし、ドットも含めて全体で253バイトまでと定められています。

ドメイン名空間

ドメイン名は、ルートドメインを頂点に図2のように樹形図（ツリー構造）として描くと全体像が把握しやすくなります。ルートドメインの直下にはTLDがあり、現在、jpやcomなど約1,600ほどの種類が登録されています。その下には第2レベル、第3レベルと続きます。ツリーの深さはドメイン名によって異なり、第2レベルで終わるものもあれば、第4、第5と続くものもあります。ツリーの線（エッジ）は.と解釈できます。

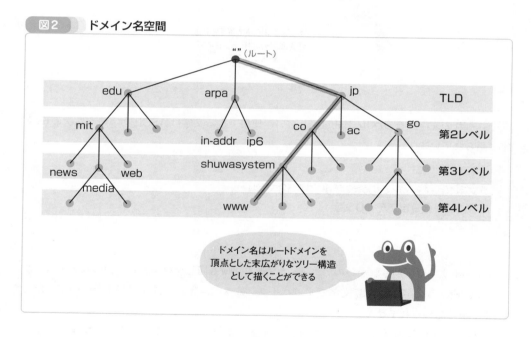

図2　ドメイン名空間

ルートドメインを頂点としたドメイン全体を**ドメイン名空間**（domain name space）と言います。

FQDN（完全修飾ドメイン名）

ドメイン名空間の構造は住所空間と同じです。

住所では、ルートドメインは「地球」です。言うまでもないので、たいていは書きません。トップレベルは国です。以下、都道府県、市町村、地区名、番地の順に大きなエリアを小さなエリアに段階的に区分化しています。住所を記述するときは、トップレベルから最下端の

番地（リーフノード）までツリーをたどっていきます。

　ドメイン名でもルートドメイン""をスタートし、jp、co、shuwasystem、wwwの順にツリーを下ります（図2の太線）。あとはこれらの間にドットを挟んで連結し（"".jp.co.shuwasystem.www）、上下反転させて（www.shuwasystem.co.jp.""）、末尾のルートを（冗長なので）外せば、www.shuwasystem.co.jpが得られます。

　ルートから書き起こしたドメイン名を**完全修飾ドメイン名**（Fully Qualified Domain Name）と言います。訳がこなれていないこともあって、頭字語の**FQDN**で通っています。

　ツリー構造は、重複しない名前を生成するのに便利です。あるラベル（たとえばjp）の直下でラベルが重複していなければ、別系統（たとえばedu）に同じ名のラベルがあっても、頂点から末端までの経路にあるノードのリストであるFQDNに重複が生じないことが保証されるからです。同じ地区名があっても、県や市が異なれば異なる地名として扱われるのと同じ塩梅です。

ドメイン名の管理とゾーン

　ドメイン名はIPアドレス同様、重複が発生しないように管理されています。しかし、その数は1組織では管理できないほど膨大なものです。そこで、管理組織は図3に示すようにドメイン名空間構造に沿って構造化されます。

図3　ドメインのゾーン

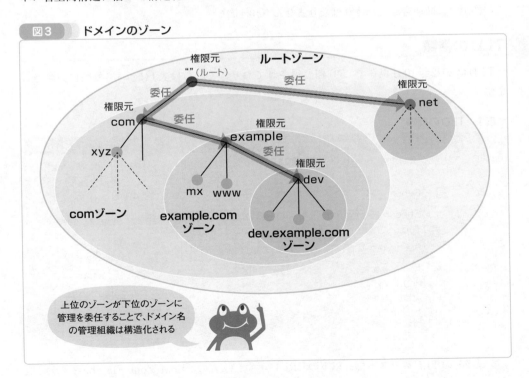

上位のゾーンが下位のゾーンに管理を委任することで、ドメイン名の管理組織は構造化される

　ルートドメインとその配下、すなわちドメイン名空間全体はICANN/IANA（3-6節）が管

理しています。xxxx.""のような新しいTLDが必要になったら、ICANN/IANAに申請します。

　ただし、ICANN/IANAの管理範囲はTLDのラベルまでで、その下のレベルは他組織に管理が委任されています。委任先は、comならVerisign社、jpなら日本レジストリサービス（JPRS）です。委任先のこれら登録管理組織を**インターネットレジストリ**（Internet registry）、あるいは短く**レジストリ**と言います。ユーザは、xxxx.comなど第2レベルのドメインが必要になったら、当該レジストリに申請します。

　このように管理組織が管理するドメイン名の範囲を**ゾーン**（zone）と言います。図全体を囲んでいるのがルートの管理範囲のルートゾーン、その内側のcomを囲んでいるのがそのゾーンです。

　トップレベルのゾーンだけでも1組織が管理するには膨大すぎます。そこで、インターネットレジストリは配下のドメインの管理をさらに別組織に委任します。こうした下部組織を**レジストラ**（registrar）と言います。たとえば、図中comゾーンの内側にあるexample.comゾーンを委任します。example.comも、その内側のdev.example.comの管理を他組織に委任します。これもゾーンです。内包関係にありますが、それぞれは管理組織としては独立しているところがポイントです。

　各ゾーンには、内部のドメイン名の情報を集約したサーバがあります。これを**権限元**（Start of Zone Authority）、略してSOAと言います。ドメイン名からIPアドレスを解決するには、この権限元に問い合わせなければなりません（10-4節）。

TLDの種類

　TLDは2022年10月現在で1,591個登録されており、これらは表1に示す6種類に分類されます。

▼**表1　TLDの種類**

分類	意味	説明	数	例
ccTLD	Country Code TLD	2文字の国コードを使った国単位のTLD。	316	jp、us、nz
gTLD	Generic TLD	汎用TLD。	1,246	com、net
grTLD	Generic Restricted TLD	汎用TLDと同じだが、利用が限られている。	3	biz、name
sTLD	Sponsored TLD	特定のグループを代表するTLD。	14	edu、gov
infrastructure	Address and Routing Parameter Area	DNS逆引きで用いる。	1	arpa
test	--	試験用。実用には供されない。	11	test、テスト

　登録済みのTLDのリストは、以下のURLに示すIANAの「Root Zone Database」から取得できます（表に示した数はここから抽出しました）。

https://www.iana.org/domains/root/db

●ccTLD－国コード

jp（日本；Japan）やuk（英国；United Kingdom）など2文字構成の国コードを用いて、地理的な国や地域を指し示すときに用います。必ずしも現在の国家とは限らず、国家の集合体であるeu（欧州連合；European Union）や英国の一部のfk（フォークランド諸島；Falkland Islands）などもあります。また、国家であるツバルを指し示すtvがテレビ関係の組織にも使われるように、国や地域以外の用途にも用いられるccTLDもあります。

●gTLD－汎用

com（商業組織；commercial）やnet（通信網組織；network infrastructure）など組織・団体の性質にもとづくTLDです。ドメイン名システムが運用され始めたころは5つ程度しかありませんでしたが、今では1,000を超えており、TLDの中では最も多い分類です。

●grTLD－制限付き汎用

もともとはgTLDの一部でしたが、ドメイン名登録により厳しい審査が必要なものです。現在、biz（ビジネス）、name（個人名）、pro（専門職組織）の3つしかありません。

●sTLD－団体

代表者が明確な任意団体のためのTLDで、米国の高等教育機関用のedu、米軍のmil、万国郵便連合のpostなどがあります。

●infrastructure－逆引き

IPアドレスからドメイン名を得る逆操作のために用意されたTLDで、arpaだけが登録されています。逆引きの用法は10-5節のPTRレコードの箇所で示します。

●test－試験用

主として新規のDNSシステムのテストに使うもので、実際に使用に供されることはありません。11個と比較的数多くあるのは、テストや測試のようにtestの各国語版があるからです。

●予約済みドメイン

RFC 2606は、testに加えて、存在はするが使われることはないTLDおよび第2レベルドメインを定めています。表2にこれらを示します。

▼表2　予約済みドメイン名

ドメイン名	レベル	主たる用途
test	TLD	新規DNSシステムのテスト。
invalid	TLD	ドメイン名を確実に無効化する。
localhost	TLD	ループバックアドレス用。

example	TLD	文書の例示用。
example.com	第2	同上。
example.net	第2	同上。
example.org	第2	同上。

　これらは、規定されたレベルより下に任意のラベルを好みの数だけ加えて使います。

　たとえば、文書等の例示に用いるexample.comならwww.example.comやchat.sales.example.comのように形成します。exampleも同様にmail.exampleのように使います。

　invalidはあまり用例がありませんが、テスト用データに含まれている実在するドメイン名を無効化するときに使います。たとえば、データに顧客のメールアドレスuser@example.comがあれば、.invalidを末尾に加えてuser@example.com.invalidとすることで無効化します。これで、テスト中に怪しげなメールを顧客に送るようなミスが避けられます。

　localhostは127.0.0.1/8などのローカルループバックアドレス（3-4節）用のドメイン名です。/8なのでホスト内部にネットワークを構成することもでき、そのときの（ローカルな）DNSサーバの設定に利用できます。

● ccTLDとISO 3166-1

　ccTLDは、国際標準機関（ISO：International Standarization Organization）のISO 3166-1 alpha-2国際規格で定められた2文字コードを利用しています。「利用している」と書いたのは、ISO 3166-1とccTLDは必ずしも1対1ではないからです。たとえば、英国はISO 3166-1ではGBですが、ccTLDではukです。

　ISO 3166-1は現在、国連加盟国数の196か国よりも多い249個の2文字コードを定義しています。これは どこの国にも属さない南極（aq）や英国領であるフォークランド諸島（fk）などの地域にもコードが付与されているためです。

　ccTLDの2文字コードの数は上述のように現在316個で、ISO 3166-1より67個多くなっています。これは歴史的経緯や名前の互換性を保つためにISO 3166-1にはない、またはそこから抹消されたコードがccTLDに定義されているからです。たとえば、ISO 3166-1にはeu（European Union）はありませんが、ccTLDにはあります。

　ISO 3166-1という規格を耳にすることはあっても、ネットワークエンジニアが実際にこれを参照する必要はほとんどありません。興味のある方は、Wikipediaの「ISO 3166-1」を参照してください（ISOのオリジナルの文書は有償です）。

● WHOISサービス

　ドメイン名はIANAやレジストリが集約して管理している公知の情報なので、WHOISサービスを利用して検索できます。WHOISはWebと同じように、要求メッセージを送るとその情報を返すインターネットサービスです（TCP43番ポートを使用）。それ専用のクライアントソフトウェアもありますが、昨今では、各レジストリが運用しているサイトに必ずと言って

よいほど用意されている WHOIS 検索フィールドから利用できます。表3にこれらサイトのほんの一例を示します。

▼**表3　WHOIS サービスサイト例**

ドメイン名	提供元	URL
ルート	IANA WHOIS Service	https://www.iana.org/whois?q=com
.jp	日本レジストリサービス（JPRS）	https://whois.jprs.jp/
.com、.net	Verisign	https://webwhois.verisign.com/
.nz	Domain Name Commission NZ	https://dnc.org.nz/whois/whois-lookup/

JPRSのサービスから、shuwasystem.co.jpを検索した結果を画面1に示します。

▼**画面1　JPRS の WHOIS サービスから** shuwasystem.co.jp **を検索**

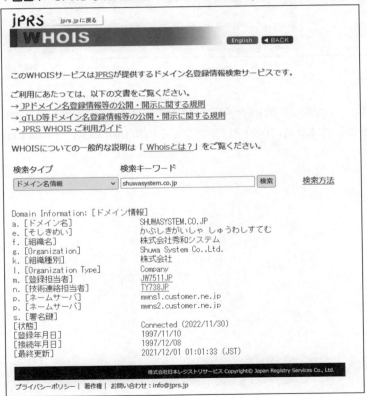

　[検索キーワード] 直下のフィールドに調べたいドメイン名を入力し、[検索] をクリックするだけです。キーワードの選択にはやや試行錯誤が必要なときもあり、たとえばwww.shuwasystem.co.jpのように最下端のレベルのラベルまで含めると、そこまではJPRSで管理していないので、結果が得られません。

　apple.comのような、他のレジストリが管理しているドメイン名を問い合わせても同様です。

そのときはそのレベルを管理しているレジストリ（comならVerisign）のサイトから調べます。TLDとレジストリはIANAの「Root Zone Database」（前出）から対応付けられます（画面2）。

▼**画面2　IANA Root Zone Database**

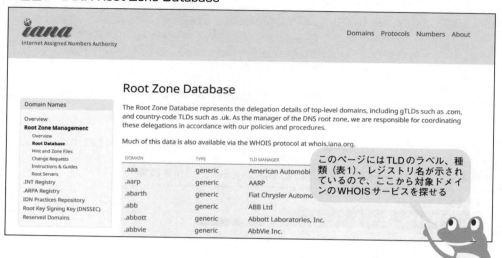

もっとも、ページのリンクから直接WHOISサービスに行けるわけではないので、別途検索した方が早道かもしれません（たとえば、リストのトップにある米国自動車協会の.aaaは「aaa whois」で検索します）。

10-3　国際化ドメイン名

和文字を使ったドメイン名

　ドメイン名で認められた文字は英数文字だけですが、渋谷駅.jpのようにラベルにUnicode文字を用いたドメイン名も利用できます。このような非ASCII英数文字を用いたドメイン名を**国際化ドメイン名**（Internationalized Domain Name）、略してIDNと言います。

　使用可能文字が英数文字だけと言っておきながら和文字も使えるは矛盾していますが、Unicodeコードを一定の方法でASCIIコードに置換すれば可能です。DNS自体は相変わらず英数オンリーマシンですが、アプリケーションがドメイン名解決をする前に英数文字に変えてしまえばよいだけの話です。たとえば、次のように変換します。

```
国立極地研究所.jp ⇒ xn--vcsoey76a2hh0vtuid5qa.jp
```

　先頭にxn--とあるのが、英数文字化したドメイン名であることの印です。

　国際化ドメイン名は、英数文字化すると文字数が長くなります。上記だと、10文字が28文字になります。ラベルの最大長規定は英数文字化したときの長さに適用されるので、ドメイン名を選ぶときには注意が必要です。

使ってみる

　いつものpingから試します。国際化ドメイン名を利用した日本のサイトは現在約千弱ありますが、ここでは上記の国立極地研究所.jpをテストに使います。

```
C:\temp>ping -n 1 国立極地研究所.jp Enter

xn--vcsoey76a2hh0vtuid5qa.jp [117.104.133.171]に ping を送信しています 32 バイトのデータ:
117.104.133.171 からの応答: バイト数 =32 時間 =144ms TTL=244

117.104.133.171 の ping 統計:
    パケット数: 送信 = 1、受信 = 1、損失 = 0 (0% の損失)、
ラウンド トリップの概算時間 (ミリ秒):
    最小 = 144ms、最大 = 144ms、平均 = 144ms
```

　出力の先頭にあるxn--vcsoey76a2hh0vtuid5qa.jpが英数文字化されたドメイン名です。注意しなければならないのは、変換をしているのはアプリケーション（正確には10-4節のレゾルバ）であり、DNSによるドメイン名解決には英数文字化された方を用いるという点です。

変換テスト

変換方式は多対1対応（何万文字ものUnicode文字を37文字の英数にマッピングする）が絡んで複雑なのでここでは割愛しますが、Punycodeと呼ばれる方式を用いています（RFC 3492で規定されています）。中身を知らなくても、困りはしません。次の日本レジストリサービスが提供する「日本語JPドメイン名のPunycode変換・逆変換」から試せます。

```
https://punycode.jp/
```

画面1では秀和システム.jpを入力し、xn--xcke3b8f288rxw7b.jpを得ています。

▼**画面1　日本レジストリサービスの国際化ドメイン名テストページ**

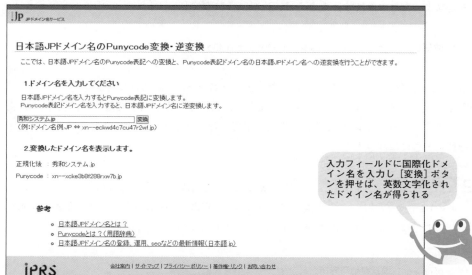

秀和システム.jpというドメイン名は存在しません。国際化ドメイン名を英数文字化するのにDNSは直接関係はないので、変換だけならどんな文字列でも構わないのです。

Pythonからも国際化ドメイン名を相互変換できます。デフォルトのまま（インポートなしで）str.encode()メソッドのエンコーディングメソッドにidna（Internationalized Domain Name for Applicationの略）を指定すれば英数文字化が、str.decode()なら逆変換がそれぞれできます。次にインタラクティブモードから変換と逆変換を示します。

```Python
>>> '国立極地研究所.jp'.encode('idna') Enter
b'xn--vcsoey76a2hh0vtuid5qa.jp'
>>> b'xn--vcsoey76a2hh0vtuid5qa.jp'.decode('idna') Enter
'国立極地研究所.jp'
```

10-4 DNSによる ドメイン名解決

レゾルバ—DNSへの入り口

ドメイン名からIPアドレスを解決しなければならないアプリケーションはWebブラウザ、メールクライアント、SNSアプリなど数多くあります。それぞれのアプリケーションに名前解決機能を組み込むのでは効率がよくないので、ホスト（PC）にOSレベルで1つだけ用意します。これを**レゾルバ**と言います。名前をresolve（解決）するものなので、resolverです。強いて訳せば「解決器」です。

レゾルバによる名前解決の手順を図1に示します。

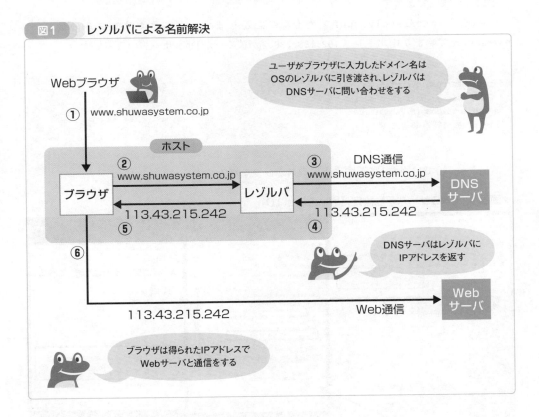

図1 レゾルバによる名前解決

ユーザがWebブラウザなどのアプリケーションにドメイン名を入力すると（図中①）、アプリケーションはそのドメイン名をレゾルバに引き渡します（②）。そして、レゾルバが「最寄」のDNSサーバにドメイン名を送信すると（③）、DNSサーバが対応するIPアドレスを返信します（④）。レゾルバがIPアドレスをアプリケーションに返せば（⑤）、アプリケーションはそのIPアドレスを使って宛先（ここではWebサーバ）と通信をします（⑥）。

　図中③と④のDNS通信の経路のトランスポート層には、UDP（7-3節）が用いられます。そのウェルノウンポートは53番です。通信プロトコルの10-6節で説明します。

● DNSサーバを設定する

　「最寄」のDNSサーバは、一般に自分の属するネットワークに属するローカルなものです。これを**ローカルDNSサーバ**（local DNS server）と言います。ホームネットワークなら、これは複合機としての無線LANルータ（2-5節）に組み込まれた機能です。

　レゾルバがローカルDNSサーバと通信できるようになるには、ホストにはあらかじめそのIPアドレスを設定しておかなければなりません。これは通常、9-5節のDHCPを介してIPアドレス取得時に設定されます。

　手動でも設定できます。

　Unixなら/etc/resolv.confファイルに記述します。次に示すサンプルの最終行、nameserverで始まりIPアドレス192.168.239.2が続く行がDNSサーバの設定です。

```
$ cat /etc/resolv.conf Enter
# Generated by NetworkManager
search localdomain example.com
nameserver 192.168.239.2                    ←DNSサーバ
```

　Windows 10では画面1に示すように数ステップを踏みます。

▼画面1　DNSサーバ手動設定（Windows 10）

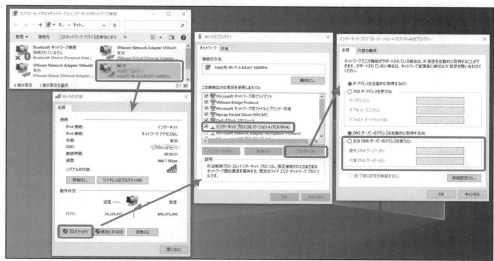

1.[検索バー] から「ネットワーク接続の表示」を検索します。コントロールパネルに属する [ネットワークとインターネット] の [ネットワーク接続] ウィンドウが表示されます。

2. いくつか表示されるネットワークデバイスから、設定したいものを選びます。図では「Wi-Fi」を選択したので、[Wi-Fiの接続] ウィンドウが表示されます。
3. [プロパティ] ボタンをクリックすると、[Wi-Fiのプロパティ] ウィンドウが表示されます。
4. 「この接続は次の項目を使用します」の中から「インターネット プロトコル バージョン 4 (TCP/IPv4)」を選択したうえで [プロパティ] ボタンをクリックすると、[インターネット プロトコル バージョン 4 (TCP/IP) のプロパティ] ウィンドウが表示されます。
5. [全般] タブの下方、「次のDNSサーバーのアドレスを使う」をチェックし、サーバのIPアドレスを入力します。

DNSサーバは複数設定できます。複数あれば優先度の高い方を通常は用い、それが通信不能になったときに他と切り替えます。画面1で「優先DNSサーバー」とある方が「代替DNSサーバー」よりも優先度が高くなっています。Windowsの設定では2つまでしか入力できませんが、Linuxの場合は/etc/resolv.confに3つまで指定できます。行が上の方が高い優先度です。

DNSサーバを確認する

設定したDNSサーバは、Windowsではipconfigから確認できます。デフォルトでは表示されないので、詳細表示モードの/allオプションを加えます。次に実行例を抜粋で示します。

```
C:\temp>ipconfig/all Enter
 :
イーサネット アダプター VMware Network Adapter VMnet1:

   接続固有の DNS サフィックス . . . . .:
   説明. . . . . . . . . . . . . . . .: VMware Virtual Ethernet Adapter for VMnet1
   物理アドレス. . . . . . . . . . . .: 00-50-56-12-34-56
   DHCP 有効 . . . . . . . . . . . . .: はい

   DNS サーバー. . . . . . . . . . . .: 8.8.8.8
   NetBIOS over TCP/IP . . . . . . . .: 有効
 :
```

出力で「DNS サーバー」とある行がそれです。なお、8.8.8.8は、誰でも使えるGoogleの公開DNSサーバです。自分のインターネットプロバイダのものが故障したときに便利です。

名前解決の流れ

ローカルネットワークの小さなローカルDNSサーバに、インターネットに散らばる膨大な数のドメイン名が収容できるわけはありません。したがって、レゾルバの要求に知らないものがあれば、他所に問い合わせなければなりません。

この問い合わせは、10-2節のゾーン管理図（図3）をたどることで行われます。ドメイン名をwww.shuwasystem.co.jpとして、名前解決の流れを図2に示します。

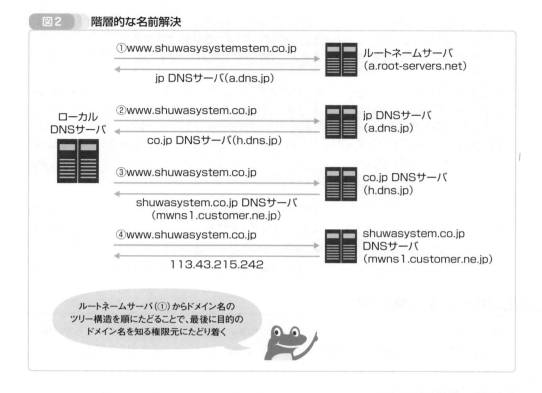

図2 階層的な名前解決

ローカルDNSサーバはまず、ドメイン名空間頂点（."")の権限元である**ルートネームサーバ**（root name server）にwww.shuwasystem.co.jpを問い合わせます（図①）。しかし、ルートネームサーバはTLDについては知っているものの、第2レベル以下の詳細は知りません。そこで、jpの権限元であるa.dns.jpを参照情報として問い合わせもとに返送します。

これに対し、ローカルDNSサーバはa.dns.jpにwww.shuwasystem.co.jpを問い合わせます（②）。a.dns.jpはjp直下のco.jpやac.jpについては権限元ですが、第3レベル以下の詳細は知りません。そこで、co.jpの権限元であるh.dns.jpを返送します。

ローカルDNSサーバはそこでh.dns.jpに問い合わせます（③）。今度はshuwasystem.co.jpの権限元であるmwns1.customer.ne.jpを紹介されるので、こちらに問い合わせます（④）。このDNSサーバはshuwasystem.co.jpゾーンの権限元なので、対応するIPアドレスを返送できます。これでローカルDNSサーバは、やっと最初の問い合わせもとであるレゾルバにIPアドレスを返すことができます。

ルートネームサーバ

ローカルDNSサーバにはルートネームサーバのIPアドレスはあらかじめ記憶されています。管理が面倒に思われるかもしれませんが、全部で13しかなく、そのアドレスはまず変更されないので問題はありません。

自分でDNSサーバを運用する必要が生じても、問題はありません。次にURLを示すIANA

の「Root Files」ページからダウンロードできます。

https://www.iana.org/domains/root/files

さわりの部分だけ抜粋したものを、参考に次に示します。

```
;        last update:    October 12, 2022              ← 最終更新日

ルートネームサーバその1（Aサーバ）。
.                      3600000      NS    A.ROOT-SERVERS.NET.
A.ROOT-SERVERS.NET.    3600000      A     198.41.0.4
A.ROOT-SERVERS.NET.    3600000      AAAA  2001:503:ba3e::2:30

ルートネームサーバその2（Bサーバ）。
.                      3600000      NS    B.ROOT-SERVERS.NET.
B.ROOT-SERVERS.NET.    3600000      A     199.9.14.201
B.ROOT-SERVERS.NET.    3600000      AAAA  2001:500:200::b
```

ルートネームサーバのIPアドレス、ドメイン名、そしてその管理運用担当のリストは、画面2に示すIANAの「Root Servers」からも確認できます。

▼**画面2　13のルートネームサーバ**

URLは次の通りです。

https://www.iana.org/domains/root/servers

　13のネームサーバにもドメイン名が付与されており、左列に示されたように.root-servers.netの先にaからmのアルファベット1文字を付けた構成です。それぞれの管理元は右列に示されています。たとえば、aルートネームサーバは米国バージニア州に本拠地を置くVerisign社が管理運用しています。全13のうち、10までが米国に拠点を持つ組織です。2組織は欧州（iとk）、1組織は日本（m）です。

● ルートネームサーバの所在

　13では世界中からの問い合わせを捌くには少ないと思われるかもしれませんが、13はクラスタの数です。実際に処理するサーバマシン（インスタンス）は1,500台以上あり、世界中に分散しています。設置状況は、画面3に示す「Root Server Technical Operations Association」のトップページに用意されているので確認してください。

▼**画面3　ルートネームサーバの設置状況**

　URLは次の通りです。

https://root-servers.org/

中国と韓国の間くらいに「58」とあって日本に1つもないように見えるのを怪訝に思われたかもしれませんが、ズームインすれば、日本に22インスタンスが稼働しているのが確認できます。試してください。

キャッシュと有効期限

名前解決に話を戻します。図2の階層的な名前解決では、問い合わせのたびにローカルDNSサーバがルートネームサーバと通信することになります。1,500台規模のクラスタであっても、インターネットに属する無数のホストが頻繁にアクセスしてくれば、さすがに処理は困難です。

そこで、ローカルDNSサーバは先の問い合わせ結果を一定期間は保持します。過去にjpの問い合わせがあれば、記憶していた参照情報を利用します。これをDNSサーバの**キャッシュ**と言います（4-2節のコラム参照）。

キャッシュは一定期間後は廃棄されます。廃棄後に問い合わせがあれば、レゾルバは階層的名前解決を最初から行います。

キャッシュの保持期間を**TTL**（Time To Live）と言います。TTL値は権限元が設定します。先ほど示したルートネームサーバのリストに埋め込まれている「3600000」がそれで、単位は秒数なので、これは1,000時間（約42日）です。

Windowsのキャッシュ

Windowsホスト（のリゾルバ）も問い合わせ結果をキャッシュします（Linuxはしません）。ユーザが入力したドメイン名に対応する情報がキャッシュにあれば、WindowsはローカルDNSサーバに問い合わせすることなくキャッシュの情報を返します。

WindowsのDNSキャッシュはipconfig/displaydnsコマンドから確認できます。次に実行例を示します（長いので1つのドメイン名についてだけです）。

```
C:\temp>ipconfig/displaydns Enter
 :
    jprs.jp
    ----------------------------------------
    レコード名 . . . . . . . . : jprs.jp
    レコードの種類 . . . . . : 1
    Time To Live  . . . . . .: 121
    データの長さ . . . . . . : 4
    セクション . . . . . . . : 回答
    A（ホスト）レコード . . . : 117.104.133.164
 :
```

「レコード名」がドメイン名です。「Time To Live」がキャッシュの有効期限で、ここでは121秒です。その他については、DNSプロトコルを説明する10-6節で取り上げます。

キャッシュをクリアするには`ipconfig/flushdns`を使います。もっとも、普段使いでは利用することはほとんどありません。

```
C:\temp>ipconfig/flushdns Enter

Windows IP 構成

DNS リゾルバー キャッシュは正常にフラッシュされました。
```

nslookupによるドメイン名解決

ドメイン名からIPアドレスを調べるには、nslookupコマンドを用います。他にもいろいろなツールがありますが（Unixではdigの方がポピュラー）、プラットフォームを問わず利用できるので便利です。

使い方は簡単で、引数にドメイン名を指定するだけです。Windowsでwww.google.comを調べたときの出力を次に示します。

```
C:\temp>nslookup www.google.com Enter
   ：
権限のない回答:
名前:    www.google.com
Addresses:  2404:6800:4006:80a::2004
         142.250.76.100
```

最初の2行がローカルDNSサーバの情報、「権限のない回答」以下が問い合わせに対する回答です。IPv6とIPv4のアドレスが返ってきていることがわかります。

権限のない回答（Non-authoritative answer）は、この情報がローカルDNSサーバのキャッシュから引き出されたことを示しています。

より細かい用法は、次節で取り上げます。

10-5 DNSレコードタイプ

リソースレコードタイプ

ドメイン名には、IPアドレス以外の情報も紐付けられます。これは、氏名を索引としたアドレス帳に電話番号、住所、メールアドレス、SNSアカウントなど多様な情報を書き込むことができるのと同じ塩梅です（図1）。

図1 氏名・ドメイン名を索引としたアドレス帳の構成

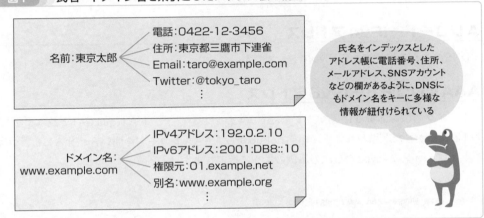

名前：東京太郎
電話：0422-12-3456
住所：東京都三鷹市下連雀
Email：taro@example.com
Twitter：@tokyo_taro
︙

ドメイン名：
www.example.com
IPv4アドレス：192.0.2.10
IPv6アドレス：2001:DB8::10
権限元：01.example.net
別名：www.example.org
︙

氏名をインデックスとしたアドレス帳に電話番号、住所、メールアドレス、SNSアカウントなどの欄があるように、DNSにもドメイン名をキーに多様な情報が紐付けられている

DNSでは、ドメイン名に関連付けられている情報を **リソースコード**（resource record）、略して RR と言います。図1で言えばIPv4アドレス（192.0.2.10）やIPv6アドレス（2001:DB8::10）です。そして、その情報の種別を**リソースレコードタイプ**（resource record type）あるいは略して「レコードタイプ」と言います。図では「IPv6」や「IPv4」です。人に連絡先を聞くときにどのメディアを使うかを明確にするように、DNSで問い合わせを行うときも、どのレコードタイプを求めているかを明示します。

リソースレコードタイプのうち、よく使うものを表1に示します。問い合わせには文字ではなくタイプに対応した数値が用いられるので、2列目に併せて示します。1列目の名称は略字なので、そのもととなった名前も3列目に示します。

▼表1 リソースレコードタイプ

レコードタイプ	コード	名前	説明
A	1	Address	IPv4アドレス
NS	2	Name Server	指定のドメイン名を管理している権限元のDNSサーバ
CNAME	5	Canonical NAME	別名（alias）に対する正式名称
PTR	12	PoinTeR	アドレス逆引き

MX	15	Mail eXchange	メールサーバ
AAAA	28	（大きな）Address	IPv6アドレス

　完全なリストは、次にURLを示すIANAの「Domain Name System (DNS) Parameters」を参照してください。

https://www.iana.org/assignments/dns-parameters/dns-parameters.xhtml

　以下、表に示したレコードタイプの説明をします。

Aレコード－IPv4アドレス

　DNSの主たる用途であるIPv4アドレスです。

AAAAレコード－IPv6アドレス

　ドメイン名に対応するIPv6アドレスです。Aを4つで「クァッドA」(quad-A) と読みます（Aの4倍長いからだと思われます）。nslookupからAAAAレコードを問い合わせるには、コマンドオプションの-typeから次の用例のように指定します。

```
$ nslookup -type=AAAA www.google.com Enter
⋮
Name:    www.google.com
Address: 2404:6800:4006:80a::2004
```

　IPv6アドレスの先頭3ビットが001なので（16進数の24を2進数に直せば00100100）、これはIPv6グローバルユニキャストアドレス（3-5節）です。

CNAMEレコード－正式ドメイン名

　ドメイン名には別名（alias）を付けられます。

　Webホスティングサービスを利用するとします。通常、サーバのIPアドレスとドメイン名はそのサービス会社のものです。しかし、他社のドメイン名をそのまま使うのでは見栄えがよくありません。そこで、自社名の入ったドメイン名を別名として用意し、これを正式なドメイン名と紐付けます。別名に対する正式名の対応を収容したのがCNAMEレコードです。

　www.shuwasystem.co.jpから試します。調べたいのはこのドメイン名（実は別名）の正式名なので、コマンドオプションには-type=CNAMEを指定します。

```
$ nslookup -type=CNAME www.shuwasystem.co.jp Enter
⋮
```

```
www.shuwasystem.co.jp    canonical name = cdn.shuwasystem.hondana.jp.
```

　回答によれば、www.shuwasystem.co.jpの正式名はcdn.shuwasystem.hondana.jpです（出版社専用ホームページ運営会社）。CNAMEレコードには正式名に対するIPアドレスは含まれていないので、正式名からIPアドレスを得るには別途Aレコードを問い合わせなければなりません。

NSレコード－権限元

　10-4節の図2で階層的な名前解決を説明しましたが、そのとき、自分が直接知っているドメイン名でなければ1つ下の権限元のDNSサーバを紹介すると述べました。このように、AレコードでなくDNSサーバを示すときにはNSレコードを使います。

　次の例では、shuwasystem.co.jpの権限元DNSサーバを問い合わせています。

```
C:\temp>nslookup -type=ns shuwasystem.co.jp Enter
 ⋮
shuwasystem.co.jp        nameserver = mwns1.customer.ne.jp
shuwasystem.co.jp        nameserver = mwns2.customer.ne.jp
```

　上記のように複数回答があるときは、どれを使っても構いません。

MX－メールアドレス

　ドメイン名はsales@shuwasystem.co.jpのようにメールアドレスの@以降でも用いられています。メールソフトウェアはメールアドレスからドメイン名部分を抽出し、DNSを介して宛先メールサーバのIPアドレスを得てからメールを送信します。

　メールアドレスのドメイン名はMXレコードと呼ばれ、CNAMEのように別のドメイン名に紐付けられています。たとえば、shuwasystem.co.jpのMXレコードは次の通りです。

```
C:\temp>nslookup -type=mx shuwasystem.co.jp Enter
 ⋮
shuwasystem.co.jp        MX preference = 10, mail exchanger = mwpremgw2.ocn.ad.jp
shuwasystem.co.jp        MX preference = 10, mail exchanger = mwpremgw1.ocn.ad.jp
```

　メール送信時には、mwpremgw2.ocn.ad.jpのAレコード211.16.12.154を使います。
　複数の回答があるところに注目してください。メールサーバの故障対策のため、MXには代替を用意するのが一般的です。このとき、どれを選択するかは優先度（preference）という数値から判断します。優先度は0から65535まで（16 ビット）の整数値で、値が小さい方が優先度が高いと解釈します。上記ではどちらも10なので優劣はありません。そのときは、メールアプリケーションが自由に決めます（リストの最初のものを使うのが一般的）。

PTR－逆引き

　IPアドレスからドメイン名を逆引きするレコードです。正確には、10-2節で説明したarpa
トップレベルドメインを使ってIPアドレスを表現するドメイン名を用意し、それに対するア
ドレスを懇請するものです。

　IPv4からドメイン名を得るには、第2レベルに`in-addr`を用いて以降にIPアドレスを逆転
したものを加えます。たとえば、IPアドレスが192.41.192.145なら、145.192.41.192.
`in-addr.arpa`というドメイン名を用います。IPv6アドレスなら`ip6.arpa`にIPv6アドレスを
逆順にしたもの連結するのですが、圧縮してはならず、しかもラベルが16進数1桁（4ビット）
単位なので、非常に長くなります。

　試してみます。まず、通常のドメイン名（`www.nic.ad.jp`はJPNICのサイトです）から
IPv4とIPv6のアドレスを取得します。そのうえで、それらからPTR用のドメイン名を用意
して、逆引きをします。

```
C:\temp>nslookup www.nic.ad.jp Enter        ←順引き。IPv4とIPv6のアドレスをドメイン名から得る。
  ：
名前：    www.nic.ad.jp
Addresses:  2001:dc2:1000:2006::80:1
            192.41.192.145

C:\temp>nslookup -type=PTR 145.192.41.192.in-addr.arpa Enter      ←IPv4アドレスから逆引き

145.192.41.192.in-addr.arpa      name = www.nic.ad.jp

C:\temp>nslookup -type=PTR 1.0.0.0.0.8.0.0.0.0.0.0.0.0.0.0.6.0.0.2.0.0.0.1.2.c.d.0.1.0.0.2
.ip6.arpa Enter                        ←IPv6アドレスから逆引き（長い）

1.0.0.0.0.8.0.0.0.0.0.0.0.0.0.0.6.0.0.2.0.0.0.1.2.c.d.0.1.0.0.2.ip6.arpa        name = ww
w.nic.ad.jp
```

　ゼロ圧縮してあるIPv6アドレス（3-5節）から、32個の16進数で構成される逆引きドメイ
ン名を生成するのは面倒ですが、Pythonなら`ipaddress`モジュールから次の要領で計算でき
ます。

```
Python
>>> import ipaddress Enter
>>> ipaddress.IPv6Address('2001:dc2:1000:2006::80:1').reverse_pointer Enter
'1.0.0.0.0.8.0.0.0.0.0.0.0.0.0.0.6.0.0.2.0.0.0.1.2.c.d.0.1.0.0.2.ip6.arpa'
```

　なお、Aレコードはほとんどの場合存在しますが、PTRレコードはとくに用意されていな
いことが多いため、回答が得られるとは限りません。

10-6 プロトコルとしてのDNS

DNSはアプリケーション層プロトコル

レゾルバの動作図（10-4節の図1）に示したように、ドメイン名の問い合わせはネットワークを介して行われます。DNSのメッセージは、図1に示すように、UDPデータグラムのペイロードに収容されて搬送されます。システムポートは53番です。

図1　DNSメッセージのカプセル化

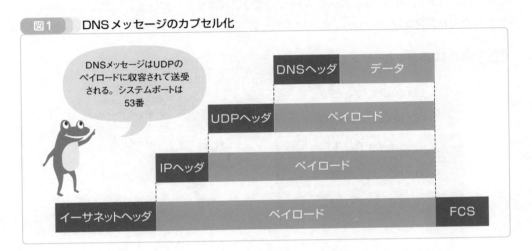

図1　DNSメッセージのカプセル化

UDPにカプセル化されるということは、これは図2に示すようにOSI参照モデルでは第7層（L7）、TCP/IPではアプリケーション層に属するプロトコルです。

図2　OSI参照モデル上のDNSの位置

OSI参照モデル		TCP/IP	プロトコル
L7	アプリケーション層	アプリケーション層	DNS、FTP、HTTP、SMTP、POP3…
L6	プレゼンテーション層		
L5	セッション層		
L4	トランスポート層	トランスポート層	TCP、UDP…
L3	ネットワーク層	インターネット層	ICMP、IP…
L2	データリンク層	リンク層	イーサネット、PPPoE…
L1	物理層		

DNSはUDPで搬送される
アプリケーション層プロトコル

DNSメッセージフォーマット

DNSも、クライアントサーバモデル（7-1節）にのっとってメッセージを交換します。つまり、リゾルバが「このドメイン名のAレコードがほしい」という要求を送れば、DNSサーバがAレコードを応答します。DNSは要求を問い合わせ（query）、応答を回答（answer）と呼びますが、用語はどちらでも構いません。

DNSの問い合わせ／回答メッセージも、他のプロトコル同様、ヘッダとデータ（ペイロード）部分に分かれます。データ部分は図3に示すように、質問（question）、回答（answer）、権限元（authority）、追加（additional）の4つの部分に構造化されています。これら部分をヘッダも含めて**セクション**（section）と言います。

図3 DNSメッセージフォーマット

Header（ヘッダ）
Question（質問）
Answer（回答）
Authority（権限元）
Additional（追加）

DNSメッセージは
ヘッダ（固定長12バイト）と
4つのセクションで
構成される

ヘッダは問い合わせ／回答に共通です。中には2バイトの識別子（Identification）フィールドがあり、レゾルバが適当な値をここに書き込んだら、応答するDNSサーバは同じ値を回答メッセージの同じ位置にコピーします。これにより、レゾルバは問い合わせと回答を対応付けられます。ヘッダには各セクションに含まれるレコードの数も示されます。

質問セクションは問い合わせで使うものですが、回答にも質問内容が明確になるように繰り返して記載されます。残りは質問内容によって加えられたり加えられなかったりします。

DNSメッセージは最大512バイトと定められています。これは、TCP/IPパケットを搬送するリンク層プロトコルは、どのようなものであれ最低でも576バイトのMTUを提供しなければならないと規定されており（RFC 1122）、このサイズならIPが1度もフラグメント化されずに宛先に到達することが保証されるからです。

DNSヘッダやそれぞれのセクションの詳細は割愛します。興味のある方はRFC 1035を参照してください。

問い合わせと回答のメッセージ

パケットキャプチャからDNSメッセージフォーマットを確認します。

ここでは、GoogleのパブリックDNSサーバ8.8.8.8に直接問い合わせを行います。nslookupでシステム設定のDNSサーバ以外を指定するには、調べたいドメイン名のあとにこ

れを記述するだけです。調べるのはwww.google.comのAレコードです。

```
$ nslookup -type=A www.google.com 8.8.8.8 Enter
Server:          8.8.8.8                    ←GoogleのDNSサーバ
Address:         8.8.8.8#53                 ←ポートは53番

Non-authoritative answer:
Name:    www.google.com
Address: 172.217.167.68
```

質問メッセージを画面1に示します。

▼画面1　DNS問い合わせメッセージ（Aレコード）

```
> Internet Protocol Version 4, Src: 192.168.    , Dst: 8.8.8.8
> User Datagram Protocol, Src Port: 59734, Dst Port: 53
∨ Domain Name System (query)
     Transaction ID: 0x5421
   > Flags: 0x0100 Standard query
     Questions: 1
     Answer RRs: 0
     Authority RRs: 0
     Additional RRs: 0
   ∨ Queries
     > www.google.com: type A, class IN
     [Response In: 533]
```

問い合わせメッセージには通常質問が1つだけ。他のセクションはない

IPデータグラムの宛先は指定通りの8.8.8.8です。使用しているトランスポート層プロトコルはUDPで、その宛先ポート番号は53番です。

「Domain Name System (query)」以下がDNSメッセージです。表題に「query」とあることから、これが問い合わせメッセージであることがわかります。続く4つのフィールドに、このメッセージに含まれているデータの数が示されています。「Questions」が1なので、質問数は1です。残り（Answer、Authority、Additional）はいずれも0ですが、問い合わせメッセージなので当然です。

質問セクション（Queries）を展開すると、www.google.com: Type A, class INとあります。問い合わせのレコードタイプがAだったことがここから読み取れます。class INのINはインターネットを意味します。DNSはインターネット以外でも利用できるように設計されているので区別のために明示しているわけですが、インターネット以外で使うことはまずないので、ここはいつも INです。

これに対する回答メッセージを画面2に示します。

▼**画面2　DNS回答メッセージ（Aレコード）**

```
>  Internet Protocol Version 4, Src: 8.8.8.8, Dst: 192.168.▒▒▒▒
>  User Datagram Protocol, Src Port: 53, Dst Port: 59734
∨  Domain Name System (response)
      Transaction ID: 0x5421
   >  Flags: 0x8180 Standard query response, No error
      Questions: 1
      Answer RRs: 1
      Authority RRs: 0
      Additional RRs: 0
   ∨  Queries
      >  www.google.com: type A, class IN
   ∨  Answers
      >  www.google.com: type A, class IN, addr 172.217.167.68
      [Request In: 532]
      [Time: 0.027881000 seconds]
```

回答メッセージには回答が1つ以上含まれる

　応答では当然ながらIPアドレスもポート番号も、送信元と宛先がひっくり返ります。

　DNSメッセージ先頭の「Transaction ID」に注目してください。これがヘッダに含まれている識別子で、画面1の値0x5421と一致します。画面1の下方に「Response In: 553」、画面2にも同様に「Request In: 532」とあるのは、Wiresharkがこの IDをもとにこれら2つのパケットを対応付けたことを示しています（数値はWiresharkのフレーム番号）。

　質問セクション数は1、回答セクション数も1です。質問セクションの中身は画面1と同じで、問い合わせメッセージからコピーされたことがわかります。回答セクションには、質問にあったドメイン名のAレコードは172.217.167.68であることが示されています。

● 権限元情報

　続いて、同じ設定でNSレコードを問い合わせます。実行したnslookupコマンドは次の通りです。

```
$ nslookup -type=ns www.google.com 8.8.8.8 [Enter]
Server:         8.8.8.8
Address:        8.8.8.8#53

Non-authoritative answer:
*** Can't find www.google.com: No answer

Authoritative answers can be found from:
google.com
        origin = ns1.google.com
        mail addr = dns-admin.google.com
        serial = 481598307
        refresh = 900
        retry = 900
        expire = 1800
        minimum = 60
```

　問い合わせメッセージは（要求レコードがNSという以外）画面1と変わらないので、回答

メッセージだけを画面3に示します。

▼**画面3　DNS回答メッセージ（NSレコード）**

```
> Internet Protocol Version 4, Src: 8.8.8.8, Dst: 192.168.▓▓▓▓
> User Datagram Protocol, Src Port: 53, Dst Port: 52561
∨ Domain Name System (response)
      Transaction ID: 0x7ca9
  > Flags: 0x8180 Standard query response, No error
      Questions: 1
      Answer RRs: 0
      Authority RRs: 1
      Additional RRs: 0
  ∨ Queries
    > www.google.com: type NS, class IN
  ∨ Authoritative nameservers
    ∨ google.com: type SOA, class IN, mname ns1.google.com
          Name: google.com
          Type: SOA (Start Of a zone of Authority) (6)
          Class: IN (0x0001)
          Time to live: 60 (1 minute)
          Data length: 38
          Primary name server: ns1.google.com
          Responsible authority's mailbox: dns-admin.google.com
          Serial Number: 481598307
          Refresh Interval: 900 (15 minutes)
          Retry Interval: 900 (15 minutes)
          Expire limit: 1800 (30 minutes)
          Minimum TTL: 60 (1 minute)
      [Request In: 509]
      [Time: 0.122297000 seconds]
```

> 回答メッセージには回答が含まれていない。あるのは権限元情報だけ

　質問数が1なのは画面2と同じですが、回答数がゼロです。その代わり、権限元セクション（Authority RRs）の数が1です。レコードタイプNSを指定したので、ドメイン名（www.google.com）の権限元DNSサーバの情報をここに書き込んでいるからです。

　セクションの詳細を見ると、nslookupの出力と同じ情報です。google.comの権限元DNSサーバはns1.google.comで、そのTTLは60秒です。

◉ ワイルドカード問い合わせ

　問い合わせるレコードタイプにはワイルドカードもあります。これは、AやNSやMXなど特定のレコードでなく「このドメイン名について知っているレコードすべて」を懇請するものです。nslookupなどDNSクライアントがこれを指定するのにANYを使うので、ANYレコードなどと呼ばれたりしますが、仕様上の名前は*です（番号は255番）。

　試してみましょう。まずはコマンドの実行とその出力です。

```
$ nslookup -type=ANY www.google.com 8.8.8.8 Enter
Server:         8.8.8.8
Address:        8.8.8.8#53

Non-authoritative answer:
Name:   www.google.com
Address: 172.217.167.68                    ← A
```

```
Name:    www.google.com
Address: 2404:6800:4006:80a::2004                          ← AAAA
www.google.com  rdata_65 = \# 13 0001000010006026832026833  ← HTTPS

Authoritative answers can be found from:
```

A、AAAAに加えて、nslookupが解析できないデータが含まれています。レコードタイプ番号が65（rdata_65）という未知の番号という以外はわからないので、そのデータを16進数値の並びで示しています。

回答メッセージのパケットキャプチャを画面4に示します。

▼**画面4　DNS回答メッセージ（*）**

```
> Internet Protocol Version 4, Src: 8.8.8.8, Dst: 192.168.
> Transmission Control Protocol, Src Port: 53, Dst Port: 61069, Seq: 1, Ack: 35, Len: 103
∨ Domain Name System (response)
     Length: 101
     Transaction ID: 0x34fc
  > Flags: 0x8180 Standard query response, No error
     Questions: 1
     Answer RRs: 3
     Authority RRs: 0
     Additional RRs: 0
  > Queries
  ∨ Answers
     > www.google.com: type A, class IN, addr 172.217.167.68
     > www.google.com: type AAAA, class IN, addr 2404:6800:4006:80a::2004
     ∨ www.google.com: type HTTPS, class IN
          Name: www.google.com
          Type: HTTPS (HTTPS Specific Service Endpoints) (65)
          Class: IN (0x0001)
          Time to live: 21600 (6 hours)
          Data length: 13
          SvcPriority: 1
          TargetName: <Root>
       > SvcParam: alpn=h2,h3
     [Request In: 27]
     [Time: 0.163208000 seconds]
```

ヘッダに示された回答数は3です。Wireshark（本書執筆時点で最新版）は65番の謎のレコードをHTTPSと判定しています。このレコードがあるとき、受け取ったWebブラウザはサーバに接続するときに必ずHTTPSを用います。まだ実験段階（RFCで正式に標準化されてはいない）ではあるものの、比較的用いられているようです。

DNSを用いた攻撃

DNSはネットワークサービスなので、使い方によっては攻撃手段ともなります。いろいろありますが、ここでは2点、考え方だけを紹介します。

まず、コネクションなしでパケットを送りつけることができるUDPを用いているので、ICMP同様、DDOS攻撃に使えます（6-7節）。しかも、権限元のDNSサーバは問い合わせを断れないので、逃げることもできません。Smurf攻撃と同じように、DNSサーバに送信元を

改ざんした問い合わせを送り、そちらからターゲットに（もともと要求してもいない）応答を集中砲火させるという手もあります。

　DNSサーバのデータ自体を改ざんすることも考えられます。これにより、正当なドメイン名（たとえば銀行）をニセサイトのIPアドレスに結び付けることで、フィッシング詐欺が容易になります。フィッシングメールへの対処策に「リンク先でマウスをホバーし、表示されたドメイン名が正当なものか確かめよ」というのがありますが、これが通じません。何しろ、ドメイン名そのものは正しいのですから。これが（偽情報により）IPアドレスになったとき（そして、ユーザにはそこまでは見えない）、初めてフィッシングサイトに誘導されるわけです。

　本章では、ヒトに優しい文字形式のホスト識別子であるドメイン名と、それをコンピュータ向けの識別子であるIPアドレスに変換するドメイン名システム（DNS）を説明しました。重要な点は次の通りです。

ポイント

- ドメイン名は英数文字で構成されたラベルとドットの組み合わせで構成されます。例：www.shuwasystem.co.jp。
- ドメイン名は階層的に構成されており、その管理運用もこの構造に沿って行われます。
- ドメイン名の解決も、このツリー構造に沿って行われます。
- ドメイン名システムはドメイン名＝IPアドレス（Aレコード）だけでなく、メールサーバを指し示すMXレコード、別名に対する正式名を対応付けるCNAMEレコード、権限元DNSサーバを教えるNSレコードなどを含む「総合アドレス帳」です。

第 11 章

電子メール

本章では、Webと双璧をなすインターネットの代表サービスである電子メールを説明します。メールサービスは数多くの標準を組み合わせて構築されていますが、本章では、そのうちでも身近なトピックを取り上げます。

11-1 メールアドレス

● メールアドレスフォーマット

メールアドレスにはいくつか記法がありますが、最も基本的なフォーマットは、図1に示すように@（アットマーク）を挟んだ2部構成です。

図1 メールアドレスのフォーマット（addr-spec）

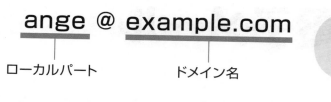

ange @ example.com

ローカルパート　　　　　ドメイン名

> メールアドレスは@マークを挟んで左側がローカルパート（ユーザ名）、右側がドメイン名（MXレコード）

アドレスフォーマットを規定するRFC 5322は、これを「addr-spec」と呼んでいます。@の右側（example.com）は宛先のメールサーバを指し示すドメイン名です。左側（ange）は**ローカルパート**（local-part）と呼ばれ、端的にはそのサーバ上のユーザ名です。郵便宛先で言えばドメイン名部分が住所、ローカルパートが氏名です。

ローカルパートは最大64バイト（ASCII文字で64文字）で、使用できる文字は次のASCII文字に限られます。

- 英数文字（a-zA-Zおよび0-9）
- 次の特殊記号：! # $ % & ' * + - / = ? ^ _ ` { | } ~
- ドット . 。ただし、文字の間に挟まっているときのみ使用可能。

ローカルパートは宛先メールサーバ上で個々のユーザを識別するユーザアカウント文字列なので、上記に加えてローカルルールも適用されます。大文字小文字を区別しないシステムでは、たとえばangeとAngeが同一と解釈されます。Gmailではサイズは6〜30文字、利用できるのは英小文字、数字、ドットに限られ、またドットはあっても無視されます（john.smithとjohnsmithは同じと解釈）。

メールアドレス全体では最長で256バイトです。

メールアドレスのドメイン名はMXレコード

ドメイン名部分はメールアドレス送付先の宛先ホスト（メールサーバ）を示します。

10-2節で述べたように、ドメイン名のラベルで利用できる文字は英数文字（a-zA-Z0-9）とハイフン–だけで、大文字小文字は区別されません。たいていは小文字で書かれるので、実質的に利用可能な文字は37種類です。

メールアドレスのドメイン名は**MX**（Mail eXchange）レコードなので、宛先ホストのIPアドレスとは直接的には結び付けられていません（10-5節）。メール送信に際してはドメイン名を抜き出し、MXレコードからメールサーバの正式なドメイン名に名前解決し、そこからA（IPv4）あるいはAAAA（IPv6）のアドレスを問い合わせます。

次の例は、nslookupを使ってxxx@shuwasystem.co.jpから宛先ホストのIPアドレスを取得しています。

```
ドメイン名部分からMXレコードを取得
$ nslookup –type=MX shuwasystem.co.jp Enter
⋮
shuwasystem.co.jp       mail exchanger = 10 mwpremgw1.ocn.ad.jp.
shuwasystem.co.jp       mail exchanger = 10 mwpremgw2.ocn.ad.jp.

上記のどちらかのドメイン名からAレコードを取得
$ nslookup –type=A mwpremgw1.ocn.ad.jp Enter
⋮
Name:   mwpremgw1.ocn.ad.jp
Address: 211.16.12.153

AAAAレコードはない
$ nslookup –type=AAAA mwpremgw1.ocn.ad.jp Enter
⋮
*** Can't find mwpremgw1.ocn.ad.jp: No answer
```

ドメイン名部分はIPアドレス直書きでも構いませんが、そのときは角括弧[]で括ります。つまり、xxx@shuwasystem.co.jpとxxx@[211.16.12.153]は等価です。IPアドレス直書きは、何らかの理由でドメイン名システムが使えないとき使用します。たとえば、外部から遮断されていてDNS名前解決すらできない軍事用などの特殊なネットワーク内で使います。

表示名付きメールアドレスフォーマット

「Ange le Carre <ange@example.com>」のように、ヒトに判別しやすい文字列名称が併記されたメールアドレスフォーマットもあります。この記法を仕様では「name-addr」と呼んでいますが、補記部分が表示名（display name）と呼ばれるので、以下、**表示名付きメールアド
レス**と呼びます。フォーマットを図2に示します。

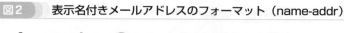

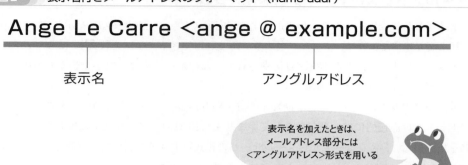

図2　表示名付きメールアドレスのフォーマット（name-addr）

表示名を加えたときは、
メールアドレス部分には
<アングルアドレス>形式を用いる

メールアドレス部分は<>で括ることで、表示名と明示的に分けます。この<ange@example.com>のような形式を、括り文字の格好から取ってアングルアドレス（angle-addr）と言います。

表示名で利用できる文字はローカルパートと共通です。間にスペースを挟むこともできます。ただし、表示名や<>も含めて、メールアドレス全体の長さが256バイトまでという制約はこのフォーマットにも適用されます。

別名

メールアドレスには**別名**（alias）を付けることができます。たとえば、ange@example.comに別名a@example.comを与えることで、a宛でもangeに届くようにします。

別名はメールサーバの機能です。a@example.com宛のメールを受信したメールサーバexample.comは、次のように設定された「別名＝真の宛先アドレス」の対応表にマッチすれば、そちらにメールを転送します。この例では、a宛とagent_a宛のどちらもangeにまわされます。

```
# 別名:            真名
a:                ange@example.com
agent_a:          ange@example.com
```

他のサーバ宛にも使えます。次のexample.comの設定では、control@example.com宛を受信したらexample.netにメールメッセージを転送します。

```
# example.comからexampl.netへ転送
control:          control@example.net
```

別名は役職宛メールの処理に便利です。たとえば、agent_aがangeからaliceに担当替えとなっても、別名対応表を次のように変更するだけで済みます。これなら、担当変更があっても、顧客はagent_aで継続して連絡が取れます。

```
# angeからaliceに変更
agent_a:          alice@example.com
```

別名は、次の例に示すように複数のメールアドレスにも対応付けられます。

```
agents:           a@example.com, b@example.com, c@example.com
```

　これで、agents@example.com宛は上記の3人に同時に配送されます。複数のリストで構成されるのでメーリングリスト、あるいはグループ宛なのでグループメールとも呼ばれますが、1対1対応の別名と技術的に異なるところはありません。

　予約済みの別名もあります。postmasterで、すべてのメールサーバはこのローカルパート宛を受信できなければなりません（どのように処理するかは管理者次第です）。大文字小文字に無関係なので、PostmasterやPostMasterは同じ宛先です。次のようにpostmasterをシステム管理者（Unixならroot）に、システム管理者は実在するヒトのローカルパートに宛てるように設定するのが一般的です。

```
# postmaster＝root＝l@example.com
postmaster:       root
root:             l@example.com
```

プログラムとしての別名

　メールアドレスはメッセージを読み書きするリアルなヒトに紐付けられているのが通例ですが、プログラムに関連付けられる別名もあります。受信したプログラムはメールメッセージを解析し、何らかのアクションを起こします。自動で応答メッセージを発することもできます。最近ではAIも用いられるので、定型的ではないヒトが書いたような文章であっても、実はプログラムが返信者であることも多くなりました。

　同様に、「このメールには返事をしないでください」と書かれたメールには、しばしばファイルに紐付けられた返信先が用いられます。たとえば、no-reply@example.comは別名を次のように設定することで、受信メッセージをヌルファイル（Unixでは/dev/null、Windowsではnul）に追加します。これでメッセージは自動的に消去されます。

```
# no-reply宛は自動的に消去
no-reply:         /dev/null
```

別名のループ

　別名の設定には注意が必要です。というのも、メールサーバAがメールサーバBに、サーバBもサーバAに転送するようにそれぞれ別名対応表を設定すると、無限ループが形成され

るからです。図3はこの様子を示すもので、control@example.com宛を受信したサーバ example.comはメールをcontrol@example.netに転送し、example.netもcontrol@example.comに転送しています。

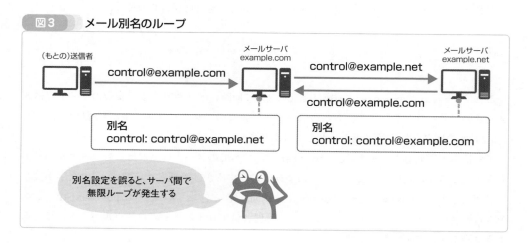

図3 メール別名のループ

ループは、プログラムの自動応答が互いにピンポン状態を繰り返すことでも発生します。たとえば、2名の休暇中の職員の自動応答が、互いに休みだ休みだと言い返しあう状況です。

ローカルな別名なら、全情報が対応表に書かれているのでループは検出できます。しかし、サーバ間をまたいだループの検出は困難です。メールシステムには状態情報がないので、同じメールを受信しても前との区別をつけられないからです。そこで、転送時にはAuto-Submittedなどのフィールドをヘッダ（11-3節）に加え、このヘッダ付きメッセージは廃棄するように設定するなどの対処策を講じなければなりません。

使用可能文字とエンコーディング

メールの基本はASCII可読文字

　メールメッセージでは、メールアドレスやメッセージそのものも含めて、ASCII文字以外は使用しないのが基本です。

　ASCII文字は10進数で0から127（2^7-1）までの値でコード化されています（図1）。たとえば、アルファベット大文字の「A」は65番（16進数で0x41）です。ASCIIは7ビットあれば文字が表現できるので、7ビット文字とも呼ばれます。

図1　ASCIIコード

00	NUL	10	DLE	20	SP	30	0	40	@	50	P	60	`	70	p
01	SOH	11	DC1	21	!	31	1	41	A	51	Q	61	a	71	q
02	STX	12	DC2	22	"	32	2	42	B	52	R	62	b	72	r
03	ETX	13	DC3	23	#	33	3	43	C	53	S	63	c	73	s
04	EOT	14	DC4	24	$	34	4	44	D	54	T	64	d	74	t
05	ENQ	15	NAK	25	%	35	5	45	E	55	U	65	e	75	u
06	ACK	16	SYN	26	&	36	6	46	F	56	V	66	f	76	v
07	BEL	17	ETB	27	'	37	7	47	G	57	W	67	g	77	w
08	BS	18	CAN	28	(	38	8	48	H	58	X	68	h	78	x
09	HT	19	EM	29	)	39	9	49	I	59	Y	69	i	79	y
0A	LF	1A	SUB	2A	*	3A	:	4A	J	5A	Z	6A	j	7A	z
0B	VT	1B	ESC	2B	+	3B	;	4B	K	5B	[	6B	k	7B	{
0C	NP	1C	FS	2C	,	3C	<	4C	L	5C	\	6C	l	7C		
0D	CR	1D	GS	2D	-	3D	=	4D	M	5D	]	6D	m	7D	}
0E	SO	1E	RS	2E	.	3E	>	4E	N	5E	^	6E	n	7E	~
0F	SI	1F	US	2F	/	3F	?	4F	O	5F	_	6F	o	7F	DEL

ASCIIコードは0〜127の範囲の整数値で英語文字を表現する文字コード。緑色の背景の箇所は制御用で印字のできない印字不可能文字。残りは印字可能（可読）文字

　32（0x20）から126（0x7e）までが英数文字および各種記号（役物）で、これらは普通に使えます。端末に表示できるので印字可能文字（printable characters）、あるいは見て読めるので可読文字（readable characters）と言います。これにはスペース（0x20）も含まれます。

　0（0x00）から31（0x1f）と最後の127（0x7f）は端末制御用で、普通の「文字」ではありません。たとえば、8番のBS（バックスペース）は1文字戻すことで前の文字を消す操作です。制御文字（control characters）、あるいは印字できないので印字不可能文字（non-printable characters）と言います。メールシステムの仕様上は制御文字も利用できますが、問題を生じ

るメールシステムもあるので、水平タブ（HT 0x09）、復帰（CR 0x0d）、改行（LF 0x0a）以外は使用しないことが推奨されています。

CRとLFはどちらも行を改めるための制御記号ですが、その機能は図2に示すように微妙に違います。CRは印字ヘッドを行頭（最も左のポジション）に移動する操作を指します。水平移動だけなので、このままキーを叩けば行頭の文字に重ね打ちされます。LFは用紙を送る垂直操作を指し、これだけでは水平位置が変わらないので、前の行の1行下に続けて階段状に文字が打たれます。「ヘッドを行頭に移動し、用紙を次の行に送る」といういわゆる「改行」の操作は、したがってCRとLFを組み合わせることで達成されます。

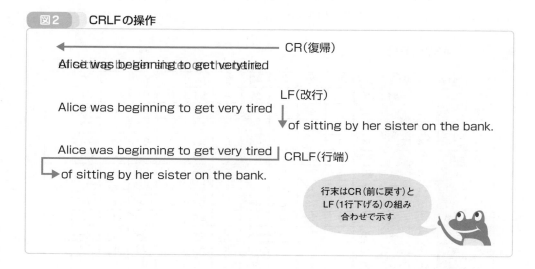

図2　CRLFの操作

CRとLFはまとめて**CRLF**と書かれます。後述するように、メールシステムにおいて、CRLFはメッセージヘッダなどの行末を示す特殊な機能を担っています。

ASCII以外の文字はエンコーディングする

メールメッセージにASCII以外の文字を記述するときは、ASCII文字に変換します。

矛盾して聞こえますが、たとえば仏語文字の「â」は、それを表現するISO 8859-1と呼ばれる文字コードの値にして226（16進数なら0xe2）なので、コード値そのものの「E」と「2」の2文字で書けばASCII範囲内です。当然ながら文字通りの「E2」と区別がつかないと困るので、前にイコールなど特殊記号を加えるなどして16進表記されたことを明記します。このように、特定のルールに従ってもとの文字を別の文字で表記し直す変換作業を、**エンコーディング**（encoding）と言います。「コード化する」という意味です。図3の右向き矢印の操作がこれです。

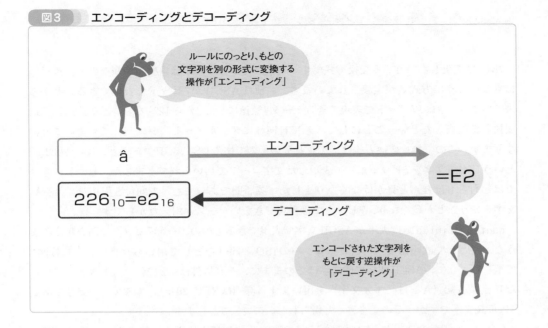

図3 エンコーディングとデコーディング

ルールにのっとり、もとの文字列を別の形式に変換する操作が「エンコーディング」

â → エンコーディング → =E2

$226_{10}=e2_{16}$ ← デコーディング ← =E2

エンコードされた文字列をもとに戻す逆操作が「デコーディング」

　逆に、エンコーディングされた文字列をもとに戻す操作を**デコーディング**（decoding）と言います（図3の左向き矢印）。「復号」という訳語があてられていますが、「コード化解除」といったニュアンスです。

　「â」のエンコーディングは=E2ではなくâだってよいでじゃないかと思われたら、それは正しいです。エンコーディング／デコーディングの方式は（効率のよさと曖昧さのなさから決定されるという点はあるにしても）ある意味恣意的に設計されているため、いろいろ考えられますし、実際にいくつもの方式が用意されています。そのため、エンコーディング／デコーディングではどの方式を使うかが常に重要になります。

MIMEエンコーディング方式

　メールメッセージでは、MIMEと総称される仕組みを使ってエンコーディングします。MIMEは「マイム」と読み、「Multipurpose Internet Mail Extensions」の略です。訳せば「汎用インターネットメール拡張」で、本来的には利用できない非ASCIIデータをメールで使えるようにするための追加の仕組みという意味です。

　MIMEには、主として表1に示す3つのエンコーディング方式が定義されています。これらは大文字小文字を問わないので、BASE64やBase64と書いても構いません。

▼**表1** 主要なMIMEエンコーディング方式

方式	説明
7bit	すでに7ビット範囲内なので変換なし。
quoted-printable	大半がASCII文字で表現できるが、一部7ビット範囲では書けない文字もある欧州語文字に主に用いる。

| base64 | その他、バイナリ形式のもの。文字ならUTF-8。 |

7bitは変更しないという変換方式です。変換したかしないかは重要な情報なので、無操作にもこのように方式名が定義されています。名前はASCIIが7ビットで表現できることから来ています。逆に、7ビットで表現できるデータ（数値にして0から127）なら、そのままで「7bit変換」で変換したということにして、ASCII同様にメールメッセージに載せてもよいことになります。この（無）変換方式は、ASCIIそのものであるUS-ASCIIコードと、ISO 2022-JPという日本語文字を7ビット形式で表現した文字コードで用いられてきました。しかし、昨今ではどちらもほとんど見かけなくなりました（英語圏であっても、方向付き引用符 "" や絵文字を使うことが多くなり、7ビットでは表現できないケースが増えたからです）。

quoted-printableは大半がASCII文字で表現できるものの、一部7ビット範囲を超えるような、主として欧州語文字（西ヨーロッパのISO 8859-1など）で用いられます。方式は図3で示したように、ASCII印字可能文字はそのままに、それ以外は = を先付け（エスケープ）した16進数表記（A-Fは必ず大文字）を用います（詳細はRFC 2045）。エスケープ記号である=は可読文字ですが、そのまま書くと紛らわしいので=3Dとします。

base64は任意のデータを64種類の可読ASCII文字に置き換える方法です。64種類は英文字（A-Za-z）、数字（0-9）、そしてプラス+とスラッシュ/で、この順番に0から63までの番号が振られています。たとえば、「a」は26、「0」は52です。64文字は6ビット（2^6）で表現できるので、もともとのデータを6ビット単位に切り分け、それぞれのビット値の番号に対応する文字に置き換えるのがエンコーディング操作です。この要領で文字列「Lia」を変換すると、「TGlh」になります（図4）。この例では3文字（24ビット）がちょうど4つの6ビットのかたまりになりますが、余りがあるときの処理などの詳細は、RFC 4648を参照してください。Base64は任意のデータを扱えるので、和文字を含むUTF-8文字だけでなく、画像や音声などのバイナリデータにも用いられます。

図4　Base64エンコーディング規則

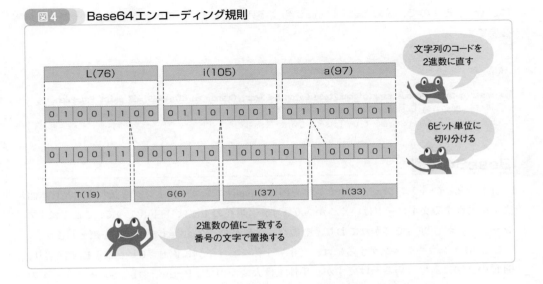

表1以外のMIMEエンコーディング方式は、次にURLを示すIANAの「Transfer Encodings」に列挙されています。

https://www.iana.org/assignments/transfer-encodings/transfer-encodings.xhtml

Quoted-printableの例

　アクセント記号入りが1文字の入った「Château」を考えます。「â」以外はすべてASCII可読文字なのでそのままです。「â」はISO 8859-1のコードで0xe2なので、エンコーディングすると「Ch=E2teau」になります。

　手作業では面倒ですが、Pythonを使えば簡単です。quopriモジュールのdecodestringとencodestringメソッドです。

　次の例では、「Château Calon Ségur, Grand Cru Classé à Saint Estèphe」というアクセント記号満載の仏語文字列をエンコーディングします。quopri.decodestringメソッドは引数にbytes型のデータしか受け付けないので、もとの文字列をいったん変換します。このとき、この文字列をどの文字コードで解釈するかの補助情報（ISO 8859-1）が必要です。

```Python
>>> import quopri Enter
>>> quopri.encodestring(bytes('Château Calon Ségur, Grand Cru Classé à Saint Estèphe',
... 'iso-8859-1')) Enter
b'Ch=E2teau Calon S=E9gur, Grand Cru Class=E9 =E0 Saint Est=E8phe'
```

　アクセント記号付き文字がすべて=XX（英文字は大文字）になったことが確認できます。

　エンコーディングされた文字列を戻すのも同じ要領です。quopri.decodestringメソッド

はbytesを返すので、読めるようにstrから文字列に戻します。このときも文字コード情報が必要です。

Python

```
>>> str(quopri.decodestring(b'Ch=E2teau Calon S=E9gur, Grand Cru Class=E9 =E0 Saint Est=E8phe'),
... 'iso-8859-1') Enter
'Château Calon Ségur, Grand Cru Classé à Saint Estèphe'
```

Base64の例

日本語文字の「アンジェ・ル・カレ」を例にBase64エンコーディングを試します。日本語文字を表現する文字コードはいくつかありますが、現在の主流はUTF-8なので、ここでは「アンジェ…」がUTF-8で書かれており、そのバイト列がe3 82 a2 e3 83 b3 ...だとします。

Base64エンコーディングするには、文字列全体をバイト列に直し、6ビット単位で区切り、64種の文字にあてはめるわけですが、手作業は大変なので、Pythonのbase64モジュールのb64encodeメソッドを使います。メソッドはbytesのみ受け付けるので、先に文字列をbytesに変換します。このとき、どの文字コードで文字列を解釈するかを明記しなければなりません。

Python

```
>>> import base64 Enter
>>> b = bytes('アンジェ・ル・カレ', 'utf-8') Enter          ←UTF-8バイト列に変換
>>> b Enter
b'\xe3-82\xa2\xe3-83\xb3\xe3-82\xb8\xe3-82\xa7\xe3-83\xbb\xe3-83\xab\xe3-83\xbb\xe3-82\xa
b\xe3-83\xac'

>>> base64.b64encode(b) Enter                              ←Base64エンコーディング
b'44Ki44Oz44K444Kn4407440r440744Kr440s'
```

Base64エンコードされたバイト列をもとのUTF-8文字列に戻すには、base64.b64decodeメソッドを用います。メソッドはbytesを返すので、strから文字列に戻します。

Python

```
>>> str(base64.b64decode(b'44Ki44Oz44K444Kn4407440r440744Kr440s'), 'utf-8') Enter
'アンジェ・ル・カレ'
```

画像の例も示します。本節の図3（PNGファイル）の最初の256バイトをBase64エンコードすると次のようになります（長いので手で改行を入れています）。

iVBORw0KGgoAAAANSUhEUgAAAcYAAABpCAIAAAAvPRTxAAAACXBIWXMAAA7EAAAOxAGVKw4bAAAQxElEQVR
42u3db2wbaV4H8F+2B+NFQjZIyN5ÐWruAmIm 0Wk+RkN19ExcJdXzpwN5MXKF7+xeXFFJn1ÐJhLCs9JxsgCpÐg
jZ4U1ShOhECOIKJE+Q2LhCXCY6cZ6I1XmC9pQxEsrkEBfnxREbxHmyu93wwmmbJv43jtPE9vfzqqrsdO8/jT

L/+zfM888zY8fExAQBAP7yBjwAAAJEKAIBIBQBApAIAACIVAACRCgCASAUAQKQCjLqKqZtVIjPNh2b1q2xC
tZÐgeMXCbw==

● UTF-8入り表示名付きメールアドレス

　表示名付きメールアドレスの表示名部分には、ASCII以外の文字も利用できます（アングルアドレス部分は必ずASCII可読文字）。たとえば、「アンジェ・ル・カレ <ange@example.com>」です。表示名がUTF-8で表現されていれば、図5に示すフォーマットで書かれます。

図5　表示名付きメールアドレスのフォーマット（UTF-8）

=?utf-8?b?44Ki440z44K444Kn4407440r440744Kr440s?= <ange @ example.com>

　　　表示名（MIMEエンコーディング）　　　　　　　アングルアドレス

```
=
?文字コード(utf-8)
?エンコーディング方式(b=Base64、Q=Quoted Printable)
?エンコーディングされた文字列?
=
```

非ASCII文字の
表示名はMIME方式で
エンコードする

　表示名全体は前後が=で括られます。その中には文字コード、エンコーディング方式、エンコードされた文字列がそれぞれ前後も含めて?で区切られて収容されます。図5では文字コードはUTF-8、エンコーディング方式はBです。BならBase64、QならQuoted-Printableという意味です。44Ki440z...の部分は、先ほどBase64でエンコーディングした「アンジェ・ル・カレ」です。

　おそらく、図5の表記のままのメールアドレスは見たことがないでしょう。メールアプリケーションが、エンコーディングされた文字列をもとの可読な文字列にデコーディングして表示するからです。しかし、ソフトウェアが実際に送受信しているメールには、このようなデータが書き込まれています。

メールメッセージはヘッダとボディで構成される

メールメッセージは、メッセージヘッダ（message header）とメッセージボディ（message body）の2部構成です（以下、**ヘッダ**と**ボディ**）。両者の境目は、1つの空行（何も書かれていないCRLFだけの行）で示されます。

ヘッダでもボディでも、1行の最大長は998文字です（行末を示すCRLFを含めれば1,000文字）。歴史的経緯から、78文字に抑えることが推奨されています。

メールメッセージ例を図1に示します。

 図1 メールメッセージサンプル

ヘッダ

```
Return-Path: <bounce-000055915-123456789@control.albion.example>
Content-Transfer-Encoding: 7bit
Content-Type: multipart/alternative;
  boundary=CFB49103B267BD843EC4D9E9776C029C5FDF5CB8
Date: Mon, 17 Oct 2022 14:46:24 +0900
From: =?UTF-8?B?44K8440r440A?= <zelda@control.albion.example>
MIME-Version: 1.0
Reply-To: <l@control.albion.example>
Subject: =?UTF-8?B?44Kx44Kk440Q4408440p44Kk440l?=
To: <ange@example.com>
```

空行

```
--CFB49103B267BD843EC4D9E9776C029C5FDF5CB8
Content-Type: text/plain; charset=us-ascii

Hello world.
```

マルチパート1

```
--CFB49103B267BD843EC4D9E9776C029C5FDF5CB8
Content-Transfer-Encoding: quoted-printable
Content-Type: text/html; charset=UTF-8
```

マルチパート2

ボディ

```
<!DOCTYPE html PUBLIC "-//W3C//DTD XHTML 1.0 Transitional//EN"
"http://www.=w3.org/TR/xhtml1/DTD/xhtml1-transitional.dtd">
<html xmlns=3D"http://www.w3.org/1999/xhtml" xml:lang=3D"ja">
<body>
<p>Hello world.</p>
</body>
</html>
```

```
--CFB49103B267BD843EC4D9E9776C029C5FDF5CB8--
```

マルチパート終了

 メールメッセージはメタデータの
ヘッダとメッセージの中身のボディ
からなる。間は空行で区切られる

　普通にメールを読み書きしているぶんには、上記のようなテキストを見ることはありません。メールソフトが取捨選択したり、HTMLならWebブラウザのようにレンダリングしたりしてから表示するからです。（ここにはありませんが）画像が添付されていれば、バイト列を展開して画像として表示します。

　順に中身を見ていきます。

ヘッダ

　ヘッダ部分には、そのメールに関する情報（メタデータ）が収容されます。1つの情報は**フィールド**（field）と呼ばれる1行で記述されます。フィールドの構成を図2に示します。

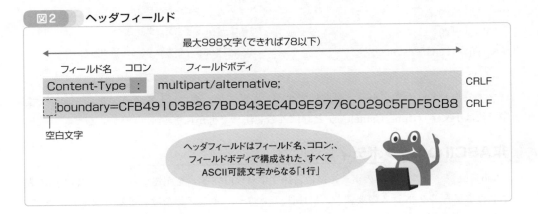

図2　ヘッダフィールド

　フィールドのフォーマットは次のように規定されています。

- フィールドはフィールド名（field name）、コロン:、フィールドボディ（field body）の3要素で構成されます。
- フィールドで使用可能な文字はASCII可読文字だけです。それ以外はMIMEエンコーディングします。
- フィールド名ではスペースとコロンは使用できません。また、大文字小文字は区別されません。
- フィールド（1行）の終端には必ずCRLFを付けます。
- フィールド最大長を超えるときは改行（CRLF）し、先頭に空白文字を入れます（図2はこの形式）。これで、「行」は複数になるものの、1フィールドとしてまとめて解釈されます。

　フィールドとその意味はあらかじめ定められています。そのリストは、次にURLを示すIANAの「Message Headers」に掲載されています。

https://www.iana.org/assignments/message-headers/message-headers.xhtml

　メールソフトは図1に示したフィールドから、ユーザに有用なヘッダフィールドだけを取捨選択して表示します。一般的なフィールドを表1に示します。2列目の「日本語」は日本語化されたメールソフトがこれらフィールドボディを表示するときに前付けする和訳フィールド名です。標準化されていないので、必ずしもこの名称とは限りません。

▼**表1　主要なメールヘッダフィールド**

フィールド名	日本語	意味
From	差出人	メール送信元アドレス。
To	宛先	メール宛先アドレス。
Date	受信日時	メール送信日時。
Subject	件名	メールのサブジェクト。
Content-Type	--	メッセージボディのデータ種別。
Content-Transfer-Encoding	--	メッセージボディのエンコーディング方式。

　フィールド名は大文字小文字無関係ですが、たいてい、表に示したように単語先頭が大文字で他は小文字（UpperCamelCaseと呼ばれる記法）で書かれます。

非ASCIIのヘッダボディ

　Subjectフィールドなどのボディに他言語文字（UTF-8等）を記述するときは、11-2節の表示名付きメールアドレスの要領で、MIMEエンコーディングしなければなりません。次に、UTF-8で記述された文字列をBase64（B）でエンコーディングした結果を示します。

```
エンコーディング前：Subject: 転校手続きについて
エンコーディング後：Subject: =?utf-8?B?6Lui5qCh5omL57aa44GN44Gr44Gk44GE44Gm?=
```

宛先、送信元、返信先フィールド

　宛先（To）と送信元（From）のフィールドボディはメールアドレス（11-1節）です。これらを含め、メールアドレスをボディに持つフィールドには主として表2に示すものがあります。2列目に示したように、最初の3点が宛先（受信者）用、残りの3点が送信元用です。

▼**表2　主要なメールアドレス関連ヘッダフィールド**

フィールド名	タイプ	意味
To	宛先	このメールの主たる受信者。
Cc	宛先	参考までにこのメールを受け取る受信者。
Bcc	宛先	Ccと同じだが、受信者情報が他には見えない。
From	送信元	メールの送信元。
Sender	送信元	Fromの値が複数あるときに使用。
Reply-To	送信元	Fromではない人へ返信するときに使うアドレス。

　宛先用のフィールドには、ボディに複数のメールアドレスを指定できます。複数を示すときはカンマ , で区切ります。メールソフトの中には区切り文字にセミコロン ; を使うものものありますが、メールメッセージとしてはカンマが用いられます。

　Toには主たる受信者を指定します。Ccはカーボンコピー(carbon-copy)の略で、メールの「写し」を参考までに送付する先を指定します。これらフィールドに指定されたメール受信者は、互いに誰に送信されたかを知ることができます。つまり、Ccで複写を貰った人は、Toで送られた人のメールアドレスを知ることができます。その逆も同じです。Bccはブラインドカーボンコピー(blind carbon-copy) の略で、ここに指定された受信者は他に知られません。

　送信元用のFromフィールドも、ボディに複数のメールアドレスを記述できます。公式通知を連名で送るようなケースが考えられますが、複数名入りのFromはほとんど見かけません。利用するときは、主たる書き手あるいは最終的にこのメールを発送する人をSenderフィールドに1つだけ示します。From記載のアドレスが1つだけなら、Senderは付けません。Reply-Toフィールドはメールのオリジナルの作成者であるFromの人以外に返信してほしいときに使います。たとえば、送信者は社長であっても、返事は秘書に宛てるようなケースです。

日付 (Date)

　Dateフィールドに示される送信日時は図3のフォーマットで示されます。このフォーマットは、これを規定するRFCの番号を取ってしばしばRFC 5322フォーマット、あるいは旧版の番号からRFC 2822フォーマットと呼ばれます。

図3 メールの日時フォーマット（RFC 5322フォーマット）

```
Wed, 19 Oct 2022 09:49:00 +0900
```

時刻
1桁のときは
先頭に0を加える

時間帯
UTCからの差を
4桁数字で示す

曜日
オプション
必ず英語表記の3文字
（先頭大文字）

日付
日は、1〜9日は1桁でよい
月は必ず英語表記の3文字
（先頭大文字）
年号は4桁

　要素はスペースで区切られます。先頭の3文字曜日と続くカンマ , はオプションです。

　日付は日、月、年の順です（欧州形式）。日は1桁のときは1桁のままです。先頭に0を加えて02のようにはしません。月は英語表記の3文字で、先頭大文字、残りは小文字です。年号は4桁数字の西暦です。

　時刻は普通と同じですが、時分秒は1桁のときは0を加えて03のようにします。

　時間帯（タイムゾーン）は、UTC（Universal Time Coordinated）からの時差を4桁数字で示します。先頭の2桁が時間単位、残りの2桁が分単位です。4桁数字の前には+か–を付

けることで、UTCから進んでいるか遅れているかを示します。たとえば、日本はUTCから常に9時間進んでいるので+0900です。米国西海岸は標準では8時間遅れているので-0800、夏時間帯なら-0700です。

RFC 5322メール日付フォーマットを別のフォーマットに変換するには、Pythonならemail.utilsモジュールのparsedate_to_datetimeメソッドを使います。たとえば、（日本語の表記に近い）ISO 8601日時フォーマットに変換するには、次のようにします。

Python

```
>>> from email.utils import parsedate_to_datetime Enter
>>> str(parsedate_to_datetime('Wed, 19 Oct 2022 09:49:00 +0900')) Enter
'2022-10-19 09:49:00+09:00'
```

コ ラ ム 変わった時間帯

　時差がどこでも1時間単位なら+12や-01のように2桁で済みますが、30分単位でずれた地域も少なからずあります。たとえばインド（IST）は+0530、カナダのニューファンドランド州の標準時（NST）は-0330です。15分単位にずれる地域もいくつかあり、ネパール（NPL）は+0545、ニュージーランドのチャタム諸島の夏時間（CHADT）+1345です。

　時間帯は時代と共に変化します。シンガポールでは1905年から6回変更があり、英国植民地時代には夏時間を20分ずらすというアクロバティックなものもありました（あとで30分に変更された）。日本占領下では東京時刻に合わせられました。最後の変更は1982年のマレーシアに合わせて採用された+0800です。

● コンテンツタイプ（Content-Type）

メッセージボディには文章であろうと画像であろうとワードドキュメントであろうと、MIMEエンコーディングさえすれば何でも書き込めます。このとき、何が書かれているかをメールソフトに伝える目的で、ヘッダにはContent-Typeフィールドが用意されています。

フォーマットを図4に示します。

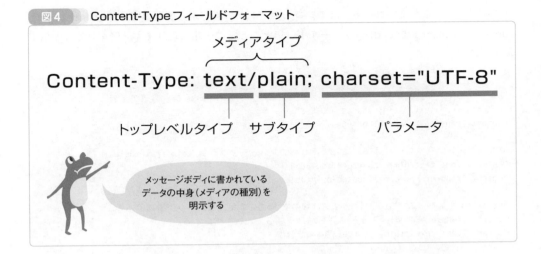

図4 Content-Typeフィールドフォーマット

メディアタイプ

Content-Type: text/plain; charset="UTF-8"

トップレベルタイプ　サブタイプ　　　　パラメータ

> メッセージボディに書かれている
> データの中身（メディアの種別）を
> 明示する

フィールドボディはデータの中身（メディアタイプ）を説明する文字列です。メディアタイプはスラッシュ/を挟んだ2部構成になっており、前半がトップレベルタイプ（top-level type）、後半がサブタイプ（subtype）です。トップレベルはテキスト（text）、画像（image）、ビデオ（video）、WordやPDFなどのアプリケーション（application）のように大雑把なメディアの括りを示します。サブタイプはその詳細を示し、たとえばプレーンテキスト（書かれた文字そのものがその内容）ならtext/plain、HTMLテキストならtext/htmlです。画像はJPEGならimage/jpeg、PNGならimage/pngです。メディアタイプは大文字小文字無関係なので、IMAGE/JPEGも可です。

これらメディアタイプは、次にURLを示すIANAの「Media Types」に列挙されています。

```
https://www.iana.org/assignments/media-types/media-types.xhtml
```

Content-Typeフィールドボディには、メディアタイプとその直後のセミコロン;に続いてメディア依存のパラメータを補記できます。テキストの場合は使用されている文字コードで、たとえばUTF-8ならcharset=UTF-8のように、charset=を加えます。アプリケーション系（たとえばMS Word）なら、ファイル名をname=xxxxxで記述できます（UTF-8のときはメールアドレス表示名同様エンコーディングします）。

コンテンツ転送エンコーディング（Content-Transfer-Encoding）

非ASCIIのデータはbase64やquoted-printableなどでMIMEエンコーディングしなければなりませんが、上記のContent-Typeフィールドにはその方式が示されていません。そこで、Content-Transfer-Encodingフィールドから別途示します。フィールド名を意訳すれば、「中身を転送するときに用いたMIMEエンコーディング方式」です。

表示名付きメールアドレスで示したように、MIMEエンコーディングではもとのメディア

タイプ（文字列なら文字コード）とエンコーディングの両方が必要なので、Content-Typeと
Content-Transfer-Encodingフィールドはほとんど常に一緒に現れます。例をいくつか以下
に示します。

プレーンテキスト。文字コードはUTF-8。MIMEエンコーディングはBase64。最近の主流。
Content-Type: text/plain; charset="UTF-8"
Content-Transfer-Encoding: base64

HTMLテキスト。文字コードはISO 8859-1。MIMEエンコーディングはQuoted-Printable。
Content-Type: text/html; charset="iso-8859-1"
Content-Transfer-Encoding: quoted-printable

プレーンテキスト。文字コードはUS-ASCIIなので、MIMEエンコーディング情報は不要。
Content-Transfer-Encodingフィールドを加えるなら、7bitを指定する。
Content-Type: text/plain; charset="us-ascii"

PNG画像。name=はファイル名。
Content-Type: image/png; name="IMG_0425.png"
Content-Transfer-Encoding: base64

MS Excel添付。name=はファイル名のBase64エンコーディング。
Content-Type: application/vnd.ms-excel; name="=?utf-8?B?44Kz44Oz44K944O844Or5ZCN57C/?="
Content-Transfer-Encoding: base64

　　最後のExcelの例のサブタイプはvndで始まっていますが、これはベンダー固有（VeNDor-
Specific）という意味で、特定のベンダーのソフトウェアだけで使われるデータなことを意味
します。パラメータのファイル名に表示名付きメールアドレス同様のフォーマットが用いら
れているのは、この部分が必ずしもメールボディと同じ方式で書かれているとは限らず、ファ
イル名をエンコーディングするには完全な情報が必要だからです。

マルチパート

　　メールボディには複数のコンテンツを収容できます。たとえば、プレーンテキスト版のメッ
セージ、同内容でもHTMLでレンダリングしたメッセージ、添付の画像などです。各コンテ
ンツを**パート**（part）、これらパートが複数記述されているボディを**マルチパート**（multipart）
と言います。

　　マルチパートボディでは、ヘッダのContent-Typeフィールドにmultipartメディアタイプ
を指定します。主なマルチパートサブタイプを表3に示します。よく用いられるのはmixedと
alternativeです。

▼**表3**　マルチパート（multipart）メディアタイプの主なサブタイプ

サブタイプ	用途
alternative	内容的に同じでも表現形式（メディア）が異なるときに用いる。メールソフトは、ユーザプリファレンスに応じていずれかを表示する。

| mixed | それぞれ独立なパートを収容するのに用いる。たとえば、添付画像とテキスト。 |
| multilingual | 内容的にもメディア的にも同じでも、言語が異なるときに用いる。たとえば、日本語と英語とクリンゴン語。メールソフトがいずれかを選択して表示する。 |

　本節冒頭で示したメール例（図1）は2パート構成で、Content-Type: multipart/alternativeを使っています。最初のパートはプレーンテキスト（text/plain）、続くパートはHTML（text/html）です。

　マルチパートボディでは、パート間の境界を示す文字列をboundaryパラメータから示します。次の例ではBOUNDARYです。

```
Content-Type: multipart/alternative; boundary=BOUNDARY
```

　boundaryの値に使える文字は英数文字といくつかのASCII可読文字で、1文字以上69文字以下と定められています。通常、メールソフトがランダムな文字列を生成します。

　この境界文字列を境界マーカとして用いるときは、先頭に--（ダッシュ2文字）を先付けし、前に空行を置き、かつ独立した行で示します。また、ボディの最後には同じフォーマットですが、境界文字列の末尾にさらに--を加えます。構成例を図5に示します。

図5　マルチパートの境界の示し方

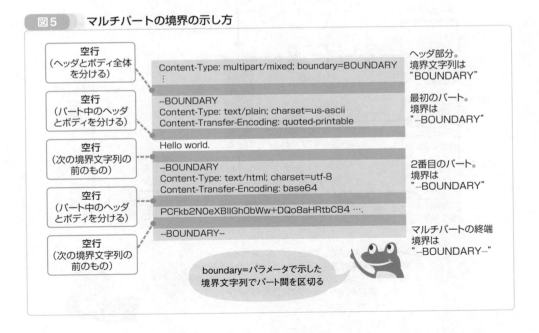

　それぞれのパートでも、中に示されたデータのメディアタイプとエンコーディング方式をContent-TypeとContent-Transfer-Encodingから示さなければなりません。逆に言えば、各パートの文字コードやエンコード方式はそれぞれ異なっても構いません。

11-4 メールシステム

3種類のメールシステム

　メールメッセージの送受信や管理をするサービスは、主として次に示す3つのアプリケーション層プロトコルが有機的に結び付くことで機能します。

> ・ **SMTP**（Simple Mail Transfer Protocol）－メール送受信用（RFC 5321）。
> ・ **POP3**（Post Office Protocol 3）－メールダウンロード用（RFC 1939）。
> ・ **IMAP**（Internet Message Access Protocol）－メール操作用（RFC 9051）。

　複数のプロトコルに分かれているのは、サーバ間のメール配送というシステムレベルの操作とメールを読み書きするというユーザレベルのサービスで役割分担されているからです。システムがどのように連携しているかを図1に示します。

図1　メールシステム構成

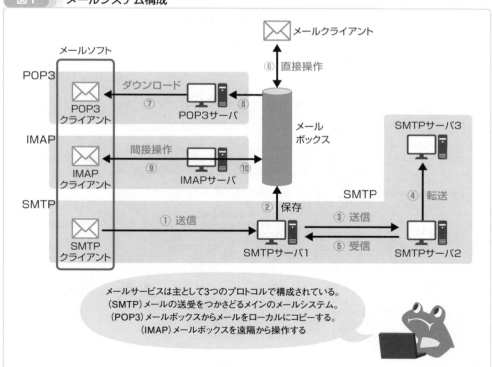

3つともアプリケーション層プロトコル

SMTP、POP3、IMAPは図2に示すように、いずれもアプリケーション層プロトコル（L7）に属します。

図2　OSI参照モデル上のSMTP、POP3、IMAPの位置

OSI参照モデル		TCP/IP	プロトコル
L7	アプリケーション層	アプリケーション層	DNS、FTP、HTTP、SMTP、POP3、IMAP...
L6	プレゼンテーション層		
L5	セッション層		
L4	トランスポート層	トランスポート層	TCP、UDP...
L3	ネットワーク層	インターネット層	ICMP、IP...
L2	データリンク層	リンク層	イーサネット、PPPoE...
L1	物理層		

メール用プロトコルはいずれもTCPで搬送されるアプリケーション層プロトコル

トランスポート層プロトコルはどれも TCP です。システムポート番号を表1に示します。

▼表1　メール関係プロトコルのポート番号

プロトコル	通常	SSL/TLS
SMTP	25	465
POP3	110	995
IMAP	143	993

2列目は、トランスポート層の通信路が暗号化されていないノーマルな状態のときのものです。メールメッセージはおろかユーザ名／パスワードも平文のままなので、Wiresharkのようなパケットアナライザで中身は丸見えです。

そのため、いずれのプロトコルでもSSL/TLSを介して通信の安全を確保するのが一般的です。そのときのポート番号が3列目です。なお、プロトコルとしてのSMTP、POP3、IMAPは暗号化のあるなしに関わらず同じです。各プロトコルにはパスワードを隠ぺいするような仕組みがそれなりに備わっていますが（STARTTLSなど）、現在では3列目のポートを介して最初からSSL/TLSを使うのが推奨されています。

SMTP

メールシステムのメインは図1下方の、SMTPを用いたサーバ間のメール配送です。

ユーザのメールソフトは、メールを送信するに際して最寄りのSMTPサーバに接続し、送信の依頼をします（図中①）。サーバは、自分の利用するインターネットプロバイダ、会社や学校、あるいはGoogleやiCloudなどサービス提供業者のメールサーバです。そのメールサーバ内に宛先ユーザ（ローカルパート）がいれば、サーバはそのままそのメールを**メールボックス**（mailbox）に収容します（②）。外部なら、宛先メールアドレスのドメイン名に従って別のメールサーバに送信します（③のSMTPサーバ2宛）。そこが最終宛先ではない、たとえば別名が他のドメイン名を指しているときは、メールメッセージはそこからさらに別のサーバに転送されます（④のSMTPサーバ2からSMTPサーバ3宛）。

メールメッセージは送信元のメールサーバから自分のメールサーバに届けられます（⑤）。メールサーバは、受信したメールをメールボックスに収容します（②）。しかし、個々のユーザのメールソフトにメールの配送はしません。メールソフトがメールサーバと通信をするのは、図1の①の線が一方通行なことからわかるように、送信のときだけです。

受信メールは、メールサーバにログインし、メールボックスにアクセスしなければ読めません。図1の上方に描かれたメールクライアントはそのようにして直接的にメールを読んでいます（⑥）。サーバへのダイレクトアクセスを必須とするこの方法を使うことは昨今ではまずありませんが、インターネットの黎明期には一般的でした。

メールソフトには当然、接続先のSMTPメールサーバの設定をしなければなりません。画面1にその例を示します。表示はメールソフトによって異なりますが、必要な情報は変わりません（この画面はMozilla Thunderbirdのものです）。

▼**画面1　SMTPサーバ設定（Thunderbirdより）**

送信 (SMTP) サーバー

設定

説明(D): Google Mail

サーバー名(S): smtp.gmail.com

ポート番号(P): 465　既定値:465

セキュリティと認証

接続の保護(N): SSL/TLS

認証方式(I): OAuth2

ユーザー名(M): ange@gmail.com

送信先メールサーバのドメイン名、TCPポート番号、セキュア通信の方式、認証方式を設定

必須項目は当然サーバのドメイン名です。TCPポート番号が選択式なのは、標準的なシステムポートを使わない組織内部の独自運用なサーバもあるからです。下にある［接続の保護］で画面のようにSSL/TLSを選択すると、自動的に表1の465番が選択されます。サーバ側にとくに制限でもない限り、他の選択肢は使わないでしょう。

サーバアクセス時のユーザ名と認証方式も必要です。牧歌的だった時代のSMTPサーバは
オープンで、どこの誰からでもメールを転送していたので認証は不要でした。今では、スパ
ムやフィッシングメールなど身元不明なメールは受け付けないよう、ユーザ認証が必要です。
［認証方式］はいろいろありますが、OAuth2が一般的です。端的には、別の認証サーバで認
証だけしてもらい、そこで発行されたトークン（一種の証明書）をSMTPサーバに送ること
で認証する方式です。Gmailなど、大手メールサービスでは昨今ではこれが標準です。

● POP3

メールソフトで受信メールを読むには、別手段が必要です。そのうちの1つがPOP3です。
「Post Office（郵便局）Protocol」の略で、郵便局の私書箱から郵便物を回収するイメージです。
メールがどうやってそこまで届いたか、あるいはどうやって送るかには関知しません。それ
は上記のSMTPの役割です。「3」はバージョン番号です。

メールソフトは、メール送信用のSMTPクライアントとして機能するだけでなく、メール
取得のPOP3クライアントとしても動作します。

POP3クライアントがPOP3サーバに接続すると（図1の⑦）、メールボックスに直接アクセ
スできるこのサーバが代行してメールを取得し、クライアントに返送します（⑧）。メールは
以降、そのPCに保存されます。分類別にメールを仕分けるフォルダも、PC上で管理されます。
ダウンロード後は、そのメールはメールボックスから削除するのが一般的です。未読既読、
あるいは返信済みなどの個々のメールの状態は、ローカルなメールソフトが管理します。

メールソフトのPOP3関連設定の例を画面2に示します（これもMozilla Thunderbirdより）。

▼**画面2　POP3サーバ設定（Thunderbirdより）**

TCPポート番号が接続方式から自動的に決定されるところは、画面1のSMTPと同じです。
認証方式はいろいろありますが、画面にあるように「通常のパスワード認証」が一般的です。

POP3プロトコルレベルではパスワードが平文で送信されますが、通信チャネル自体がSSL/TLSで暗号化されているので心配は無用です。画面には「暗号化されたパスワード認証」というのがありますが、これはCRAM-MD5あるいはDIGEST-MD5という方法で、暗号の強度としてはさほど強くはありません（11-5節）。

IMAP

IMAPはメールソフトから受信メールを読むもう1つの手段です。POP3同様、IMAPサーバもメールボックスに直接アクセスできる位置にあります（図1の⑩）。これにより、IMAPクライアントはIMAPサーバに接続することで、IMAPサーバに取得してもらったメールメッセージをソフト上に表示できます（⑨）。

IMAPクライアントはメールメッセージをローカルに保存はしません。メールのオリジナルはメールボックスに置かれたままです。メールの操作はすべて（クライアントの命令に従って）サーバ上で行われます。新規メッセージの確認、消去、既読未読などのフラグのセット、メッセージの検索、フォルダへの振り分け、フォルダの作成や名前変更、すべてサーバ上で行われます。

IMAPの現在のバージョンは4rev2（バージョン4改定版2）です。「IMAP 4」と呼ばれるバージョン4は1994年発効のRFC 1730で、その改定版である「IMAP 4rev1」は2003年発効のRFC 3501でそれぞれ定義され、2021年発行のこの4rev2はその改定版です。4rev2はこれら以前のバージョンの上位互換です。

メールソフトのIMAP関連設定の例は前2つの設定とほとんど変わらないので割愛します。

POP3とIMAPの違い

受信メールの閲覧に2つの方法があるのは、メールの管理主体を誰にすべきかの考え方が異なるからです。POP3ではそれぞれのメールソフト、つまりエンドユーザです。これに対し、IMAPはシステム上のメールボックスにメールが置かれたままなので、システム管理者です。それぞれのメール操作の違いを次の表2にまとめて示します。

▼表2　POP3とIMAPの違い

機能	POP3	IMAP
メール保存場所	個人のデバイス（PCや携帯）	サーバ（組織）
メールフォルダ	個人のデバイス（PCや携帯）	サーバ（組織）
保存容量	デバイスの限界まで	組織が割り当てる容量まで
故障時の復旧	個人（バックアップは自分で確保）	組織（バックアップは管理者）
オフライン操作	可	不可
複数マシンとの共有	不可	可

メールの管理場所が異なるのは前述の通りです。メールを収容するフォルダの作成、名前変更、メールの移動、削除などの操作も、置き場所で行われます。

したがって、保存容量も置き場所に依存します。個人のPCなら容量いっぱいまで使え、足りなくなれば外付けディスクで広げられるので、POP3の容量は事実上無限です。ただし、メールの量が多くなると、PCおよびメールソフト自体の性能が追い付かないこともあります。容量がもともと小さい携帯デバイスでは、不要なメールはこまめに削除しなければなりません。これに対し、IMAPではサーバ側でユーザ単位に容量制限を設けています。Gmailなら（執筆時点では、他のサービスも含めた全部で）15 GBまでです。足りなくなれば有料プランに加入します。会社や大学のような組織でも同様で、容量溢れが起きそうになると、管理者から整理するように通知が来ます。

故障時の復旧も、POP3は個人単位、IMAPは組織単位です。POP3では、ディスクが飛べばこれまでのデータは消えます。その点、IMAPなら組織のIT部門が復旧してくれます。

一般ユーザが普段使いするうえでの大きな差異は、オンラインかオフラインかの違いです。IMAPはネットにつながっていないと使えません。ネットが遅くなれば、当然操作にも時間がかかります。メールにはセンシティブな情報が含まれていることが多いので、通信チャネルの安全性には常に気を配らなければなりません（公衆Wi-Fiは避けるなど）。POP3はその点、メールも住所録もすべてローカルに保存しているので、オフラインでも利用できます。電車や飛行機で移動中にも仕事ができます。

POP3では、複数のメールアカウントを統合して用いることも容易です。フォルダ管理は自分でやっているので、iCloudに来たメールもGmailに来たメールも、好みの場所に移動するだけです。IMAPでは管理主体がサーバ単位なので、異なるサーバの間でメールを混ぜることはできません。

半面、POP3で複数のメールクライアントを運用すると、メールが分散するという問題が生じます。図3にその様子を示します。左手のPCのPOP3クライアント1がメールボックスから1、2のメールを、右手の携帯のクライアント2が別の3、4をそれぞれダウンロードすると、PCからは3、4は読めず、携帯からは1、2が読めなくなります。ダウンロードされたメールはたいていその直後に消去されるので、もう入手できません。メールボックスから消去しないオプションもありますが、今度は、返事をしたかしないかを両方でチェックしなければならなくなります。未読や既読のチェックはクライアント単位で行われるからです。

図3 複数のPOP3クライアントのダウンロード

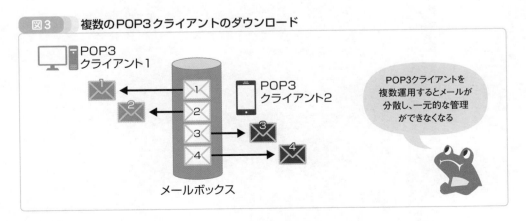

　その点、IMAPではメールの実体はメールボックスにあり、閲覧しているのはコピーです（図4）。クライアントがいくつあっても、複数のWebブラウザで同じページを閲覧しているのと同じように、同じものを読むことができます。また、既読未読などのチェックはメールボックス上で行われるので、その情報もすべてのデバイスで共有されます。

図4　複数のIMAPクライアント

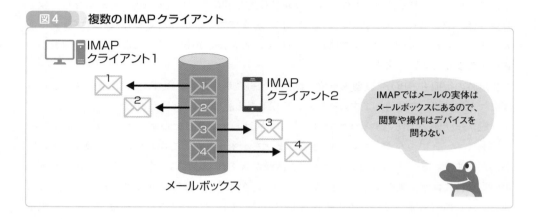

　どちらを使うかは個人の好み次第です。複数のメールアカウントを所持しているなら、使い分けるのも可です。たとえば、GmailやiCloudなどの大手ネットワークサービスのものはオンラインだけでよいのでIMAP、自分のプロバイダや会社の提供しているものは移動中にも読み書きできるようにPOP3を選ぶという感じです。

11-5 メールサービスプロトコル

SMTPサーバはクライアントにもなる

本節では、SMTPとPOP3のメール送受セッションを説明します。IMAPはコマンド体系がより複雑なものの、基本構造はPOP3とさほど変わらないので割愛します。

SMTPもPOP3も、クライアントサーバモデル（7-1節）にのっとって動作します。つまり、クライアントが要求（コマンド）を送り、それにサーバが応答するという手順が踏襲されます。

ただ、SMTPでは、いわゆるSMTP「サーバ」という1つのソフトウェアがモデル上のクライアントとサーバのどちらの役もこなすところが他と異なります。次の図1は、11-4節の図1のSMTP部分を抜粋したものです。メールソフトからメールを受信するSMTPサーバ1は、メールソフトからの接続を待ち受けるサーバとして動作します（図中①）。しかし、受信したメッセージをSMTPサーバ2に転送するときはクライアントとなります（③）。このとき、SMTPサーバ2がサーバです。反対に、SMTPサーバ2から受信するときはサーバの役割になります（⑤）。

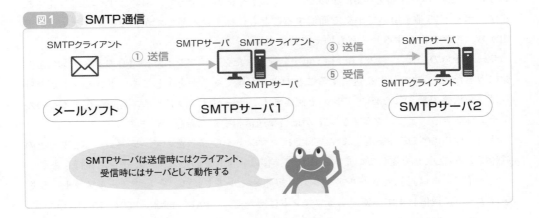

図1　SMTP通信

SMTPクライアント　　SMTPサーバ　SMTPクライアント　③ 送信　　SMTPサーバ

⑤ 受信

SMTPサーバ　　　　　SMTPクライアント

メールソフト　　　　SMTPサーバ1　　　　SMTPサーバ2

SMTPサーバは送信時にはクライアント、
受信時にはサーバとして動作する

SMTPのコマンドと応答

クライアントが送信するSMTPの要求は、次に示すようにコマンド（COMMAND）とその引数（arguments）で構成された1行のASCII文字列です。引数があるときは、コマンドと引数の間にスペース（0x20）が挟まれます。行末を示すのはCRLFです。コマンドはすべて大文字です（たとえばEHLO）。

```
COMMAND space arguments CRLF
```

　サーバの応答は次に示すように応答コード（Code）とその説明文（text）で構成された1行のASCII文字列です。応答コードはコマンドが成功したか否かが明確になるように、3桁の数字（3バイトの文字列）で示されます。説明文で利用できる文字はASCII可読文字、水平タブ、スペースです。

```
Code space Text CRLF
```

　コマンドによっては、複数の応答を複数行で返すものもあります。その場合、「後続あり」を示すために、上記のspaceの部分はハイフン－で置き換えられます。
　応答コードの詳細はのちほど説明します。

● SMTPセッション

　SMTPのクライアントとサーバの通信セッションの例を図2に示します。
　SMTPサーバは、クライアントがTCP接続してくるのを待ち受けます。クライアントが接続してきたところで、SMTPのメール送信セッションが開始します。通信チャネルはたいていSSL/TLS（ポート番号465）なので、コマンドや応答も含めて、中身はすべて暗号化されます。ポート25番を用いて平文で通信することも仕様上は可能ですが、セキュリティ上の理由から、これを拒否するサーバも増えています。
　サーバからの挨拶文（220 Greeting）を受信したクライアントは、自身のドメイン名を引数に取ったEHLOコマンドを送信することで自身が誰であるかを示します。ドメイン名がなければ、角括弧で括られたIPアドレスを使います。サーバはこのドメイン名が存在するものかをチェックすることで、クライアントが正当な通信相手かを確認できます。
　サーバはEHLOに応答を返します。図ではコマンドを受諾したので、応答コード250とその意味である「OK」を返しています。これで挨拶は完了したので、メール送受に移行します。
　クライアントは送信元メールアドレス、宛先メールアドレス、そしてメールメッセージを順にサーバに送信します。使用するコマンドはそれぞれ、MAIL FROM、RCPT TO、DATAです。MAIL FROMとRCPT TOには、メールアドレスを1つ提示します。通常、それぞれヘッダフィールドのFromとToに対応しています。宛先が複数の場合、クライアントはRCPT TOコマンドを宛先の数だけ繰り返します。

図2 SMTPのセッション

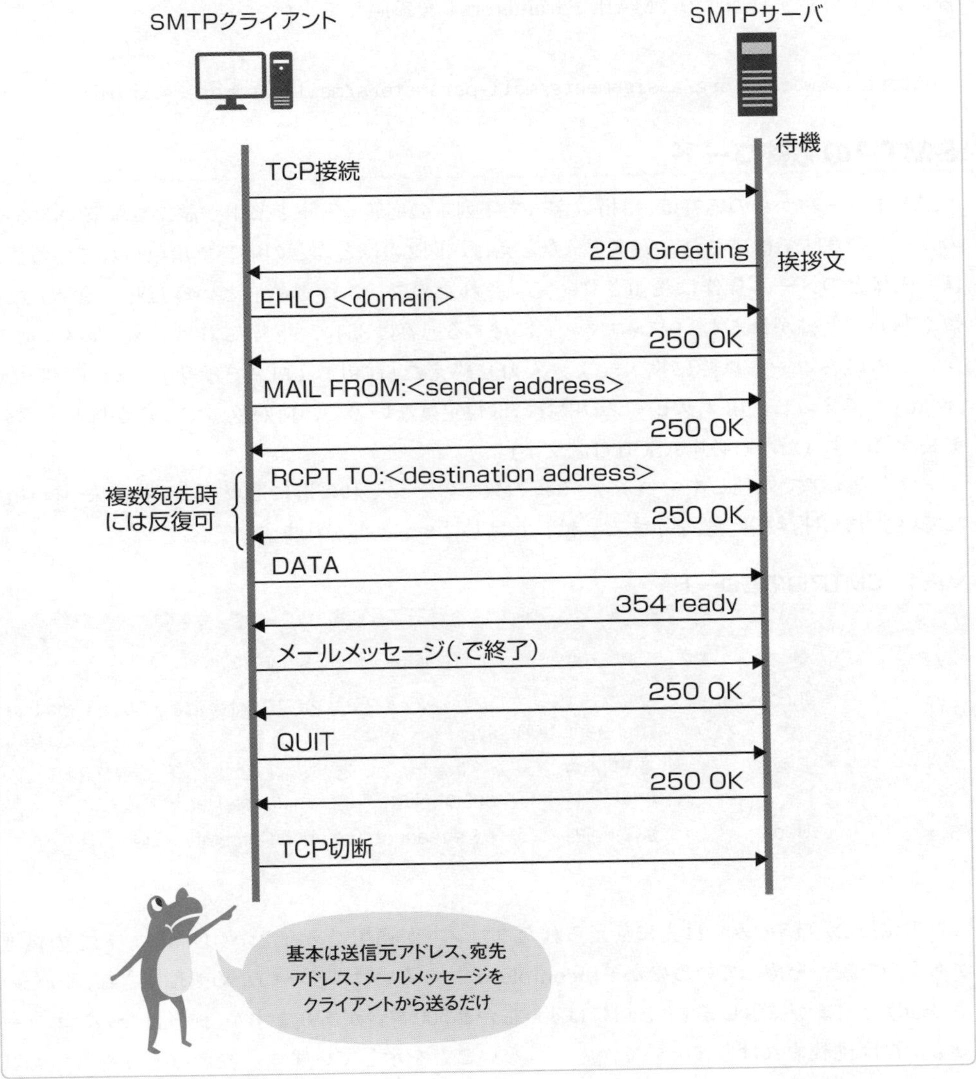

SMTPクライアント　　　　　　　　　　SMTPサーバ

待機

TCP接続

220 Greeting　　　挨拶文

EHLO <domain>

250 OK

MAIL FROM:<sender address>

250 OK

複数宛先時
には反復可
RCPT TO:<destination address>

250 OK

DATA

354 ready

メールメッセージ（.で終了）

250 OK

QUIT

250 OK

TCP切断

基本は送信元アドレス、宛先
アドレス、メールメッセージを
クライアントから送るだけ

　次はメールメッセージです。クライアントは、DATAコマンドに続いてメールメッセージを送信します。メールメッセージの終了は、ドット.だけからなる行で示します。その前の行の改行もあるので、これはCRLF.CRLFです。メッセージ本文に.だけからなる行があるときは、メッセージ終了と間違えないよう、クライアントはこれを..に置き換えなければなりません。逆にサーバ側は、メールボックスにメッセージを収容するときにこれをもとの.に戻します。

　SMTPセッションの終了はクライアントからのQUITコマンドで示されます。これに対してサーバが「OK」を返せば、メールが無事に送信されたことを確認できます。セッションが終了したら、TCP接続は切断されます。

上記は最もベーシックなSMTPセッションです。これ以外のコマンドについてはRFC 5321および以下に示すIANAの「MAIL Parameters」を参照してください。

```
https://www.iana.org/assignments/mail-parameters/mail-parameters.xhtml
```

SMTPの応答コード

SMTPサーバからの応答は、3桁数字（文字列）の応答コードとヒトが読んで理解できるそのコードの意味で構成されています。たとえば、図2のほとんどの応答で用いられている250は「先ほどのメール操作は受領され、完了されたので、次へ進め」という意味（意訳）で、短く「OK」と書かれます。DATAコマンドに対する応答は354ですが、これは「メールメッセージをこの応答コード以降に投入せよ。入力し終えたらCRLF.CRLFで示せ」という意味で、「ready」です。ヒト用メッセージの中身には規定はないので、何が返ってくるかはサーバの実装次第です（ただし必ずASCII可読文字）。

ソフトウェアで処理しやすいよう、3桁の数字のそれぞれの桁には表1に示す意味が付与されています。3桁数字全般を示すときは、しばしばxyzと書かれます。

▼**表1　SMTPの応答コード**

コード	短い意味	説明
2yz	Good	コマンドは受諾された（Positive Completion Reply）。
3yz	Incomplete	コマンドは受諾されたが、次のアクション（コマンド）を待っている（Positive Intermediate Reply）。
4yz	Bad	修復可能なエラー。今は駄目だが、あとでならばコマンドが受け付けられるかもしれない（Transient Negative Completion Reply）。
5yz	Bad	修復不可能なエラー（Permanent Negative Completion Reply）。

百の位（2から5のみ）は先に与えられたコマンドが適切であったか（Good）、続きの処理があるので続報を待っているのか（Incomplete）、あるいはエラーのため処理できなかったのか（Bad）を大まかに示します。Badには400番台と500番台がありますが、前者は今のはエラーでも、再度挑戦すればうまくいくかもしれないことを示しています。後者はどうやっても対処できないので、同じコマンドは送ってはならないという意味です。

十の位は分類を示します。用いられる値は0から5までです。x0zは文法に関わること、x1zは参考情報、x2zはTCP接続に関わること、x5zはメールシステムそのものに関わることです。x3zとx4zは現在未使用です。

一の位は細目です。

コード250から確認します。これは2yzなので、コマンドはサーバに受諾され、その処理が完了しています（Good）。そして、x5zなので、コマンドがMAIL FROMやRCPT TOなど、直接メールに関わることを示しています。最後のxy0は個別番号です。

● POP3セッション

　POP3のクライアントサーバ間の通信は、SMTPとあまり変わりません。クライアントが接続するとサーバが最初の挨拶を返し、コマンドと応答をやりとりすることでメールメッセージを取得し、セッションを終了します。コマンドも応答もASCII文字ベースの行単位で、行末がCRLFで示されるところも同じです。

　というよりも、インターネットのアプリケーション層プロトコルは大なり小なり、可読ASCII文字で記述される行指向のコマンドと応答という同じスタイルを採用しています。DNS（10-6節）のようなバイナリ指向のプロトコルの方が例外なくらいです。第12章のHTTPにいたっては、3桁の応答数字とその体系もSMTPとほぼ共通です。

　POP3におけるクライアントとサーバの通信セッションの例を図3に示します。

図3 　POP3のセッション

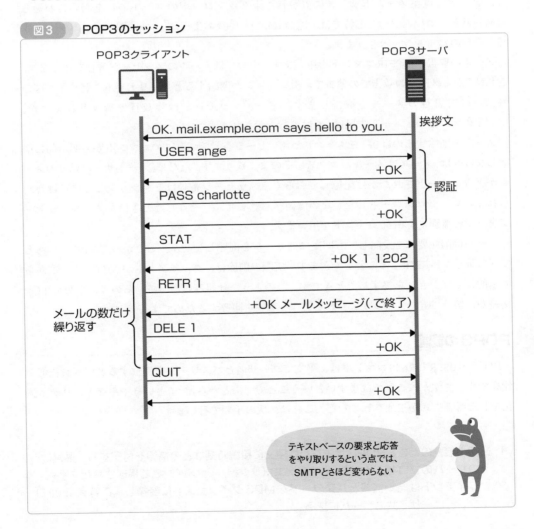

　SMTPとの大きな違いは、POP3ではユーザ認証が最初に行われるところです。（以前は）

オープンだったSMTPと異なり、メールメッセージの取得という極めてプライベートな操作を行うPOP3では、最初からユーザ認証が用意されています（SMTPのユーザ認証は拡張という形の後付けなので、メインの仕様書には記述されていません）。ユーザ名を送るときはUSERコマンドを、パスワードを示すときはPASSコマンドをそれぞれ用います。図にあるように引数であるユーザ名もパスワードも平文で、まる見えです。もっとも、通信チャネルは接続時点からSSL/TLSが用いられているので（はずなので）、暗号化されています。今もポート110番を利用している方は注意してください。

POP3はSMTPよりもシンプルな応答フォーマットを使います。コマンドが成功なら+OKを、エラーなら-ERRだけです。応答にその他の情報を含めるときは、応答コードのうしろにパラメータとして示します。

たとえば、現在メールボックスに置かれた未ダウンロードのメールの数を問い合わせるSTAT（状態）コマンドへの応答では、図の+OK 1 1202のように、+OKに続いて、メールの本数と全体のバイト数が示されます。

メールの取得にはRETRコマンドを用います。引数にはメールのメッセージ番号を示します。これは1からメールの数までの連番で、セッションが開始すると共にリセットされます。図のRETR 1は1番目のメールを取得します。メールメッセージは複数行で構成されますが、SMTPの例に倣い、メール末尾は.だけの行で示されます。

メールを削除するのはÐELEコマンドとメッセージ番号です。このコマンドから明示的に削除しなければ、メールはメールボックスにそのまま残ります。ただし、メールサーバはどのメールがダウンロードされたかは記憶しておらず、メッセージ番号はセッションごとに付け替えられるので、ダウンロードしたしないは調べられません（そうしたときは、メールメッセージを一意に識別するUIÐLコマンドを用います）。

サーバは削除要求を受諾しても即座にはメールを削除しません。したがって、ÐELEのあとで同じ番号からRETRすることもできます。実際の削除は、クライアントがQUITコマンドから明示的にセッションを終了したときです。このような仕組みになっているのは、事故でTCP接続が途切れても、メールが失われるような事態を回避するためです。

POP3の認証

POP3のUSERとPASSコマンドは、平文でユーザ名とパスワードを送信するというお花畑な仕様です。さすがにこれではまずいということで、あとからAPOPというややセキュリティ強化をした認証方式が追加されました。これは、次の手順で行います。

1. 最初の接続のとき、POP3サーバが挨拶文に接続時刻などの情報を付記する。通常は、そのサーバのプロセスID、日時（Unixエポック秒）、ドメイン名で構成された文字列。
2. クライアントは時刻情報とパスワードをMD5ダイジェストに変換し、これをAPOPコマンドとユーザ名共にサーバに送る。

次に例を示します（RFCより）。

```
サーバの挨拶文：  +OK POP3 server ready <1896.697170952@dbc.mtview.ca.us>
クライアントの認証： APOP mrose c4c9334bac560ecc979e58001b3e22fb
```

　挨拶文にある<>の部分がMD5ダイジェストに用いる文字列です。最初の1896がプロセス
ID、697170952が日時（1992年2月4日）、@以降がドメイン名です。これにパスワードtan-
staafを加えて次の文字列を形成します。

```
<1896.697170952@dbc.mtview.ca.us>tanstaaf
```

　これをMD5ダイジェストに変換すると、上記のc4c9334bac560ecc979e58001b3e22fbとな
ります。サーバは自機の知っている挨拶文とパスワードから同様に計算をし、これがユーザ
のダイジェストと一致すれば、パスワードが正しいと判断します。
　MD5はどんな文字列でも128ビット（16バイト）に要約する（ダイジェストする）計算方
法です。アルゴリズムはRFC 1321に示されていますが、計算するだけなら、Windowsでは
CertUtil -hashfileコマンドが、Unixならmd5sumが利用できます。上記の文字列がファイ
ルapop.txtに収容されているとして、Windowsでの例を示します。

```
C:\temp>type apop.txt Enter                          ←ファイルの中身確認
<1896.697170952@dbc.mtview.ca.us>tanstaaf

C:\temp>certutil –hashfile apop.txt MD5 Enter        ←MD5ダイジェスト生成
MD5 ハッシュ (対象 apop.txt):
c4c9334bac560ecc979e58001b3e22fb
CertUtil: –hashfile コマンドは正常に完了しました。
```

　Unixのmd5sumの実行例は次の通りです。

```
$ md5sum apop.txt Enter
c4c9334bac560ecc979e58001b3e22fb  apop.txt
```

　MD5ダイジェストは暗号学的に安全ではない（強度が低い）ため、パスワードの送信など
セキュリティが重要視される場面では利用しないことが推奨されています。

11-6 まとめ

　本章ではメールアドレスとメッセージのフォーマット、その国際化、メールシステムの構造、そして実際にメールを送受するアプリケーション層プロトコルであるSMTP、POP3、IMAPを説明しました。重要な点は次の通りです。

ポ　イ　ン　ト

- ・メールシステムはアドレス、メッセージ、通信コマンド、その応答など、すべてASCIIベースです。
- ・メールアドレスは言うまでもなくange@example.comのようなフォーマットですが、<ange@example.com>ように<>で囲まれたもの、Ange le Carre <ange@example.com>のように表示名の加わったフォーマットもあります。
- ・メールアドレスの@の右側はMX（Mail eXchange）レコードのドメイン名です。
- ・メールメッセージはヘッダとボディからなります。前者は送信者や送信日時を示すメールのメタデータです。
- ・非ASCII文字あるいはバイナリデータをメールに記述するときは、エンコーディングしなければなりません。このとき、（もともとの）メディアの種別（文字なら文字コードも）とエンコーディング方式の2つの情報が必要です。
- ・メールシステムは主としてメール送受のSMTP、メール取得のPOP3、メール操作のIMAPからなります。メールソフトの設定が1か所だけで済まないのは、複数のアプリケーション層プロトコルを使っているからです。
- ・メールシステムはインターネットの黎明期からある古いものです。基本設計にはセキュリティがまったくというほど含まれていないので、SSL/TLSが必須です。

12

Webサービスと
HTTP

本章では、インターネットの代名詞ともなっているサービスで
あるWebを説明します。具体的には、Webサービスへのアクセ
ス方法を示すURL、クライアントとサーバの間で交換されるメッ
セージの形式とその機能、そしてWebサービスを提供するアプ
リケーション層プロトコルであるHTTPです。

12-1 URL

リソースを取得するのに必要な3つの要素

Webページなどを取得するに際し、クライアントはインターネット上のどこかにあるサーバに要求メッセージを送ります。このとき、クライアントは最低限でもアクセス先、アクセス方法、その名称を知っていなければなりません（図1）。

図1　リソースへのアクセスに必要な3つの要素

クライアント

要求

リソース

－アクセス先（ホスト）
－アクセス方法（通信プロトコル）
－ローカルでの名称（ファイル等へのパス）

サーバからリソースを取得するには、
リソースのある場所（アクセス先）、
そこへたどり着く方法（アクセス方法）、
その場所での所在（ローカルな名称）
が必要

取得したいモノは、**リソース**と総称されます。わざわざ「何かの用足しにするもの」という漠然とした意味のresourceという語を用いているのは、ほしいものが黒猫の画像であったり、音楽であったりと多岐にわたり、必ずしもWebページ（HTMLテキストデータ）とは限らないからです。辞書は「資源」と訳していますが、原油などの工業資源のイメージが強いせいか、たいていはカタカナのまま書かれます。

アクセス先は、そのリソースを取得できる場所です。「エクレア」というリソースが必要なら、取得できるのは洋菓子屋やコンビニなので、その住所です。インターネットではこれはドメイン名（10-2節）です。

アクセス方法は、その場所にたどり着く方法です。エクレアを求めてお店に行くなら、歩く、自転車をこぐ、電車に乗るなどの方法を講じます。インターネットでは、これはアプリケーション層プロトコルです。本章のトピックはHTTPですが、インターネットに散らばるあらゆるリソースに網羅的にアクセスすることを考えると、アクセス方法はこれにとどまりません。

たとえば、IPアドレスを使っている組織を知るプロトコルはwhoisです（3-6節）。

　アクセス先に到達したら、ほしいものを名指しで注文します。エクレアも、店によっては
エクレールだったりロングジョンだったりと呼称が変わることもあるので、その店固有のロー
カル名を用います。インターネットでは、これはそのホスト上のファイルへのパスです。同
じ中身のファイルが異なる場所では異なるファイル名を持つこともありますし、異なる中身
でも別のホストではファイル名が同じだったりと、エクレア同様、名称はローカル依存です。

URL

　リソースを特定する3つの要素は、**URL**（Uniform Resource Locator）と呼ばれる識別子
でまとめて表現されます。「統一資源位置指定子」という難解な訳語があてられていますが、
「インターネット上のたいていのものなら、どんな格好の代物でも、これで誤りなく名指しで
きる便利な名前」という意味です。

　Uniform（統一的）と宣言するだけあって、何でも表現できるように設計されています。ア
クセス先はドメイン名あるいはIPアドレスくらいとバリエーションはさほど豊富ではありま
せんが、アクセス方法はたいていのアプリケーション層プロトコルをカバーしており、また
ホスト上のローカルな対象もファイル、データ、計算メカニズム、データベース、テキストメッ
セージなど何でも表現します。仕様は、ヒトや会社や書籍などの物理的な存在も表現すると
まで述べています。一例を図2に示します。

図2　多様なURL

URL

メール
mailto:ange@example.com

FTP
ftp://example.com/doc/doc1.docx

Web
https://example.com/

DNS
dns:www.example.org.?clAsS=IN;tYpE=A

ローカルファイル
file:///C:/temp/file.txt

電話
tel:+1-201-555-0123

URLはインターネット上の
リソースをその種別を問わず表現できる
ように設計されている

URLのフォーマットはRFC 3986で規定されています。本節では、Webサービス（HTTP/HTTPS）で用いられるものについてのみ説明します。

●URLのフォーマット

URLは図3のように、**スキーム**（scheme）、**権限元**（authority）、**パス**（path）の3つの要素で構成された文字列です。前述の説明に従えば、それぞれアクセス方法、アクセス先、ローカルな所在です。

> **図3** URLフォーマット
>
> https://www.example.com/top/page.html
>
> スキーム　　　　　　権限元　　　　　　　パス
> （アクセス方法）　　（アクセス先）　　（ローカルな所在）
>
>
> URLはスキーム、権限元、パスで構成される

URLはスペースを除くASCII可読文字（11-2節）で記述されます。スキームと権限元の間は://で区切られます。この3文字はスキームにも権限元にも含まれないので、要素に分解するときは無視します。権限元とパスの間はパスの先頭のスラッシュ/で区切られます。このスラッシュはパスに含まれます。

このように、特定の文字には要素を区切るなど特定の機能が付与されているので、要素の記述で安全に利用できるのは一般的に次の文字だけです。

・英数文字（a-zA-Z0-9）
・4つの記号（役物）文字：ハイフン-、ドット.、アンダースコア_、チルダ~

大文字小文字は区別されるので、Aとaは異なります。ただし、権限元がドメイン名で記述されるときは、ドメイン名の大文字小文字は区別されません。

●スキーム

スキームは、クライアントが権限元にアクセスするときの方法を示す識別子です。たいていはアプリケーション層プロトコルを指すのですが、スキームと必ずしも1対1に対応するとは限りません。たとえば、Webサービスでは平文にはhttp、SSL/TLSで暗号化された通信路にはhttpsの2種類が用意されていますが、どちらもアプリケーション層プロトコルにはHTTPを用います。よく用いられるスキームを表1に示します。

▼表1　よく用いられるスキーム

スキーム	アクセス方法
dns	DNS
file	ローカルファイル
http	平文のHTTP
https	SSL/TLSで暗号化されたトランスポート層を使うHTTP
mailto	電子メール

　スキームで用いてよい文字は英数文字、プラス+、ドット.、ハイフン-です。大文字小文字は区別されますが、小文字であることが期待されています。

　口頭あるいは広告などでは、スキームを抜いてドメイン名だけ（たとえばwww.shuwasystem.co.jp）がしばしば示されますが、それは正確にはURLではありません。ブラウザのフィールドにドメイン名だけ入力してもHTTPアクセスできるのは、ブラウザが暗黙的にhttp/httpsを補足してくれるからです。

　スキームは登録制です。現在登録されているスキームの一覧は、次のURLに示すIANAの「Uniform Resource Identifier (URI) Schemes」から確認できます。

```
https://www.iana.org/assignments/uri-schemes/uri-schemes.xhtml
```

権限元

　権限元は、そのリソースを収容したホストを示します。一般にはドメイン名（FQDN）ですが、IPアドレスの直書きも使えます。IPv4アドレスの場合はドット10進表記そのまま、IPv6アドレスなら16進コロン表記を角括弧[]で括ります。次に例を示します。

```
https://192.0.2.100                               ←IPv4
http://[2001:0db8:85a3:0000:0000:8a2e:0370:7334]  ←IPv6
```

　権限元は://以降からスタートし、終端は/、?、あるいは#で示されます。

ポート番号とユーザ情報

　権限元には、オプションとしてユーザ情報（userinfo）やポート番号（port）を示すことができます（図4）。ユーザ情報を加えるときはホスト名の前に先付けし、間はアットマーク@で区切ります。ポート番号のときはホスト名のうしろに、コロン:を挟んで加えます。

図4 URL 権限元の拡張

ユーザ情報はホストにアクセスするときに提示するユーザ名です。以前は`username:password`のようにパスワードも付すことができましたが、セキュリティ上の観点からこの書式は廃止されました。次の例では、ユーザ名`frederica`を加えています。

```
https://frederica@www.example.com
```

ポート番号は、宛先ホストが待ち受けているトランスポート層プロトコルのポート番号です（7-2節）。サーバのシステムポートはスキーム（＝アプリケーション層プロトコル）から判断できるので、普通は不要です。サーバがシステムポート以外で待ち受けられているときに指定します。たとえば、次のhttpスキームの例のように、デフォルトのポート80番ではなく、8080番が用いられているケースで用います。

```
http://www.example.com:8080
```

パス

パスは権限元内でのリソースの所在を指し示します。つまり、ホストのディレクトリ上のパスです。図3では`/top/page.html`です。

権限元とパスを区切るのは、パスの先頭文字のスラッシュ`/`です。これは、Unixのファイルシステム同様にルートディレクトリを指し示しますが、URLではWebサーバが管理する階層的なディレクトリ構造のトップを意味します。たとえば、ホストファイルシステムで`/var/www/html`というディレクトリが、Webサーバのドキュメント管理上のトップディレクトリ`/`として扱われます。

パス内の要素の間は`/`で区切られます。これは、パス区切り文字に`\`（日本語環境では¥）を用いるWindowsでも同じです。

パスの末尾は、続くクエリ文字列との区切り文字の疑問符`?`か、フラグメントとの区切り文字のハッシュ`#`で示されます。それらがなければ、URLの末尾がパス部分の末尾です。

フラグメントとクエリ文字列

パスのうしろには、オプションで**フラグメント**（fragment）や**クエリ文字列**（query）を加えることができます（図5）。フラグメントを加えるときはパスとの間にハッシュマーク#を挟みます。クエリ文字列のときは間に疑問符?です。フラグメントとクエリ文字列をどちらも加えるときは、クエリ文字列を先に書きます。

図5 フラグメントとクエリ文字列

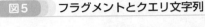

パスにはフラグメントとクエリ文字列という補助情報を加えることができる

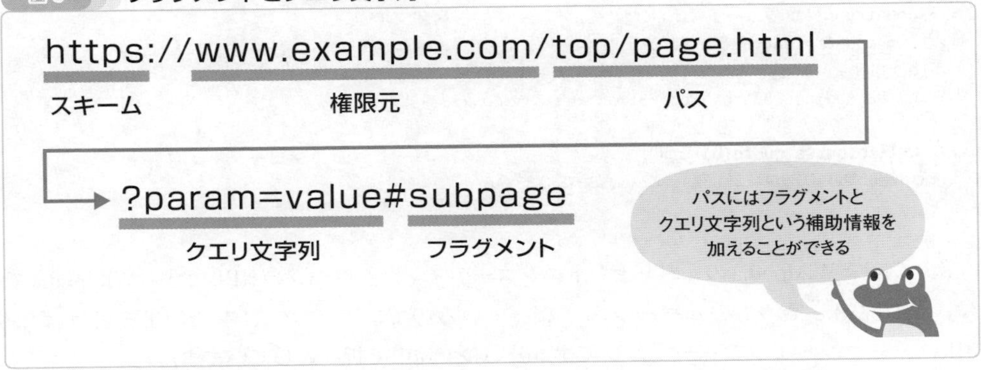

フラグメントは、パスで示されたリソース内部の位置を示すための補助情報です。フォーマットはメディアに依存するので一般化することはできませんが、HTMLファイル/top/page.htmlに埋め込まれたアンカー<a name="section1">Section1</a>というタグの位置にジャンプするときのURLは次のように書かれます。

```
https://www.example.com/top/page.html#section1
```

クエリ文字列は文字通り「問い合わせ」の内容を示します。このとき、問い合わせの種別を示す変数（キー）と問い合わせ内容の文字列をイコール=で結んで示すのがHTTPでの一般作法です。次に示すのは、Googleのメインページの検索フィールドに「querystring」を入力して検索するときのURLです。パスの/searchが問い合わせを受け付ける窓口（プログラム）、qが変数（これはGoogleが決めたもの）、検索文字列がquerystringです。

```
https://www.google.com/search?q=querystring
```

パーセントエンコーディング

URLの要素で利用できる文字は、基本的には英数文字と4つの記号文字です。これ以外の文字を用いるときは、文字の16進コードの前にパーセント%を付けた表記を用います。これを**パーセントエンコーディング**（percent-encoding）と言います。たとえば、スペース（0x20）をパーセントエンコーディングすると%20となります。やっていることはQuoted-Printable

（11-2節）と同じで、=が%になっただけです。英文字部分を大文字にするのも同じです。

和文字など非ASCII文字はUTF-8のコードを用います。手作業が面倒なら、Pythonの urllib.parseモジュールのquoteメソッドを利用します。次の例では、「ソヴュール」をまず UTF-8としてバイト列に直し、パーセントエンコーディングしています。

```
Python
>>> import urllib.parse Enter
>>> country = 'ソヴュール' Enter          ←和文字列
>>> b = country.encode('utf8') Enter     ←UTF-8バイトに変換
>>> b Enter
b'\xe3-82\xbd\xe3-83\xb4\xe3-83\xa5\xe3-83\xbc\xe3-83\xab'

>>> urllib.parse.quote(b) Enter          ←パーセントエンコーディング
'%E3%82%BÐ%E3%83%B4%E3%83%A5%E3%83%BC%E3%83%AB'
```

次の例は、Wikipediaの「パーセントエンコーディング」ページのURLです。Wikipediaでは、項目見出しそのものがページ名になっているので、パスは（日本語のまま書けば）/ wiki/パーセントエンコーディングです（長いので途中で折り返しています）。

```
https://ja.wikipedia.org/wiki/%E3%83%91%E3%83%BC%E3%82%BB%E3%83%B3%E3%83%88%E3%82
%A8%E3%83%B3%E3%82%B3%E3%83%BC%E3%83%87%E3%82%A3%E3%83%B3%E3%82%B0
```

HTTP/HTTPS以外のスキームのURL

URLはHTTP以外のプロトコル（サービス）でも用いられます。ここでは、mailtoとfile スキームを説明します。

メールアドレスを示すmailtoスキームは、HTMLページのHREFタグなどでしばしば目にすることでしょう。最もシンプルな用法でのフォーマットは、次に示すようにmailto、コロン:、そしてaddr-spec形式（ローカルパートと@とドメイン名からなる最もシンプルな形式）です（11-1節）。

```
mailto:frederica@sauville.example.net
```

ただ、メールアドレスのローカルパートでは許容されていた文字の中には、URLでは使えないものもあります。たとえば、%は上述のパーセントエンコーディングで使われているので、%25と書かなければなりません。他にも、カンマ,を使って複数のメールアドレスを記述できるなど、mailto固有の記法があるので、興味ある方はRFC 6068を参照してください。

Webブラウザでローカルファイルを閲覧するときに用いるfileスキームのフォーマットは、http/httpsとほとんど変わりません。次に、/var/www/html/index.htmlファイルにアクセスするときの例を示します。

```
file://localhost/var/www/html/index.html
```

　権限元の`localhost`は「その」ホストという意味のドメイン名で、IPアドレスにしたらローカルループバックアドレスの`127.0.0.1/8`です（3-4節）。

　「その」ホストは自明なので、省くことができます。その場合、権限元部分が空文字になるので、`file:///...`のようにスラッシュが3つ連続します。

```
file:///var/www/html/index.html
```

　Windowsファイルシステムではドライブ名が必要ですが、その場合も、次のようにパス先頭にドライブ識別子とそのコロン`:`を加えるだけです。

```
file:///C:/temp/foo.pdf
```

　Windowsファイルシステムなのでファイルやドライブ名の大文字小文字は問いません（C でもcでもよい）。詳細はRFC 8089を参照してください。

URI、URL、URN

　URLは**URI**（Uniform Resource Identifier）という名でも呼ばれ、厳密さを重視する技術的な文書ではそちらが用いられることが多いようです。

　URIは図6に示すようにURLとURN（Uniform Resource Name）の2つの要素を包括する概念です。これら2点の大きな違いは、リソースの所在の考え方にあります。URLは「どこ」に行けばリソースが取得できるかを気にします。URNはどこにあっても構わない代わりに、必ずその名前で一意に参照できることに腐心します。

図6　URI、URL、URNの関係

　両者の違いは、紙の本から考えるとわかりがよいでしょう。URLはその本を入手できる本屋や図書館の所蔵場所（書架）を示します。その場所に置かれた本が求めている中身かには頓着しません。指定の場所から取ってきて寄こすだけです。URNはISBNコード（たとえば978-4-7980-6866-4）のように、特定の本を指し示します。この番号で参照すれば、本の中身は必ず求めているものです。しかし、URNはそれがどこで買えるかは示しませんし、絶版であっても気にしません。

　URNに言及することがなければ、URLで通して構いません。本書でもURLと書いています。

12-2 HTTPメッセージ

HTTPメッセージの構造はメールとほとんど同じ

本節では、プロトコルとしてのHTTPにおける要求と応答のメッセージを説明します。HTTPにはいくつものバージョンがありますが、最も古いバージョン0.9を除けば、メッセージのフォーマットは共通です（昨今ではほとんど使われないこともあり、以下、0.9には触れません）。仕様はRFC 9110で規定されています。

HTTPメッセージは要求、応答どちらも、ヘッダとボディからなる大きなひとかたまりで構成されています（図1）。

図1 HTMLメッセージフォーマット

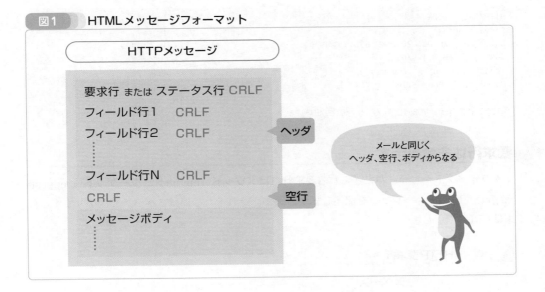

見ての通り、メールメッセージ（11-3節）と構造はまったく同じです。ヘッダとボディが空行で分けられるのも同じなら、複数の「行」からなるヘッダ部分の行末がそれぞれCRLFで示されるのも同じです。

HTTPメッセージヘッダの構造

ヘッダは、クライアントからサーバへの要求時に送られるときは**要求ヘッダ**（request header）、反対にサーバからクライアントへの応答時に送られるときは**応答ヘッダ**（response header）と呼ばれます。呼称は異なりますが、2行目以降が後述のフィールド行（field line）で埋められるという形式は同じです。

要求と応答のヘッダで異なるのは先頭行です。要求ヘッダの場合、ここには要求コマンドが示されます。これを**要求行**（request line）と言います。応答ヘッダの先頭行は**ステータス行**（status line）と呼ばれ、要求されたコマンドの可否が示されます。

具体例を示します。最初のものは要求メッセージで、3つのフィールド行で構成されていま
す。メッセージボディはなくても、間の空行があるところがポイントです。

```
GET / HTTP/1.1                                          ←要求行
Host: www.shuwasystem.co.jp                             ←フィールド行1
User-Agent: curl/7.68.0                                 ←フィールド行2
Accept: */*                                             ←フィールド行3
                                                        ←空行
```

次に示すのが応答メッセージです。フィールド行はここでは5行あります。要求よりも応答
の方がフィールド数が多いのが一般的です。ボディはHTMLテキストです。

```
HTTP/1.1 200 OK                                         ←ステータス行
Server: nginx                                           ←フィールド行1
Date: Sat, 29 Oct 2022 09:06:40 GMT                     ←フィールド行2
Content-Type: text/html                                 ←フィールド行3
Transfer-Encoding: chunked                              ←フィールド行4
Connection: keep-alive                                  ←フィールド行5
                                                        ←空行
<!DOCTYPE html PUBLIC "-//W3C//DTD XHTML 1.0 ...        ←ボディ
```

要求行は命令を示す

クライアントからサーバに送られる要求行には**メソッド**（method）、**ターゲット**（request-
target）、HTTPバージョンを記述します（図2）。それぞれの間はスペースで区切ります。行
末はCRLFで示します。

図2　HTTP要求行

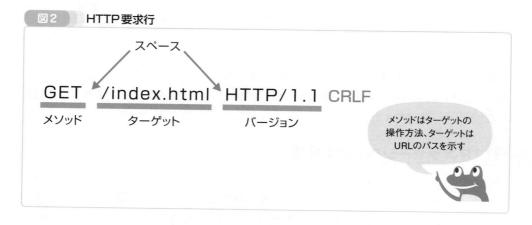

メソッドは、ターゲットの操作方法を指定します。英文の命令形で言えば動詞部分に相当
します。図2のGet /index.htmlは文字通り、「index.htmlを取ってこい」という意味です。
メソッドは現在40種類が登録されていますが、よく用いられるものは表1に示す5点です。

▼**表1** HTTPメソッド

コマンド	用途
GET	指定のターゲットを取得する。
HEAD	GET同じだが、応答ヘッダだけを返す（ボディは返さない）。
POST	指定のターゲットに、要求メッセージに含めたボディを付け加える。
PUT	指定のターゲットを、要求メッセージに含めたボディを用いて新規に作成する（あるいは置き換える）。
DELETE	指定のターゲットを削除する。

　仕様的には大文字小文字は区別され、英文字以外にも数字や15種類ほどの記号文字も利用できますが、現時点では（ハイフンの入った1つを除き）すべて英大文字だけで構成されています。全リストは次にURLを示すIANAの「Hypertext Transfer Protocol (HTTP) Method Registry」から確認できます。

```
https://www.iana.org/assignments/http-methods/http-methods.xhtml
```

　ターゲットはURLのパス部分です。URLのスキーム（システムポート番号）と権限元（ドメイン名）はサーバとのTCP接続に用いられるものなので、要求行には現れません。
　HTTPのバージョンはHTTP/に加えて示します。バージョン番号の形式はn.mのようにメジャー番号、ドット.、マイナー番号で構成されます。たとえば、バージョン1.1ならHTTP/1.1です。マイナー番号は省くこともでき、その場合、nはn.0と解釈されます。たとえばバージョン2は2.0と等価です。HTTPには現在5つのバージョンがありますが、これについては12-3節で説明します。

メソッドはリソース依存

　指定のメソッドが使えるかどうかは、ターゲットによって異なります。表1のメソッドをホスト上のファイル操作に置き換えて考えると、POSTは追加あるいは修正、PUTは新規生成あるいは上書き、DELETEは削除なので、ファイルの読み書き同様、必要な権限がなければ操作はできません。
　指定されたメソッドが許可されていないときは、ステータスコード405（後述）と共に、利用可能なメソッドを示す応答が返ってきます。次に例を示します。

```
HTTP/1.1 405 Method Not Allowed        ←メソッド不許可
Allow: GET, HEAD                       ←使えるのはこの2つだけ
```

● 応答行は命令の結果を短く示す

応答行にはバージョン、**ステータスコード**（status code）、**事由**（reason phrase）が示されます（図3）。それぞれの間がスペースで区切られ、行末がCRLFで示されるのは要求行と同じ要領です。

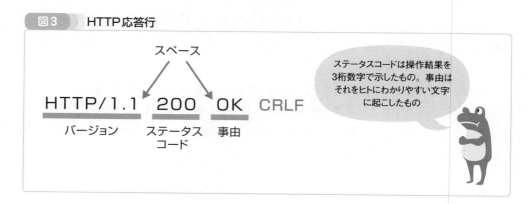

図3　HTTP応答行

バージョンの書式は要求行と同じです。

ステータスコードは3桁数字で、値の位に応じて意味が付されている点など、その形式は大枠ではSMTPのものと同じです（11-5節の表1）。ただし、SMTPのものとは百の位の解釈がやや異なり、十の位にはとくに意味は付与されていません（そのため、xyzではなく、1xxのように書かれます）。表2にこれを示します。

▼**表2　HTTPのステータスコード**

コード	意味	意味（和）	説明
1xx	Informational	情報	要求は受理されたので、次のアクション（要求）へと進め。
2xx	Success	成功	コマンドは受理された。
3xx	Redirection	転送	要求を完遂するには、次のアクションが必要。
4xx	Client Error	クライアントエラー	クライアントからの要求が不正である。
5xx	Server Error	サーバエラー	要求は妥当だが、サーバがそれを処理できない。

よく見るのは、ページ取得に成功したときの「200 OK」、指定のターゲットは他所に移動したのでそちらを参照せよという「301 Moved Permanently」、指定のターゲットは存在しないという「404 Not Found」でしょう。

ステータスコードの全リストは次にURLを示すIANAの「Hypertext Transfer Protocol (HTTP) Status Code Registry」から確認できます。

https://www.iana.org/assignments/http-status-codes/http-status-codes.xhtml

　事由部分は仕様上はオプションですが、たいていは示されます。利用可能な文字はASCII可読文字ですが、スペースや水平タブを含むこともできます。

フィールド行－メッセージを補完する補助情報

　フィールド行はそのメッセージを補完する情報を行単位で示します。

　要求ヘッダでは、フィールド行はメソッドだけでは示せない細かい要求条件を設定します。たとえばGETメソッドなら、言語別に複数のページが用意されていれば日本語を選択する、以前アクセスしたときから内容が変更されているときのみダウンロードするなどです。

　応答ヘッダでは、返信するボディに関わるメタデータを提示します。たとえば、ボディのバイトサイズ、用いられているメディア種別、文字コード、エンコーディング方式、あるいは最終変更日時などを示します。

　フィールド行はフィールド名（field name）とフィールド値（field value）の2要素で構成されます（図4）。2つの要素の間はコロン：で区切られます。オプションでコロン直後にはスペースを入れてよいことになっており、可読性も高まることから、たいていは入れられています。行は例によってCRLFで終端されます。

図4　HTTPフィールド行

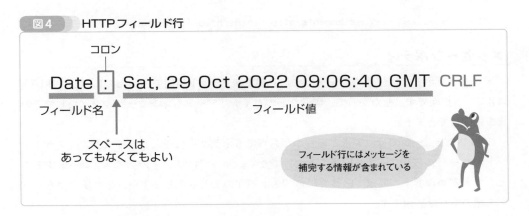

コロン

Date : Sat, 29 Oct 2022 09:06:40 GMT CRLF

フィールド名　　　　　　　　　　　フィールド値

スペースはあってもなくてもよい

フィールド行にはメッセージを補完する情報が含まれている

　フィールド名は英数文字と数点の記号文字でのみ記述されます（スペース不可）。大文字小文字を区別しませんが、慣習的に単語先頭は大文字、あとは小文字で書きます（UpperCamelCase形式）。単語間にはハイフン－を使います。つまり、メールメッセージのフィールド名と形式は同じです（11-3節）。

　フィールド値では、ほとんどのASCII可読文字が使用可能です。過去には欧州文字（ISO 8851-1）もそのまま使えましたが、今では他の言語文字同様、MIMEエンコーディングを介してのみ使用できます（11-2節）。

　フィールド行の数に制約はありませんし、メールメッセージと異なり、1行の長さにも最大長の規定はありません。

　主要なフィールド名を表3に示します（メッセージボディの中身を説明するフィールドは別途表4に示します）。

▼表3　HTTPの主要なフィールド名

フィールド名	意味
Authorization	認証が必要なURLに対し認証情報をサーバに示す。
Connection	TCP接続をどのような状態にするかを指示する（閉じる、継続してオープンしておくなど）。
Date	HTTPメッセージが送信された日時。日時のフォーマットはメールメッセージと共通（11-3節）。
Host	要求フィールドで、宛先ホストを示す。
Location	要求されたリソースは他所にあることをそのURIから示す。
Referer	このリソースを知った参照元（リンク元）。
Server	このリソースを返送したサーバソフトウェアの名称やバージョン。
User-Agent	この要求を送信したクライアントソフトウェアの名称やバージョン。

　フィールド名の全リストは次にURLを示すIANAの「Hypertext Transfer Protocol (HTTP) Field Name Registry」から確認できます。

```
https://www.iana.org/assignments/http-fields/http-fields.xhtml
```

メッセージボディ

　メッセージボディは任意のデータです。SMTPが7ビット指向であったのに対し、HTTPは8ビット指向です。したがって、画像などのバイナリデータもエンコーディングなしでそのまま送受信できます。

　HTTPメッセージでは、要求と応答のどちらでもボディを含むことができます。クライアントがサーバからリソースを取得するだけでなく、サーバにリソースをアップロードすることもできるからです。要求・応答共にボディが不在のこともありますが、その場合でもヘッダ末尾の空行は必須です。

　重要なのは、プログラムにボディの終端を誤りなく明示する方法です。SMTP/POP3では、ボディの終端はCRLF.CRLFで示されました。HTTPにはいくつかのパターンがあります。

旧版ではコネクション切断

　HTTP/0.9、HTTP/1.0では、1回のTCPセッションで送受できるのはリソース1つだけなので、リソースの送信が完了したら、接続を切断することでボディの末尾を示します。

ボディサイズが既知の場合

　ボディサイズがわかっているときは、応答ヘッダのContent-Lengthフィールドからそのバイト数を示します。次に示すのは、PNG画像を要求したときの応答ヘッダ（抜粋）です。

```
HTTP/1.1 200 OK                                    ←応答行
```

```
Date: Mon, 31 Oct 2022 00:05:55 GMT          ←応答日時
Content-Length: 1275                         ←1275バイト
  ⋮
```

● **ボディ長が未知の場合**

　ボディ長が不明なこともあります。たとえば、リソースがプログラムによって自動生成されるときは、データの送り始めの時点ではトータルのデータサイズはわかりません。

　その場合、**チャンク形式**（chunked）と呼ばれるボディ構成方法が用いられます。Chunkは「かたまり」という意味で、ボディがいくつかのチャンクに分けて送信されます。受信側は受け取ったチャンクを順に連結することで、ボディ全体を再構成します。

　チャンク形式のボディが用いられたときは、Content-Lengthの代わりにTransfer-Encoding: chunkedを応答ヘッダに示します。

チャンク形式ボディ

　チャンク形式では、図5に示すように複数のチャンク（かたまり）が登場順に積み重なっています。それぞれのチャンクはチャンクのサイズ、チャンクのボディ（中身）、そしてチャンク終端を示すCRLFで構成されます。

　　図5　　**チャンク形式のメッセージ**

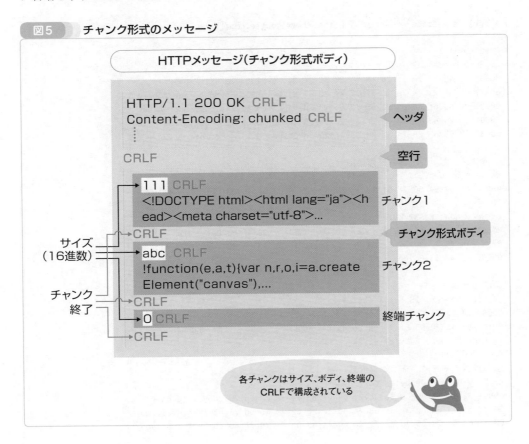

　チャンクサイズは16進数表記のASCII文字で示されます。図の最初のチャンクに示した「111」は3文字の数字（0x31 0x31 0x31）で、10進数に直せば273です。チャンクサイズは1行で示されるので、ここもCRLFで行末が示されます。これにボディがそのバイト数だけ続きます。チャンクの終端はCRLFで示されます。

　このように複数のチャンクが続き、データがすべて送信されたところで、終端チャンクでボディの終端が示されます。これはサイズゼロのチャンクなので、0、その行の終端のCRLF、そしてチャンク終端のCRLFだけで構成されます（0x30 0x0d 0x0a 0x0d 0x0a）。

チャンク形式ボディ例

　チャンク形式の例を、コマンドライン指向のWebクライアントのcurlから示します。Wiresharkだと暗号化されたデータは読めませんが、curlなら復号した結果を表示してくれます。用法は付録Cを参照してください。

　テストの宛先はhttps://www.google.com/とします。可読性を損なうプログレスバーは-sオプションから抑制し、--traceオプションで全送受データを16進ダンプします。また、チャンク形式ボディはHTTP/2では用いられないので、HTTP/1.1を強制する--http1.1オプションを加えています。

```
$ curl -s --trace - --http1.1 https://www.google.com/ Enter
  ⋮
①要求メッセージ
=> Send header, 78 bytes (0x4e)
0000: 47 45 54 20 2f 20 48 54 54 50 2f 31 2e 31 0d 0a GET / HTTP/1.1..
0010: 48 6f 73 74 3a 20 77 77 77 2e 67 6f 6f 67 6c 65 Host: www.google
0020: 2e 63 6f 6d 0d 0a 55 73 65 72 2d 41 67 65 6e 74 .com..User-Agent
0030: 3a 20 63 75 72 6c 2f 37 2e 36 38 2e 30 0d 0a 41 : curl/7.68.0..A
0040: 63 63 65 70 74 3a 20 2a 2f 2a 0d 0a 0d 0a        ccept: */*....
  ⋮
②応答メッセージ（ヘッダ先頭部分）
<= Recv header, 17 bytes (0x11)
0000: 48 54 54 50 2f 31 2e 31 20 32 30 30 20 4f 4b 0d HTTP/1.1 200 OK.
0010: 0a                                              .
<= Recv header, 37 bytes (0x25)
0000: 44 61 74 65 3a 20 4d 6f 6e 2c 20 33 31 20 4f 63 Date: Mon, 31 Oc
0010: 74 20 32 30 32 32 20 30 32 3a 34 31 3a 33 35 20 t 2022 02:41:35 
0020: 47 4d 54 0d 0a                                  GMT..
  ⋮
③応答メッセージ（ヘッダ末尾。ボディとの間のCRLF）
<= Recv header, 28 bytes (0x1c)
0000: 54 72 61 6e 73 66 65 72 2d 45 6e 63 6f 64 69 6e Transfer-Encodin
0010: 67 3a 20 63 68 75 6e 6b 65 64 0d 0a             g: chunked..
<= Recv header, 2 bytes (0x2)
0000: 0d 0a                                           .
④応答ボディ先頭。チャンク形式
<= Recv data, 309 bytes (0x135)
0000: 33 38 36 39 0d 0a 3c 21 64 6f 63 74 79 70 65 20 3869..<!doctype 
0010: 68 74 6d 6c 3e 3c 68 74 6d 6c 20 69 74 65 6d 73 html><html items
0020: 63 6f 70 65 3d 22 22 20 69 74 65 6d 74 79 70 65 cope="" itemtype
```

```
  ⋮
⑤最終チャンク
<= Recv data, 5 bytes (0x5)
0000: 30 0d 0a 0d 0a                              0....
== Info: Connection #0 to host www.google.com left intact
```

　最初の要求メッセージは要求行（GET / HTTP/1.1）と3つのフィールド行（Host、User-Agent、Accept）で構成されています（上記の①）。最後のバイトが0d 0a 0d 0a、つまり最後のフィールド行の終端とボディとの間の空行なところがポイントです。

　しばらく空けて登場するのが、応答ヘッダの最初の部分です（②）。応答行はHTTP/1.1 200 OKなので、要求は受け付けられました。しばらく応答ヘッダフィールドが続き、最後に来たのがTransfer-Encoding: chunkedで、メッセージボディがチャンク形式であることを示しています（③）。

　これにすぐ続くのが最初のチャンクです（④）。先頭4バイトがチャンクサイズを示しています。16進数字で3869_{16}、10進数に直せば14441_{10}バイトです。チャンクサイズに続く2バイトが改行を示す0d 0a（CRLF）なところがポイントです。以下、ボディのバイト列が続きます。一気に14441バイトでなく、309バイト単位のようになっているのは、TCPがセグメント化しているからです。

　メッセージボディ末尾は0とCRLFが2つからなる最終チャンクです（⑤）。

ボディの内容に関わるヘッダフィールド

　応答ヘッダにはボディの表現形式に関わるフィールドがいくつか示されます。代表的なものを表4に示します。

▼表4　ボディの表現形式を示すヘッダフィールド

フィールド名	説明
Content-Length	ボディのバイト長をバイト単位で示す。
Content-Type	ボディに含まれているメディアタイプを説明する。メールメッセージと共通。
Transfer-Encoding	メッセージのエンコーディング方式。メールメッセージのContent-Transfer-Encodingに相当。
Last-Modified	ボディの最終更新日時。日付フォーマットはSMTPに同じ）。

　Content-Lengthフィールドはボディ長をバイト単位で示すもので、上述の通りです。

　Content-Typeフィールドはボディに含まれているメディアタイプを示すもので、text/plainやimage/pngなど、メールメッセージ（11-3節）で用いられているものと同じです。テキスト系では使用文字コードを示すcharsetが併記されるのも同じです。

　Transfer-Encodingフィールドはボディ転送時のエンコーディング方式を示すもので、メールメッセージのContent-Transfer-Encodingに相当します。ただ、8ビットデータをそのまま送受できるHTTPではエンコーディングは必要ありません。代わりに、データをチャンク

化したか、それともGZipを用いて圧縮したかを示します。値のリストは次のURLに示す
IANAの「Hypertext Transfer Protocol (HTTP) Parameters」に掲載されています。

```
https://www.iana.org/assignments/http-parameters/http-parameters.xhtml
```

Last-Modifiedフィールドは、リソースの最新更新日時を示します。フォーマットはDate
フィールドと同じ、つまりメールの日時フォーマットと同じです（11-3節）。

12-3 HTTPセッション

HTTPの5つのバージョン

HTTPのセッション管理方法はバージョンによって異なるので、先にバージョンの説明をします。

HTTPには現在、表1に示す5つのバージョンがあります。2列目の発行年は最初にRFCが発行された年です。正式なRFCのなかったバージョン0.9は、ドラフト仕様の年です。HTTPのRFCは頻繁に更新されているので、3列目には最新のものを示します。

▼表1 HTTPのバージョン

バージョン	発行年	RFC	説明
0.9	1992	なし	ファイルをダウンロードするだけ。
1.0	1996	RFC 1945	ファイルのアップロード、状態管理のCookieなどが導入された。
1.1	1997	RFC 9112	現在最も用いられているバージョン。
2	2015	RFC 9113	通信効率の向上とプッシュ機能の追加。最近ポピュラー。
3	2022	RFC 9114	QUICという新しいトランスポート層プロトコル（L4）を採用した最新のHTTP。

どのバージョンを用いて通信をするかは、要求行のバージョン部分で示します（12-2節）。ただし、HTTP/0.9については、バージョン文字列を示さないことで0.9が使われることを暗示します（たとえばGET /のみ）。

これらはすべて現役です（明示的に無効化はされていない）。ただし、最も古いHTTP/0.9はHTTP/1.0にフォールバックされることがあったり、つい最近（2022年6月）に仕様化されたHTTP/3はまだ実験的にサポートしているだけのサイトやブラウザの方が多いので、現段階で有効的に利用されているのは1.0、1.1、2の3種類です。

HTTPは次第に複雑になっていく…

HTTPは時を経るにつれ、次第に複雑になっていきました。これは、HTMLファイルをさくっとダウンロードするだけという当初の目的から利用範囲が広がり、セキュリティや通信効率の向上が求められるなど、盛り込む内容も多くなったからです。

プロトコルの複雑さは、仕様書のサイズからうかがうことができます。Tim Bernard-Leeが最初に開発したHTTPの仕様書は、ほんの数ページでした（1991年）。これがHTTP/1.0のRFC 1945になると、一気に60ページへと増量します（1996）。HTTP/1.1になると最初の版のRFC 2068が162ページ（1997）、改定版のRFC 2616が176ページ（1999）、そのさらに改定版になると6部作のRFC 7230〜7235になり、トータルで305ページです（2014）。

オリジナルのHTTPの仕様は、次のURLに示すWorld Wide Web Consortium（W3C）の「Classic HTTP Documents」から閲覧できます。歴史的なものなので今この場で役に立つ文

書ではありませんが、HTTPの考え方を学ぶのには最適です。

https://www.w3.org/Protocols/Classic.html

バージョンによるセッション管理の違い

バージョンが異なっても、HTTPの基本は変わりません。どのバージョンでもメソッド（コマンド）を埋め込んだ要求メッセージを送れば、応答メッセージが返ってきます。利用するフィールドに違いはありますが、メッセージの基本フォーマットも変わりません。

違いは、要求−応答をどのタイミングで交換するかに現れます。1.0、1.1、2のセッション管理のシーケンス図を図1に示します。いずれも要求−応答の組を3回送受しています。

図1　要求−応答メッセージ交換のタイミング（セッション管理）

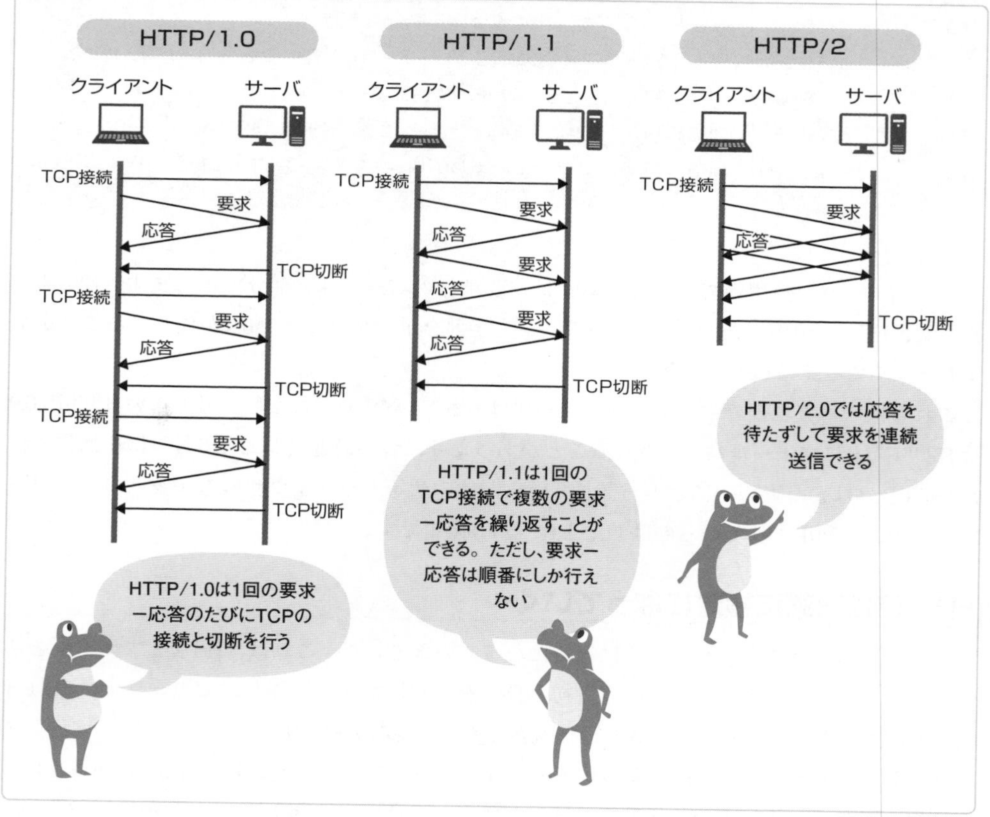

シーケンス図の縦方向は時間経過を示しているので、バージョンが進むにつれ、トータルでのロード時間が短くなっていくのがわかります。

HTTP/1.0では、1回の要求−応答のたびにTCP接続を開き、閉じます。用いられるヘッダフィールドも数が限られているのでその部分はライトウェイトですが、TCP接続は3ウェイハンドシェイク（8-3節）のコストが高いという問題があります。しかし、いちどきに実行さ

れる要求−応答数が少ないときには、他バージョンと同等の性能です。

　HTTP/1.1では、複数の要求−応答を1回のTCP接続でまかないます。要求と応答の組を区別する仕組みが追加で必要になるので、HTTP/1.0よりはメッセージ量的には少しだけですが重くなります。要求−応答は順番にしか扱えません（パイプライン化と呼ばれる要求の一気送信もありますが、オプションです）。つまり、複数の画像やCSSファイルなどで構成されたHTMLページでは、これらページ要素を順に取得することになります。

　HTTP/2では、シーケンシャルな取得という制約がなくなり、複数の要求を一気に行えます。これにより、トータルでのロード時間がどれよりも短くなり、それだけユーザのストレスも低くなります。その代わり、セッション管理は以前のバージョンよりも複雑です。

　本節では、主としてHTTP/1.1の動作を説明します（RFC 9112）。

HTTP/1.1の必須フィールド−Host

　HTTP/1.1の要求ヘッダには必ずHostフィールドがなければなりません。このフィールドには、リソースを提供するサーバのドメイン名とポート番号をコロン：で連結した文字列を値として指定します（ポート番号はオプション）。

　https://www.example.com/html/page.htmlを要求するときのHTTP/1.1の最小の要求メッセージは次のようになります。

```
HTTP/1.1 GET /html/page.html          ←パス指定
Host: www.example.com                 ←ドメイン名
                                      ←空行
```

　TCP接続をすでに済ませているのだから、宛先情報はすでに明らかで不要ではと思われるかもしれません。実際、HTTP/1.0ではこのヘッダは用いられません。これは、接続先のサーバが複数のドメイン名で知られているとき、名前に応じて異なるリソースを提供できるようにする仮想サーバ（virtual server）という仕組みのために用意されています。たとえば、https://www.example.comとhttps://internal.example.comがどちらも同じホストの同じWebサーバで稼働しているとき、前者でアクセスしてきたら対外用の情報を、後者なら社員用の情報を提供するといった運用ができます。

　Hostフィールドは要求メッセージの（要求行直下の）最初のフィールドとして書き込むことが推奨されています。

HTTP/1.1の持続的接続

　シーケンス図（図1）で示したように、HTTP/1.1では複数の要求−応答を1回のTCP接続内で繰り返すことができます。1度確立されたTCP接続は、明示的にどちらかが接続終了を宣言しない限り維持されます。これを持続的接続（persistent connection）と言います。

　TCP接続の管理はConnectionヘッダフィールドから示します。Connection: closeでTCP接続の終了です。反対の持続はConnection: keep-aliveですが、持続するのがデフォルト動

作なので、明示的に示す必要はありません。

　次の図2では、1回の持続的接続の中で、要求と応答の交換を3回行っています。最初の2回では、クライアントはConnection: keep-aliveを示すことで、この要求への応答を受けたあとに別の要求を送ることをサーバに示します。最後の要求ではConnection: closeを示すことで、これへの応答を受けたら切断するようにサーバに伝えています。

図2　　HTTP/1.1のTCP接続管理（持続的接続）

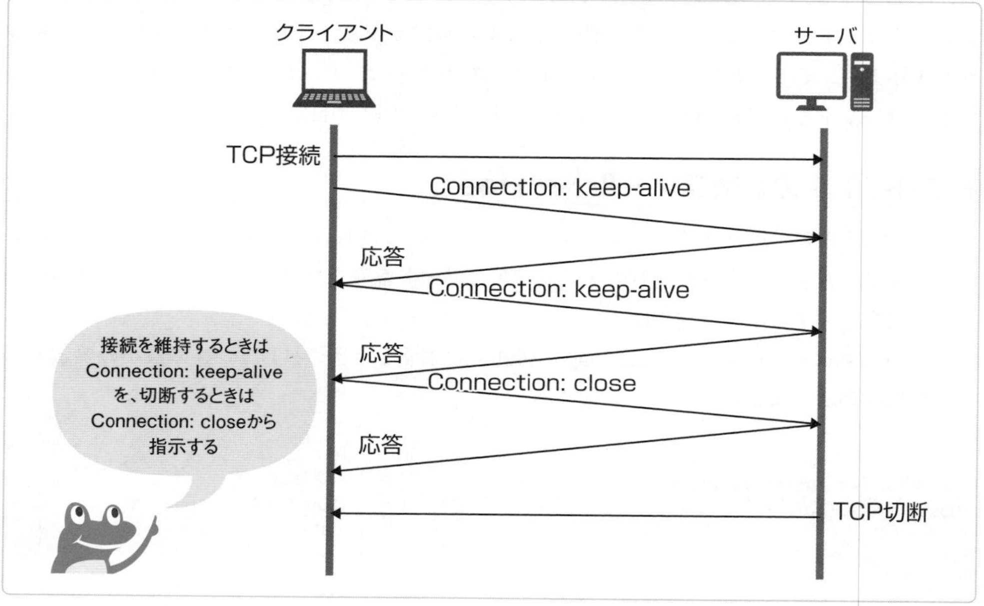

　Connectionヘッダフィールドはサーバからも送ることができます。サーバはこのヘッダとその応答を送り終えたあとで接続を切断します。接続を切断するのは、基本的にサーバ側です（図の矢印が左向き）。

　ConnectionはHTTP/1.1固有のフィールドです。HTTP/2およびHTTP/3では利用されません。

● サーバの実装上の制約

　仕様には定められていない、サーバの実装に依存した制約がいくつかあります。

　たとえば、持続的接続状態にあっても、しばらく要求が受信できなければサーバはタイムアウトしてTCPを切断します。Apache Webサーバでは、これはKeepAliveTimeoutという設定項目（ディレクティブ）で指定でき、デフォルトでは5秒です。

　1回のTCPセッションで行える要求の数を制限できるサーバもあります。Apache WebサーバはこれをMaxKeepAliveRequestsと呼んでおり、デフォルトでは100が設定されています。最大要求数に到達すると、サーバは応答メッセージヘッダにConnection: closeを示すことで、クライアントに次の要求は新たなTCP接続からリクエストするよう伝えます。

HTTPとHTTPS

HTTPは、トランスポート層にTCPを用いるクライアントサーバ型のアプリケーション層プロトコルです。

ウェルノウンポートは80番なので、URLでhttp://を用いるとデフォルトでシステムポート80番を用います。TCPもHTTPも送受するデータを暗号化しないので、通信は丸見えです。

そのため、今ではほとんどのサイトがSSL/TLSで保護されたTCPを用います（8-4節）。システムポートは443番です。スキームにはhttps（sはセキュアのs）を指定しますが、HTTPSという別のプロトコルがあるわけではありません。利用するトランスポート層が異なるというだけで、HTTPSもアプリケーション層プロトコル的にはHTTPです。

http://でアクセスしてページが読めたからと、安全ではないポート80番をそのまま使ったと思うのは早計です。http://でアクセスすると、サーバがhttps://に接続し直すように命じ、ブラウザがそれに従ってhttps://に要求を送信し直すのが最近では標準的な動作だからです。こうした要求のし直しは、URL入力フィールドにhttp://と入れて実行したはずが、ページが表示されるとhttps://に変化していることからわかります（図3）。

図3　HTTP転送

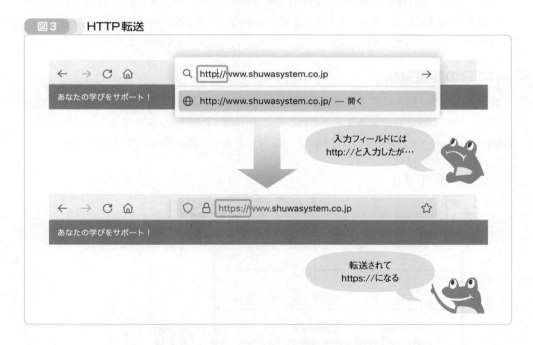

この動作を転送（redirect）と言います。転送はHTTPからHTTPSへだけでなく、目的のURLに変更があったとき全般で用いられます。

転送指示

HTTPの通信内容から転送動作を確認します。

サーバは、要求を満たす別のURLがあることを300番台のステータスコードから示します（12-2節の表2）。よく用いられるのは301番のMoved Permanently（恒久的な変更）です。こ

のとき、サーバはどこに要求を再送すればよいかをLocation応答ヘッダフィールドに示します。この応答を受けたブラウザは、Locationの指示に従って再度、要求を送信します。

実例をcurlから示します。一般的なブラウザと異なり、curlは転送指示があっても自動的な転送をしないので、動作確認には最適です。次の例の-Iオプションは、HEADメソッドを用いることで応答ヘッダだけを取得するよう指示するものです。

```
$ curl -I http://www.shuwasystem.co.jp/ [Enter]        ←暗号なしを指定
HTTP/1.1 301 Moved Permanently                         ←転送指示
Server: nginx
Date: Tue, 01 Nov 2022 01:53:37 GMT
Content-Type: text/html
Content-Length: 178
Connection: keep-alive
Location: https://www.shuwasystem.co.jp/               ←HTTPSに行くよう指示
                                                       ←空行
```

サーバはConnection: keep-aliveで持続的接続を伝えていますが、Locationで指定されたURLを取得するには、SSL/TLSのTCP接続を新たに確立しなければなりません。http://から取得したいリソースが他になければ、クライアントは接続を切断します。

HTTPの認証機構

保護されたリソースにアクセスするには、操作に先立って認証が必要です。Webサービスの認証にはいくつか方法がありますが、ここでは、HTTPのメカニズムを介して提供されるAuthorizationヘッダフィールドを用いた方法を示します。認証手順を図4に示します。

図4 HTTP認証

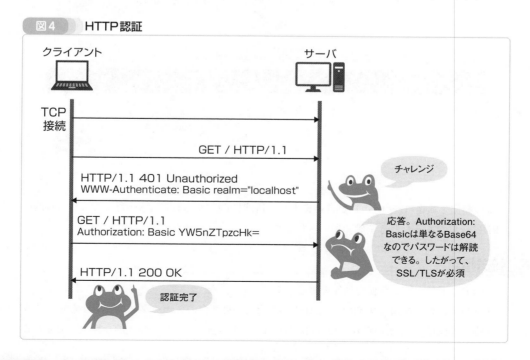

TCP接続完了後、クライアントは要求メッセージを送りますが、保護されたリソースなのでサーバが401 Unauthorizedを返して要求を拒否します。「認証されていません」という意味です。このとき、サーバはWWW-Authenticateヘッダフィールドを示すことで、認証情報が必要であることをクライアントに伝えます。このように、相手を「誰だ」と誰何する認証方式を**チャレンジー応答方式**（challenge-response）と言います。

WWW-Authenticateフィールドの値には、用いる認証方式が示されます（仕様はauth-schemeと呼んでいます）。ASCII文字で規定されたこの認証方式にはBasic（ユーザ名とパスワードを使う）、Bearer（OAuth2トークンを使う）などがあります。図4ではBasicを使用しています。指定可能な認証方式は次に示すIANAの「Hypertext Transfer Protocol (HTTP) Authentication Scheme Registry」に掲載されています。

https://www.iana.org/assignments/http-authschemes/http-authschemes.xhtml

WWW-Authenticateには、保護されているリソースのエリアがどの範囲なのかをクライアントに伝えるrealmというパラメータを加えることができます（認証領域と呼ばれます）。通常、これはクライアント（ユーザ）にどのエリアの認証情報が必要かを（入力に先立ち）明示するのに使われます。図では"localhost"です。realmの文字列は二重引用符"で括ります。

このチャレンジに対し、クライアントは求められた認証方式による認証情報をAuthorizationヘッダフィールドから返します。Basicでは、ユーザ名とパスワードをコロン：で連結した文字列をBas64でエンコーディングしたものを用います。Basic認証の仕様はRFC 7616で規定されています。ユーザ名がange、パスワードがspyのときのBasic認証データのBase64化は、11-2節同様、Pythonを使えば次の通りです。

```Python
> import base64 Enter
>>> base64.b64encode(bytes('ange:spy', 'utf-8')) Enter
b'YW5nZTpzcHk='
```

認証はサーバのチャレンジから始まらなくても構いません。そのリソースに何度もアクセスしているクライアントならば、どの認証方式が求められるかはあらかじめわかっているので、Authorizationヘッダをあらかじめ書き込んで最初の要求を送ることができます。

Basic認証方式は、ユーザ名とパスワードを単純にBase64エンコーディングしただけなので、その文字列からもとの情報を再現できます。したがって、これを使用するときは、SSL/TLSを通して暗号化しなければなりません。

HTTPはステートレスマシン

HTTPでは、複数のメッセージ交換の間で情報が共有されません。クライアントが先に送った要求メッセージのことは、サーバは覚えていません。連続して要求が送られてきても、サー

バはまったく新規のものとして扱います。このような通信のあり方を「状態がない」、あるいはカタカナで**ステートレス**（stateless）と言います。

　メールのPOP3（11-5節）を思い出してください。POP3のサーバは、最初にユーザ認証されたことを「覚えて」います。覚えているからこそ、続くRETR命令で、何も訊かずにメールメッセージを引き渡すのです。覚えていなかったら、毎回「あんた、誰」と聞くことでしょう。このように、前のことを覚えているの通信のあり方を、「状態がある」、あるいは**ステートフル**（stateful）と言います。

　HTTPは状態を持たないステートレスなマシン（メカニズム）として設計され、そして今でもステートレスなプロトコルです。

　しかし、これでは、オンラインショッピングサイトで複数の商品を購入し、最後にまとめて決済することができません。ステートレスでは、次の要求のときには前の注文がリセットされてしまうからです。

　そこで、クライアントとサーバの間でショッピングカートを使って互いにやり取りする仕組みを追加します（図5）。クライアントが最初の商品を選択し、そのことを要求メッセージでサーバに伝えると、サーバはそれをカートに入れて応答メッセージと共にクライアントに返します。クライアントが次に商品を選択するときは、選択した商品と共に先ほどのカート

図5　　**HTTPのショッピングカート**

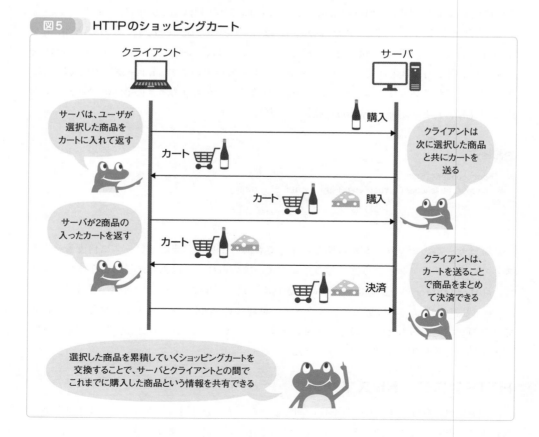

も送ります。すると、サーバは新しく購入された商品をカートに加えて返します。このようにして、商品をカートに順次追加していけば、買った商品全部をまとめたカートから決済ができます。

　HTTPショッピングカートの役割を果たすのは、**Cookie**（クッキー）と呼ばれるヘッダフィールドです。Cookieは2種類あり、サーバからクライアントに応答メッセージに含めて送るものをSet-Cookieフィールド、クライアントからサーバに要求メッセージに入れて送るものがCookieフィールドです。前者はサーバがクライアントに、Cookieをメモリに保存（セット）してほしいと伝える要求です。後者は、クライアントが自分のメモリ内のCookieをサーバに開示するものです。

　Cookieを使えば、クライアントとサーバが前のメッセージ交換を「覚えておく」ことができます。つまり、Cookieは、本来的にはステートレスであるHTTPに状態を導入する補助的な仕組みということができます。追加機能なので、メインのHTTP仕様（RFC 9110〜9114）には含まれていません。HTTP Cookieの仕様を規定するのはRFC 6265です。

Cookieの交換方法

　Cookieの交換による情報共有方法を図6に示します。

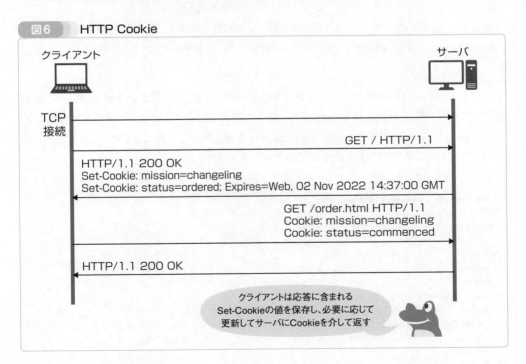

図6　HTTP Cookie

　クライアントからの最初の要求メッセージ（図中2本目の矢印）にはCookieは含まれていません。Cookieの利用を提案するのはサーバの役目です。

　この要求に対し、3本目の左向き矢印で示したように、サーバは応答メッセージヘッダにSet-Cookieフィールドを示すことで情報共有を開始します。1つの応答ヘッダに複数のSet-

Cookieフィールドがあっても構いません（図では2つ）。

Set-Cookieフィールドの値は、「名前＝値」(cookie-name=cookie-value)のペア(cookie-pair)です。図の最初のものでは、名前はmission、その値はchangelingです。2つ目のものは名前がstatusで、値がorderedです。名前も値もその用途も何でも構いません。ただし、利用できる文字はASCII可読文字列といくつかの記号文字です。

2行目のSet-Cookieに示したように、フィールド値には名前＝値以外の情報を補足できます。これらはCookie属性(Cookie attributes)と呼ばれ、図にあるように「属性名＝値」のフォーマットになっています（属性名だけのものはフラグになっており、値はない）。Cookieの名前＝値との間はセミコロン；で区切ります。ここでExpires=とあるのは、このCookieに有効期限を日時から示すものです。代表的なCookie属性を表2に示します。

▼**表2　主なCookie属性**

属性	説明
Expires	このCookieの有効期限の切れる日時。日時フォーマットはメールメッセージのDateフィールド値と同じ。
Domain	このCookieが送られるホストのドメイン名のリスト。ショッピングサイトと決済サイトが異なるとき、異なるサイト間でCookieが共有されることを示す。
Path	このCookieが利用されるそのホスト内の（URLの）パス。
Secure	このCookieはSSL/TLSでのみ送受してよい（属性名だけのフラグで、値はない）。
HttpOnly	このCookieはHTTPを介してのみ送受してよい（属性名だけのフラグで、値はない）。

クライアントは次の要求メッセージを送ります（図の4本目）。ここではmissionの状態は変化していないが、statusはorderdからcommencedに変更があったことを示しています。

www.google.comにアクセスしたときのCookie情報を例として次に示します（1行が長いので読みやすいところで折り返したり、省いたりしています）。

```
$ curl -s -D - www.google.com Enter
HTTP/1.1 200 OK
Date: Wed, 02 Nov 2022 04:29:16 GMT
 ：
Set-Cookie: 1P_JAR=2022-11-02-04;
  expires=Fri, 02-Dec-2022 04:29:16 GMT;
  path=/;
  domain=.google.com;
  Secure
Set-Cookie: AEC=LEluAiT53BznIp4WajxB_XN1x_-5ow_SrhFNnUQa_3o-5xHySTvFqYgeZf;
  expires=Mon, 01-May-2023 04:29:16 GMT;
  path=/;
  domain=.google.com;
  Secure;
  HttpOnly;
  SameSite=lax
Set-Cookie: NID=8and1sh2f3l...6XcM;
  expires=Thu, 04-May-2023 04:29:16 GMT;
```

```
path=/;
domain=.google.com;
HttpOnly
```

　3つのCookieがあります。Cookie名はそれぞれ1P_JAR、AEC、NIĐです。Cookieはサーバが用意し、サーバが解釈するサーバ独自のものなので、これだけでは何を目的としているかはわかりません。検索すると、最初と最後は広告用、真ん中はセッションの乗っ取りを防止するもののようです。いずれのCookieでもPathは/、Domainは.google.comなので、account.google.comなど.google.comで終わるどのドメイン名でも、/だけでなくそれ以下のすべてのパスでも、これらCookieは共有されます。

プロキシ代理通信

　HTTPには**プロキシ**（proxy）と呼ばれる代理機能があります。これは、クライアントがTCP接続先のサーバにリソースを懇請するのではなく、そこから別のサーバにアクセスするよう、要求の代行を依頼するものです。中間にある代行サーバを**プロキシサーバ**（proxy server）と言います。

　HTTPプロキシ通信の様子を図7に示します。クライアントはプロキシサーバy.exampleにTCP接続し、別のサーバx.exampleからリソースを取得するよう依頼します。このとき、ドメイン名を含んだURLをターゲットとして示すことで、これがプロキシ依頼であることを伝えます。Hostフィールドにもまた、ターゲットホストを示します。

図7　HTTPプロキシ

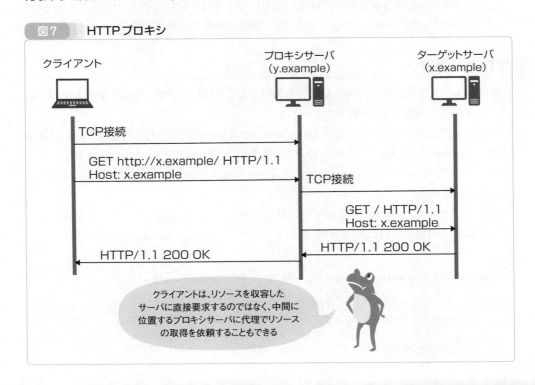

プロキシサーバはクライアントからの要求を読み取り、あたかも自身がもともとの要求元であるかのように、指定のターゲットとHTTP通信をします。そして、応答メッセージが得られたら、それをクライアントに転送します。

クライアントが直接ターゲットのサーバと通信をしたほうがよほど早いのに、わざわざプロキシを間に挟むのは、次のようなメリットがあるからです。

- **送信元の秘匿**－サーバはクライアントのIPアドレス、ひいてはその所在や組織を知ることができます。プロキシサーバを介せば、ターゲットサーバが知ることのできるのはプロキシのアドレスだけなので、本来の依頼人のものは秘匿できます。
- **サービスブロックの回避**－特定の地域（IPアドレス）からのアクセスしか認めないサーバもあります。たとえば、海外のリクエストを受け付けない日本のサービスなどです。これは、日本内のプロキシサーバを経由することで回避できます。逆に、サービスプロバイダ（あるいは国家）が特定のサーバや地域をブロックしているとき、これを回避するのにも利用できます。
- **サービスのブロック**－上記の逆で、企業や学校などの組織が、特定のWebサービスをアクセス不能にするのに利用されます。いわゆる「コンテンツフィルタリング」です。たとえば、学校でネットゲームやビデオ視聴を禁止するのに用いられます。
- **ログ収集**－組織が組織内のユーザのWebアクセスの記録を取るのに用います。業務に関係のないサイトに頻繁にアクセスする社員のあぶり出しに使えます。
- **セキュリティチェック**－アクセス先や応答メッセージが安全であるかを管理します。当然、個々の端末にもセキュリティソフトウェアは用意されていますが、必ずしも最新でなかったり、機能が不足しているなど、万全ではありません。その点、組織の1か所だけの関門であるプロキシサーバなら、強力なセキュリティシステムをプロのセキュリティエンジニアがセットアップできるので、組織の安全性は高まります。

プロキシの例

ホームネットワークでHTTPプロキシを利用することは稀ですが、企業や学校といった組織では（上述の理由から）一般的です。

プロキシ設定はブラウザに固有なものなので、ブラウザの設定項目から指定するのが通例です。Windowsなら、OSレベルの共通設定があります。[設定] → [ネットワークとインターネット] → [プロキシ] です。curlなら、-xオプション（ロングフォーマットは--proxy）から指定します。

次の例では、インターネット上のフリーのHTTPプロキシを利用しています（読みやすいように編集し、注釈を入れています）。真のターゲットはhttp://www.iana.orgです。

```
$ curl -s --trace-ascii - -x http://104.148.36.10:80 http://www.iana.org/ Enter
```

①プロキシサーバにTCP接続。アドレスが-xオプションで指定したものであるところに注目。
== Info: Connected to 104.148.36.10 (104.148.36.10) port 80 (#0)

②HTTP要求ヘッダ。要求行のパスとHostフィールドが真のターゲットなところがポイント。

```
=> Send header, 125 bytes (0x7d)
0000: GET http://www.iana.org/ HTTP/1.1        ←パスがフルURL
0023: Host: www.iana.org                       ←Hostは真のターゲット
0037: User-Agent: curl/7.68.0
0050: Accept: */*
005d: Proxy-Connection: Keep-Alive
007b:

③応答メッセージ。プロキシなしのセッションとまったく変わらない。
0000: HTTP/1.1 200 OK
0000: Date: Wed, 02 Nov 2022 19:42:58 GMT
0000: Server: Apache
0000: Vary: Accept-Encoding
0000: Last-Modified: Tue, 05 Oct 2021 16:31:06 GMT
0000: Content-Length: 6190
0000: X-Frame-Options: DENY
0000: X-Content-Type-Options: nosniff
0000: Referrer-Policy: same-origin
0000: Expires: Wed, 02 Nov 2022 20:07:42 GMT
0000: X-Content-Type-Options: nosniff
0000: Age: 2116
```

　フリーのプロキシはテスト以外ではお勧めできません。プロキシサーバは暗号メッセージを復号するので、データはプロキシ運用者にまる見えです。

1
2
3
4
5
6
7
8
9
10
11
12

もっと早く

Webページは多くのリソースで構成されています。メインのページ、画像、スタイルシート（CSS）、JavaScriptなど、ちょっとしたサイトなら100を超えるリソースからなっています。たとえば、https://www.shuwasystem.co.jp/のメインページは283個のリソース（ファイル）、サイズにして16 MBで構成されていました。これほどの量をダウンロードするにはかなり時間がかかります。筆者の環境で試したところ、ページを完全に表示するまでに15秒かかりました（HTTP/2使用）。

ページの反応速度が遅ければ、ユーザは待ってはくれません。ユーザに逃げられたら商機は失われてしまうので、早くなるようにシステムやページデザインをチューニングします。

本節では、HTTPによるページロードを高速化する技術をいくつか紹介します。

待機時間がどれだけまでならユーザの興味を惹き続けられるかとなると、いろいろな研究や説があります。最も頻繁に引用されるのは、ユーザインタフェースとユーザビリティの大家であるJacob Nielsenの10秒でしょう（"Usability Engineering", 1993）。8秒説もあれば、1秒でも20秒でもユーザのフラストレーションレベルは変わらないという説もあることからわかるように、作業やユーザの心的状況によって我慢のレベルは変わります。

作業者を増やして早くする

1本の通信路では遅いのなら、複数用意すればより高速にできます。最初に確立した1本のTCP接続では無数のファイルのダウンロードに時間がかかりすぎるのなら、別途スレッドやプロセスを起動し、それらからもサーバにアクセスさせます。

この様子を模式的に描いた図1では、ブラウザは最初に/を取得します。このHTMLページは/style.css、/code.js、/image.pngを参照しているので、これらもダウンロードします。このとき、1ファイルだけは/と同じ通信路を使いますが、残りの2つは、スレッドT1とT2で別に確立した通信路からダウンロードします。TCP接続のコストが余計にかかりますが、大量の数のページが必要ならもとが取れます。

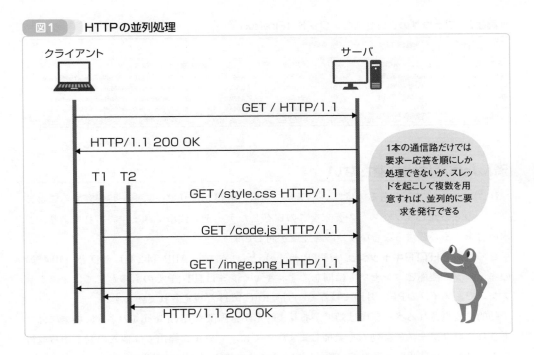

図1 HTTPの並列処理

実際の並列処理の様子は、ブラウザの開発ツールから確認できます。画面1はFirefoxのもので、［ウェブ開発ツール］で開いたウィンドウ下部のパネルから［ネットワーク］タブを開いたところです。名称やインタフェースが異なれど、メジャーなブラウザなら同様な機能が備わっているので、メニューをチェックしてください。

▼**画面1** HTTPの並列処理（Firefox）

ステ...	メソ...	ドメイン	ファイル	初期化	タイプ	転送量	サイズ	0 ms	80 ms	160 ms	240 ms	320 ms	400 ms	480 ms	56
200	GET	www.iana.org	/	document	html	2.39 KB	6.04 KB		135 ms						
200	GET	www.iana.org	iana_website.css	stylesheet	css	7.43 KB	34.53 ...				140 ms				
200	GET	www.iana.org	jquery.js	script	js	29.03 KB	87.40 ...						283 ms		
200	GET	www.iana.org	iana.js	script	js	1.31 KB	68 バ...					268 ms			

ブラウザがアクセスしたリソースが上から順に並んでいて、それらの右手の棒グラフがダウンロードの様子を示します。最初にアクセスしたのが/（4列目がパス名）で、0 msからスタートし、135 ms後にデータ取得を終了しています。しばらくはネットワーク上の活動がありませんが、240 ms時点で3本の要求－応答が同時に立ち上がります。

ユーザの目に映るのは1枚のブラウザ画面だけですが、その中では大量のプロセスとスレッドが走っているのが通例です。画面2はWindowsのタスクマネージャの［詳細］タブのものですが、この時点でfirefox.exeだけで26プロセスあり（あまりに多いので、画面では数点のみ掲載。プロセスは2列目のPIDの番号から識別できます）、それぞれが20～30本ほどのスレッドを走らせていました（6列目の「スレッド数」）。

▼**画面2　ブラウザのプロセスとスレッド（Firefox）**

プロセス	パフォーマンス	アプリの履歴	スタートアップ	ユーザー	詳細	サービス			

名前	PID	状態	CPU	CPU 時間	メモリ (アクティブ...	スレッド数	イメージ パス名
firefox.exe	10484	実行中	00	0:00:00	6,552 K	23	C:¥Program Files¥Mozilla Firefox¥firefox.exe
firefox.exe	11252	実行中	00	0:00:00	6,512 K	23	C:¥Program Files¥Mozilla Firefox¥firefox.exe
firefox.exe	12308	実行中	00	0:00:00	6,520 K	23	C:¥Program Files¥Mozilla Firefox¥firefox.exe
firefox.exe	608	実行中	00	0:00:00	30,016 K	31	C:¥Program Files¥Mozilla Firefox¥firefox.exe
firefox.exe	16280	実行中	00	0:00:03	101,376 K	30	C:¥Program Files¥Mozilla Firefox¥firefox.exe

済んだ作業は繰り返さない

　HTTPクライアントあるいはプロキシサーバは、取得したリソースを一時保存することにより、のちの同じリソースへの要求をこの保存したデータで代用できます。これにより、要求応答をする必要すらなくなり、応答速度が向上します。

　この機能を**HTTPキャッシュ**（HTTP cache）と言います。ARP（4-2節）やDNS（10-4節）のキャッシュ機能とコンセプトは同じです。キャッシュはHTTPそのものとしてはオプションなので、メインのRFC 9110ではなく、別のRFC 9111で規定されています。

　動的に変更されるページには効果がありませんが、画像やJavaScriptのように頻繁には変更されないリソースには効力を発揮します。とくに、プロキシ経由では他人の要求から取得したリソースを融通できるので、頻繁にアクセスされるサイトには効果的です。

　HTTPキャッシュの仕組みを図2に模式的に示します。

図2　HTTPキャッシュ

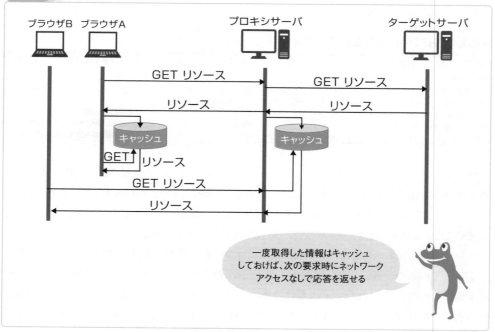

最初にブラウザAがプロキシサーバを介してリソースを取得します。返送されたデータは、プロキシサーバとブラウザAのキャッシュに収容されます。ブラウザAに再度同じリソースを要求すると、ブラウザは通信を一切せず、そのままローカルに保存されたキャッシュストレージからリソースデータを引き出して表示します。ここで、同じプロキシサーバを用いるブラウザBが同じリソースを要求します。プロキシサーバは要求を受け付けますが、ターゲットサーバには接続せずキャッシュにあるリソースをそのまま返します。

キャッシュ制御

キャッシュには、古くなったら廃棄するなどの仕組みが必要です。これらは、キャッシュ関連のヘッダで制御されます。

Expiresヘッダフィールドは、そのフィールド値からボディの有効期限を日時で示します。このヘッダは応答メッセージに含まれるもので、サーバ側で設定するものです。キャッシュのデータが有効期限切れなら、ブラウザ／プロキシはキャッシュを廃棄し、通常のHTTP要求−応答セッションを行います。例を次に示します。

```
Expires: Wed, 02 Nov 2022 21:11:58 GMT
```

Cache-Controlヘッダフィールドは、キャッシュの制御方法を指示します。フィールド値に指定できるキーワードはいくつかあり、たとえばno-cacheは、応答ヘッダに記載されていたときはデータをキャッシュしないようにとの指示です。要求ヘッダに書かれていたときは、キャッシュ上のデータがあったとしても、新鮮なデータを取り直してほしいとの指示です。他にもいくつかのキーワード値があるので、RFC 9111を参照してください。

提供元を増やして早くする

要求元の員数増しも効果的ですが、応答側の増強も効果的です。難しい話ではありません。スーパーのレジだって、お勘定をするという同じ目的の装置（と人）を数台用意しています。問題は、数台あるサーバにどのようにお客（要求）を割り振るかです。ブラウザは、空いているレジに自律的に並ぶほど賢くはありません。

そこで、**DNSラウンドロビン**（DNS Round-Robin）と呼ばれる方法を使います。この方法の仕組みを図3に示します。

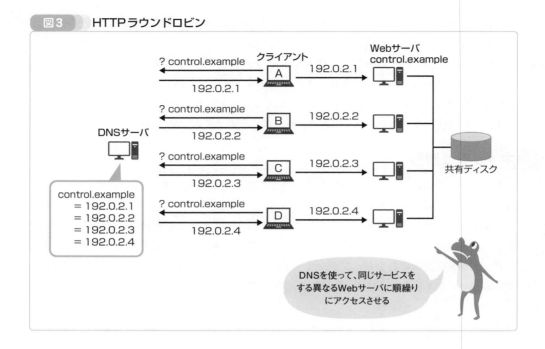

図3　HTTPラウンドロビン

　サーバ側は、ドメイン名は共通でもそれぞれ異なるIPアドレスを付与された数台のサーバマシンで構成されます。図では192.0.2.1から192.0.2.4の4台で、ドメイン名はcontrol.exampleです。クライアントがcontrol.exampleのDNS名前解決をすると、DNSサーバは4つあるAレコードを順繰りに返します。クライアントAには192.0.2.1、クライアントBには192.0.2.2といった塩梅です（正確には、複数のIPアドレスを登場順序を循環させながらすべて記載したAレコードを返します。レゾルバはリストの先頭をピックアップします）。これにより、それぞれのクライアントが別々のサーバに接続するので、負荷が分散され、応答速度が向上します。

　DNSラウンドロビンの優れているところは、特別なソフトウェアが必要でないところです。Webサーバは普通のサーバです。ただし、頻繁に内容が変更されたり、Cookieなどの状態情報を用いるときは、サーバ間でデータを共有するための共有ディスクが必要になります。クライアントにも変更はありません。DNSは、もともと1つのドメイン名に複数のIPアドレスを対応付けることができるので、こちらも手間はかかりません

1つのリストを循環する方式に、「コマドリ」あるいはマザーグースの「クック・ロビン」のような人名が出てくるのは、英国人の空耳のせいというのが有力な説です。もともとはフランス語で「rond rouban（またはruban）」、つまり輪になったリボンで、これが人名を記したリストになっていました。円環状なので、リストには先頭も末尾もありません。このリストは命がけの連判状に付されたもので、筆頭者をわからなくすることで首謀者を特定できなくするために用いられたと言われています。

管理職を雇う

DNSラウンドロビンは単純な順繰りなので、クライアントの誘導された先が必ずしも空いているサーバとは限らないという問題があります。重い要求が特定のサーバに集中することもあり得ますし、（同機種で揃えていなければ）性能の低いサーバにも高性能マシンと同じだけアクセスされます。

この問題には、社員の稼働状況を把握し、空いている人に仕事を割り振る管理職を設けることで対処できます。HTTPサーバの負荷を分散するためにとくに設計されたシステムを、**ロードバランサ**（load balancer）と言います。訳せば負荷均等器で、サーバ側の運用状況をチェックしながら要求を割り振ることができるので（設定次第）、DNSラウンドロビンよりも均等にクライアントを捌けます。

ロードバランサの構成を図4に示します。クライアントとサーバの間に位置して要求と応答を仲介するという意味では、プロキシサーバ（12-3節）と同じ中間装置です。ロードバランサ背後のサーバ群は**バックエンドサーバ**（backend servers）、あるいは短くバックエンドと呼ばれます。

図4 HTTPロードバランサ

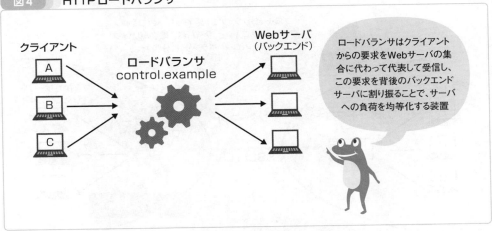

ロードバランサには、Webサービスアクセス先のドメイン名が付与されます。つまり、クライアントにとってのWebサーバは、このロードバランサです。クライアントが（Webサー

バだと思っている）ロードバランサにアクセスすると、ロードバランサはバックエンドサーバのどれかを選んでその要求を伝達し、結果をクライアントに返します。

バックエンド選択には、いろいろの方法が用意されているのが通例です。一例を挙げると、単純な順繰り（DNSラウンドロビンと効果としては同じ）、比例分配式（高性能マシンほど多く要求を受けるようにする）、負荷依存式（ときおりサーバをチェックしてそのパフォーマンスで転送先を判断する）があります。クライアントサーバ間のCookie情報を保存することで、1つのセッションを常に同じサーバに割り振ることもできます。これなら、背後のディスクを介してデータを共有する必要もなくなります（データベースの所在が背後のディスクから前方のロードバランサに移動したとも言えます）。

ロードバランサは、Webサーバがアクセス不能時には他に要求を周旋できるので、対故障装置（あるいは高可用化装置）としても働きます。

● 難しい仕事はその道のプロに委託する

ロードバランサは、バックエンドサーバの応答メッセージを一時保存することで、クライアントからの要求をサーバに伝達せず、そのままキャッシュから応答することもできます。つまり、プロキシサーバとしての役割も果たします。

一般的なプロキシサーバがクライアントの組織側のネットワークに属するのに対し、ロードバランサプロキシはサーバ側に属します。両者を区別するため、クライアント側の要求を取りまとめてサーバに送信する側を**フォワードプロキシ**（forward proxy）、クライアントの要求をサーバ群に分配する側を**リバースプロキシ**（reverse proxy）と言います。順方向、逆方向とも言います。これら2種のプロキシを図5に示します。

図5	フォーワードとリバースの2種類のプロキシ

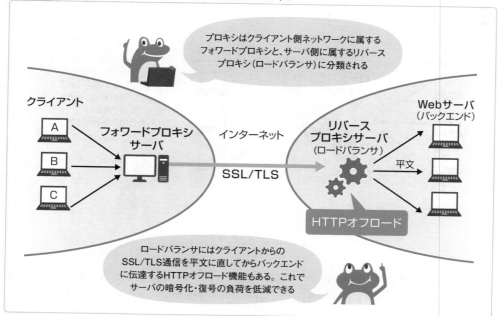

　円弧の内側は、ファイアウォールなどで保護されている安全なローカルなネットワークです。安全なので、平文のHTTP通信でも問題ありません。つまり、リバースプロキシサーバはSSL/TLSに載せられたクライアントの要求を復号したら、平文のままバックエンドに送ることができます。逆に、バックエンドからも平文のまま応答メッセージを受信でき、インターネットに向けて返送するときにSSL/TLSで暗号化します。これを**HTTPSオフロード**あるいは「SSL/TLSオフロード」と言います。

　暗号化と復号を必要とするSSL/TLSは非常に計算負荷の高い処理です。サーバには要求メッセージの解析、応答メッセージの生成、Cookie管理やデータベースアクセスなど多様な作業が課せられており、これにSSL/TLSが加われば応答速度の低下は免れません。そこで、SSL/TLSの処理に限り、その負荷（load）を免除（off）します。ハードウェアで構成した高速なSSL/TLS専用プロセッサを用意したロードバランサなら、高速に処理ができます（通常の汎用サーバマシンはソフトウェアで暗号化と復号を行います）。

　本章では、インターネットを代表するサービスであるHTTPを説明しました。重要な点は次の通りです。

> **ポイント**
>
> ・Webサービスへのアクセスに用いる https://www.shuwasystem.co.jp/ のようなURL
> は、先頭に書かれた通信プロトコルの指示（スキーム）、宛先ホストのドメイン名（権
> 限元）、そのホストのディレクトリ上の所在（パス）で構成された文字列です。
> ・URLはHTTP専用ではなく、メールやDNSなど、他のアプリケーション層プロトコル
> の識別子としても利用できるよう、汎用的に設計されています。
> ・アプリケーション層プロトコルであるHTTPはトランスポート層にTCPを用いますが、
> セキュリティ上の問題から、今ではSSL/TLSを介して通信されます。この「HTTP
> over SSL/TLS」はスキームの名称を取ってHTTPSと書かれますが、そういうプロト
> コルは存在しません。中身はやはりHTTPです。
> ・HTTPの5つのバージョンはいずれも現役ですが、現在、主として用いられるのは
> HTTP/1.1とHTTP/2です。
> ・HTTPは、クライアントが要求メッセージを送るとサーバが応答メッセージを返すだけ
> のシンプルな構成です。メッセージは通信を制御し、データのメタ情報を示すヘッダと、
> ボディからなります。メッセージの送受以外の機能は、ヘッダに収容されるフィール
> ドから提供されます。Webサービスの機能の豊富さを反映し、現在172種類のフィー
> ルドが定義されています。
> ・応答速度が顧客満足にストレートにつながるWebサービスでは、並列化、キャッシュ、
> ラウンドロビン、ロードバランサなどの技術を駆使して高速化が図られています。

索 引

著者略歴

豊沢 聡（とよさわ さとし）

　電話会社、教育機関、ネットワーク機器製造会社を経由して、ただいま絶賛無職中。著書、訳書、監修書はこれで35冊目。主な著書に『実践Javaネットワークプログラミング』（カットシステム、2002）、『試せばわかる！コマンドで理解するTCP/IP』（アスキー・メディアワークス、2008）、『詳説Node.js－APIリファレンスと用例』（カットシステム、2020）、『jqハンドブック』（カットシステム、2021）、訳書に『詳細イーサネット第2版』（オライリー・ジャパン、2015）、『Fluent Python』（オライリー・ジャパン、2017）、監修書に『実践OpenCV 2.4 映像処理と解析』（カットシステム、2013）がある。

著者近影

カバーデザイン・イラスト　mammoth.

TCP/IPの
ティーシーピーアイピー
ツボとコツがゼッタイにわかる本
ほん

発行日	2023年　2月21日	第1版第1刷

著 者　豊沢 聡
とよさわ　さとし

発行者　斉藤　和邦

発行所　株式会社　秀和システム
　　　　〒135-0016
　　　　東京都江東区東陽2-4-2　新宮ビル2F
　　　　Tel 03-6264-3105（販売）　　Fax 03-6264-3094

印刷所　三松堂印刷株式会社

©2023 Satoshi Toyosawa　　　　　　　　　　　Printed in Japan

ISBN978-4-7980-6866-4 C3055